Günter Zumpe

Angewandte Mechanik

Band 1

ANGEWANDTE MECHANIK

Band 1

Bildung und Beschreibung von Modellen

von

Prof. Dr.-Ing. habil. Günter Zumpe

2., erweiterte Auflage

Mit 42 Tafeln und 52 Abbildungen

AKADEMIE-VERLAG · BERLIN
1983

Erschienen im Akademie-Verlag, DDR-1086 Berlin, Leipziger Str. 3—4

Lizenz-Nr. 202 · 100/439/82
Gesamtherstellung: VEB Druckerei „Thomas Müntzer", 5820 Bad Langensalza
Bestellnummer: 763 23 55 (5557/1) · LSV 1124, 3784
Printed in GDR
DDR 24,— M

Vorwort

Meinen Eltern gewidmet

Die *Erfahrung* lehrt, *daß es sehr schwer ist, gerade die Einleitung in die Mechanik denkenden Zuhörern vorzutragen ohne einige Verlegenheit, ohne das Gefühl, sich hier und da entschuldigen zu müssen, ohne den Wunsch, recht schnell über die Anfänge hinwegzugelangen zu Beispielen, welche für sich reden.* Dies schrieb HEINRICH HERTZ, gestützt auf die klassischen Werke von NEWTON, THOMSEN und LAGRANGE, in der Vorrede zu seinem bekannten Buch „Die Prinzipien der Mechanik". Ähnliche Gedanken überschatten unausgesprochen auch noch heute in den meisten Lehrbüchern der Mechanik die Einführung in diese Disziplin und die Darstellung ihrer Grundlagen; sind doch insbesondere die Vertreter der Technischen Mechanik an den Universitäten und Hochschulen — eingeengt durch eine begrenzte Vorlesungszeit und gedrängt durch das Hauptanliegen; die technische Anwendung der Prinzipien der Mechanik in ihrer Vielfältigkeit aufzuzeigen — gezwungen, die erkenntnistheoretisch-philosophischen Grundlagen der Mechanik in den ersten Kollegs zusammenzudrängen oder sogar zu übergehen, um schnell zu den für die praktische Anwendung erforderlichen Aussagen zu kommen. Unsere Studierenden weisen dagegegen immer wieder darauf hin, daß gerade das Hineinwachsen in die Denkweise der Mechanik dem Anfänger oft außerordentlich schwerfällt. Dies war mir Anlaß, der Einführung in die Mechanik und den Grundlagen besondere Aufmerksamkeit zu schenken.

Die hier wiedergegebene Darlegung des Stoffes entstand durch eine Erweiterung der Vorlesungen, die ich vor Studierenden des Bauingenieurwesens und Wasserwesens, der Pädagogik und Mathematik gehalten habe. Diese Darlegung erscheint mir geeignet, allen künftigen Naturwissenschaftlern und Ingenieuren den Zugang zur Mechanik zu erschließen. Naturwissenschaftler und Ingenieure müssen später in der Forschung oder in der Praxis neben der räumlichen Vorstellung und deren grafischer Darstellung über ein gut ausgebildetes Abstraktionsvermögen und über die Fähigkeit zum Denken in Systemen, Prozessen und logischen Folgen verfügen. Um auch im Rahmen der Mechanik zur Vermittlung dieser Fähigkeiten beizutragen, wurde versucht,

- durch sorgfältig ausgewählte Zeichnungen das räumliche Vorstellungsvermögen,
- durch symbolische Darstellungen das Abstraktionsvermögen und
- durch Flußbilder und Strukturen das Denken in logischen Folgen und Prozessen

zu fördern.

Tafel V.1. **Zum Lösungsprozeß mechanischer Probleme**

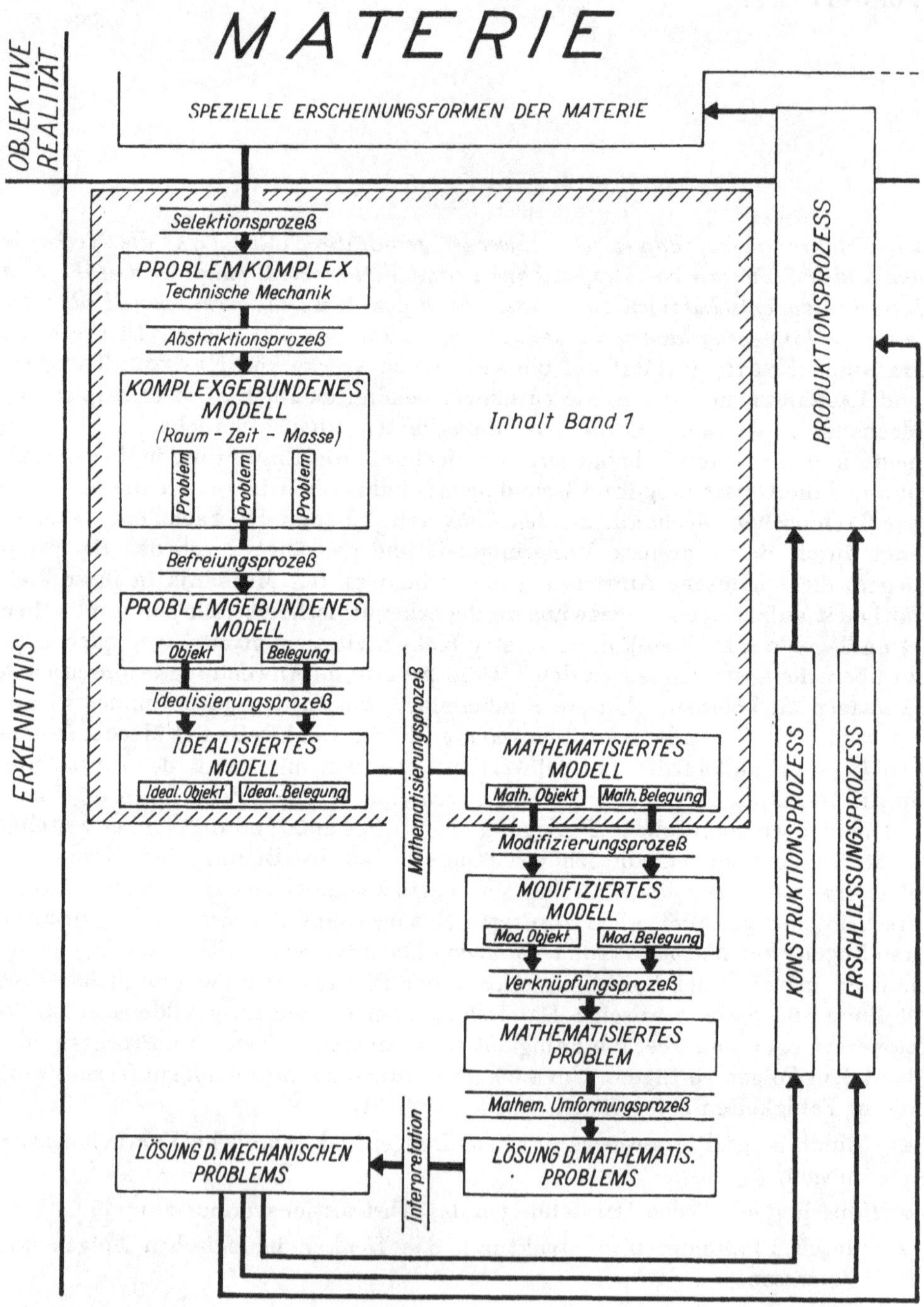

Vor allem die Herausarbeitung und Darstellung der Prozesse wurde als Grundanliegen dieses Buches angesehen (Tafel V.1).

Die Benutzung des Buches in einem planmäßig gelenkten Selbststudium und im Rahmen der postgradualen Weiterbildung (also im Hochschulfernstudium und im Abendstudium) machte es erforderlich, einige Passagen etwas breiter anzulegen und Kleindruckergänzungen einzuführen.

Neben allen Bemühungen, unseren Studierenden die erforderlichen Fähigkeiten und Fertigkeiten für die Lösung der einzelnen — im Komplex der Fachdisziplin enthaltenen — Probleme zu vermitteln, ist es ein besonderes Anliegen des Verfassers, die Zusammenhänge von der Modellbildung bis zur Praxisanwendung mit allen Konsequenzen aufzuzeigen, um ihnen die Verantwortung vor Augen zu führen, die sie künftig zu tragen haben.

Gewiß wird mir mancher Leser nach dem Studium dieses Buches kritische Hinweise geben können, für deren Zusendung ich ihm sehr verbunden wäre.

Zum Schluß möchte ich all denen herzlich danken, die mich bei der Bearbeitung des Manuskriptes für diesen und die beiden folgenden Bände unterstützten: Die Herren Prof. Dr. phil. habil. E. Herlitzius, Prof. Dr. rer. nat. habil. H. Wenzel, Doz. Dr. phil. J. Albert und Dr.-Ing. Dr. rer. nat. K. Reinschke, verfolgten mit regem Interesse die Arbeit an diesem Buch und gaben mir in persönlichen Gesprächen so manchen wertvollen Hinweis. Meine Assistenten Frau Dipl.-Math. B. Hauptenbuchner, Frl. Dipl.-Ing. S. Kaestner, Herr Dipl.-Math. P. Liebig, Herr Dr.-Ing. C. Neuberg und Herr Dipl.-Ing. H.-J. Scholze halfen mir mit großer Sorgfalt bei der Durchsicht des Manuskriptes, während Frl. J. Tittel in mustergültiger Form für die vielen Bilder die klischeefertigen Zeichnungen anfertigte und meine Sekretärin Frau Ch. Franck gewissenhaft und sorgfältig das Manuskript für diesen Band schrieb. Für die umsichtige und gründliche wissenschaftliche Lektorierung bin ich meinem Kustos, Herrn Dipl.-Ing. P. Siegert, sehr zu Dank verpflichtet.

Der Akademie-Verlag und seine Mitarbeiter gingen jederzeit bereitwillig auf alle meine Wünsche ein und sorgten für die gute Ausstattung dieses Buches.

Dresden, im Frühjahr 1974

Günter Zumpe

Vorwort zur 2. Auflage

Der Wunsch vieler Leser, die Anwendung des in Tafel V.1. dargestellten Lösungsprozesses schon in diesem ersten Band nachvollziehen zu können, hat mich bewogen, in einem Anhang den Idealisierungs- und Mathematisierungsprozeß soweit zu ergänzen, daß die symbolische Darstellung sowohl der Stabtragwerke als auch ihrer Kräftebelegung (also ihrer Belastung und ihrer Reaktionskräfte) möglich ist. Die Einführung der Kraftprojektion und des Kraftmomentes sowie die Ergänzung der Gleichgewichtsbedingungen für die Scheibe und für den Körper gestatten es nun, die Stütz-, Verbindungs- und Schnittkräfte statisch bestimmter Stabtragwerke zu berechnen — natürlich nur prinzipiell und ohne die vielen kleinen zusätzlichen Entscheidungen, die der erfahrene Ingenieur meist unbewußt trifft, die ihn aber letztlich zu jenen eleganten Sonderlösungen führen, die den Studierenden immer wieder in ehrfurchtsvolles Erstaunen versetzen, ihm jedoch beim Nachvollzug oder bei der eigenständigen Suche nach einer Lösung den noch fehlenden Überblick hemmend bewußt werden lassen. Die Vermittlung eines derart allgemeingültigen und vollständigen Lösungsablaufes, der für eine ganze Klasse von Aufgaben gilt, und die daran anschließende Suche nach Kürzungen und Vereinfachungen, die von den Besonderheiten der jeweils zu lösenden Aufgabe abhängen, scheint mir wesentlich zu sein, da auf diesem Wege — ganz im GALILEIschen Sinne — diese Besonderheiten als Sonderfälle einer allgemeinen Aufgabe (die zu programmieren sich gegebenenfalls lohnen würde) erkannt und studiert werden können.

Beispiele der in Tafel A 29 vorgestellten Art dienen einmal der Anwendung des Lösungsprozesses in seiner vollständigen Form und zum anderen der Motivierung sowohl für die vorbereitenden Studien zur Lösung komplizierterer, mit dem bisherigen Wissen nicht zu bewältigender Aufgaben als auch für die Erarbeitung einfacherer Algorithmen für die praktisch bedeutungsvollen Regelfälle. In analoger Weise werden mit Hilfe des ebenfalls im Anhang angegebenen kinetischen Prinzips Aufgaben der Starrkörperkinetik prinzipiell gelöst.

Die formale Zusammenfassung von Projektion und Moment, die das gleichzeitige Wirken dieser beiden Größen deutlich machen soll, läßt bereits hier erkennen, daß für räumliche Aufgaben die vektorielle Betrachtung weiter ausgebaut werden muß, eine Aufgabe, die dem Band 2 vorbehalten ist.

Die Veranschaulichung der Modellbildung durch Fotos und Zeichnungen sowie die konsequente Umstellung aller Maßeinheiten (die nur hin und wieder eingestreut worden sind und lediglich der Veranschaulichung dienen) auf die Einheiten des SI ist in der vorliegenden 2. Auflage aus drucktechnischen Gründen nicht möglich.

Deshalb verdienen die umsichtigen Bemühungen der stellvertretenden Cheflektorin Frau R. HELLE und meiner Fachlektorin Frau R. TRAUTMANN, den Leserwünschen durch den Anhang gerecht zu werden, besonderen Dank und Anerkennung.

Frau S. KRAUSSE zeichnete die Bilder und Tafeln für den Anhang, meine Tochter CORNELIA ZUMPE schrieb das zugeordnete Typoskript, mein Kustos, Herr Dr.-Ing. P. SIEGERT, hatte die wissenschaftliche Lektorierung inne, meine Assistenten, die Herren Dr.-Ing. C. NEUBERG, Dipl.-Gwl. CH. HEINZE und Dipl.-Ing. K. MULANSKY unterstützten mich bei der Durchsicht des Manuskriptes, und der Verlag sorgte wieder für die ansprechende Ausstattung. Ihnen allen möchte ich für ihre Bemühungen recht herzlich danken.

Ein besonderer Dank aber gilt meinen Lesern, die mich durch ihre Hinweise und ihre Wünsche zu Ergänzungen und weiteren Veranschaulichungen dieses Lösungsweges angeregt haben. Ich hoffe sehr, daß auch dieser Anhang Anlaß zu weiterführenden Gesprächen sein wird.

Dresden, im Frühjahr 1982 GÜNTER ZUMPE

Inhaltsverzeichnis

1. Anschauung — Aufgaben — Abstraktion

In diesem Abschnitt wird zunächst beschrieben, wie der bewußt beobachtende, denkende Mensch im Laufe der Wissenschaftsgeschichte Begriffe prägte und allmählich aus der Anschauung über die Abstraktion zu Modellen gelangte, die selbst neue Erkenntnisse repräsentierten oder aber die Simulierung der in der Natur beobachteten Prozesse gestatteten und damit seine Erkenntnisse physikalisch bestätigten oder technisch nützlich werden ließen. Von einem etwas höheren Standpunkt werden hier diejenigen Begriffe und Axiome dargelegt, die die Formulierung der Aufgabe der Mechanik sowie ihre Einteilung ermöglichen, die für einen im wesentlichen deduktiven Aufbau erforderlich sind und die als festes Wissen schon im Abitur vorausgesetzt werden.

Tag für Tag, Nacht für Nacht ziehen Sonne, Mond und Sterne ihre Bahn, treibt der Wind die Wolken, fließt das Wasser im Bett der Bäche und Flüsse von der Quelle hinab zum Meer, weicht das Meer während der Ebbe, um zur Zeit der Flut zurückzukehren. Nebel steigen, Regentropfen und Schneeflocken fallen wie die Blätter im Herbst oder der gedankenlos aufgehobene Stein aus der herabhängenden wiedergeöffneten Hand. Die Halme und Bäume wiegen sich im Wind, werden vom Sturm geschüttelt, entwurzelt, beugen sich unter dem Schnee, biegen sich, bis ihre Tragfähigkeit erschöpft ist und sie schließlich unter der immer größer werdenden Last brechen.

„πάντα ῥεῖ“[1]) schrieb HERAKLIT VON EPHESUS (etwa 544—483 v. u. Z.), der wohl als erster Philosoph die ständige Veränderung, das „Werden“ der uns umgebenden Wirklichkeit erkannte. Er sah den Fluß als Charakteristikum, als anschauliches und dabei noch typisches Beispiel für alle Dinge unserer Umwelt an, da er aus der Ferne beharrlich Seiendes vortäuscht, sich aber dennoch dem am Ufer Stehenden — hier gleichmäßig fließend, dort Strudel bildend — als etwas sich fortwährend Änderndes zeigt. Damit nimmt HERAKLIT rein qualitativ wesentliche Erkenntnisse unserer modernen Naturwissenschaft vorweg. Pflanzen und Tiere wachsen, vergehen und zerfallen wieder, Teilchen freigebend, die wir auch in der anorganischen Welt wiederfinden und die wiederum Be-

[1]) Panta rhei: alles fließt („Alles ist und ist auch nicht, denn alles fließt, ist in steter Veränderung, in stetem Werden und Vergehen begriffen“; Fragmente „Über die Natur“). Vgl. GURST, „Große Materialisten“, VEB Bibliographisches Institut, Leipzig 1965.

wegung darstellen: Elektronen bewegen sich mit sehr großen Geschwindigkeiten um den Atomkern.

Alles bewegt sich.

Geröll und Steinlawinen rollen donnernd die Gebirgshänge hinunter und zertrümmern die Bäume ganzer Waldteile, die sich ihnen, ihren Lauf hemmend, entgegenstellen. Sturmfluten zerstören Ufer und Küsten, tragen Landstreifen ab und schwemmen — Inseln oder Halbinseln bildend — Sand und Gehölz an. Schaudernd stand der naive Mensch, der schon zur Bewegung größerer Steine der Hilfe seiner Mitmenschen bedurfte, diesen Naturgewalten, diesen mitunter kaum überschaubaren Zerstörungen gegenüber und vermutete hinter diesem Geschehen übermenschliche Kräfte, mit denen er sich auseinandersetzen mußte. So erlebte er die Kraft, die den bewegten Dingen innewohnt. Er spürte, wenn er einen Stein aufheben oder einen rollenden Stamm abbremsen wollte, den Widerstand, den der Stein oder der Stamm der Änderung seines Bewegungszustandes[1]) entgegensetzte, fühlte eben in seiner eigenen Muskelspannung die Kraft, die zur Erzeugung oder Beeinflussung dieser und — wie er täglich beobachten konnte — wohl jeder Bewegung erforderlich ist. Niemals nämlich war es ihm möglich, einen Bewegungsablauf ohne Muskelkraft zu verändern. Der Mensch hatte die Ursache der von ihm hervorgerufenen Bewegung oder Bewegungsänderung unmittelbar in seiner eigenen Anstrengung als Muskelkraft erlebt. Nun verallgemeinerte er diese Erfahrung, vermutete und bestätigte sich diese Vermutung stets aufs Neue, daß auch die anderen Tag für Tag beobachtbaren, aber nicht durch ihn bedingten Bewegungsänderungen eine Ursache haben müßten, die seiner Muskelkraft vergleichbar sei und die er deshalb sinnvollerweise ganz analog auch „Kraft“ nannte.

Sehen freilich konnte er diese Kraft nicht. Aber er beobachtete und erlebte ihre Wirkung. Er sah, wie ein rollender Fels einen Baum brach, und spürte, wie er die Muskelkraft über einfache Werkzeuge oder später über Maschinen (Hebel, Seil, Rolle, Flaschenzug usw.) weiterleiten, vervielfachen und damit wiederum Bewegungen auslösen oder beeinflussen konnte. Und er lernte diese Kraft nutzen, denn er brauchte Maschinen, mit deren Hilfe er Lasten bewegen konnte. Er erfand Hebezeuge, Transport- und Kriegsgeräte, baute Schiffe und sehnte sich nach Flugkörpern. Die Berichte über den Bau der Cheopspyramide[2]), die Darstellung des Turmbaues zu Babel[3]) und der Bewegung des berühmten

[1]) Betrachtet wird nur der phänomenologische Sachverhalt. Der Begriff „Beschleunigung“ wurde erst von GALILEI eingeführt.

[2]) 2300000 bis zu 45 Mp schwere Dioritblöcke wurden um 2650 v. u. Z. an den Bauplatz befördert und dort auf den sich bis zu 151 m Höhe erhebenden Stufenbau der Cheopspyramide gehoben.

[3]) Zum Beispiel MAERTEN VAN VALCKENBORCH (1542 bis nach 1604), „Der Turmbau zu Babel“, Staatliche Kunstsammlungen Dresden, Gemäldegalerie Alte Meister (Nr. 832).

vatikanischen Obelisken[1]), die griechischen und römischen Wurfmaschinen, die antiken Schiffsdarstellungen auf Vasen, Gefäßen und Reliefs oder die Flugkörperzeichnungen LEONARDO DA VINCIS geben Zeugnis von diesen Bemühungen unserer Vorfahren. Aber sie errichteten nicht nur großartige Bauten, konstruierten nicht nur Geräte und Maschinen, sie suchten auch die Gesetze, nach denen sich diese Geräte und Maschinen und alle die anderen irdischen materiellen Körper bewegten, nach denen Ebbe und Flut eintraten, nach denen sich die Sonne verfinsterte und nach denen sich die Gestirne bewegten.

Erfahrungen und Erkenntnisse wurden gesammelt und weitergegeben, und ganz allmählich entstand eine Lehre von den Ruhebedingungen und den Bewegungsgesetzen, die mit der quantitativen Fassung des dynamischen Kraftbegriffes durch NEWTON, also mit der Formulierung des Kraftaxioms einen gewissen Abschluß und zugleich Höhepunkt erreichte; eine Lehre, die wir heute als *klassische Mechanik* bezeichnen und die sich die Aufgabe stellt, die Bewegungsgesetze (sowie die Ruhebedingungen) materieller (sinnlich wahrnehmbarer, insbesondere tastbarer, also stofflicher) Gegenstände unserer Umwelt zu erforschen und zu beschreiben.

Wir wissen heute, daß wir zur Lösung dieser Aufgabe den Raum (in dem sich der zu beschreibende Körper bewegt), die Zeit (während der der Bewegungsprozeß abläuft), die Masse (als die bewegungsbestimmende Eigenschaft des sich bewegenden Körpers) und die Kraft (also ein von außen auf den Körper einwirkender Einfluß als Ursache der Bewegung) brauchen, während Farbe, Geruch usw. unbeachtet bleiben dürfen. Die klare Formulierung dieser Fundamentalbegriffe Raum, Zeit, Masse und Kraft, ihre quantitative Beschreibung durch die Messung (Meßvorschrift und Maßeinheit) und die Definition der uns heute vertrauten, wohl unterschiedenen mechanischen Größen wie Geschwindigkeit, Beschleunigung, Impuls, Energie, Arbeit usw. hat sich über Jahrhunderte erstreckt und wurde nach so manchem wissenschaftlichen Meinungsstreit erst im 19. Jahrhundert abgeschlossen.

Wir wollen in den folgenden Abschnitten versuchen, diese Entwicklung in groben Zügen nachzuzeichnen, und unser Augenmerk hierbei besonders auf die allmähliche, der Aufgabenstellung entsprechende Abstraktion des Angeschauten richten.

1.1. Die Entwicklung des statischen Kraftbegriffes

Für den Sonderfall der *Ruhe* wurde mit Hilfe der Schwere sehr bald ein Kraftbegriff, der sog. *statische Kraftbegriff* (lat. stare: stehen), gefunden.

[1]) Ein 23 m hoher und 327 Mp schwerer Monolith aus Granit wurde unter CALIGULA im Jahre 39 u. Z. von Heliopolis nach Rom gebracht, im Circus des NERO aufgestellt und 1585 nach dem Petersplatz versetzt. Die wichtigsten Vorschläge für die Lösung des Versetzungsproblems sind in den meisterhaften Kupferstichen ZABAGLIAS („Castelli e ponti", Rom 1743) überliefert.

„Die Körper sind schwer“; „sie haben ein Gewicht“, sagt man, oder „an ihnen greift ein Gewicht an“. Man spürt dieses Gewicht immer, wenn man sie hochhebt. Die Wirkung dieses Gewichtes wird aufgehoben, wenn dem *Gewicht* etwas *Gleiches* entgegenwirkt, der Körper befindet sich dann im Zustand der Ruhe oder — wie man sagt — im *Gleichgewicht*. Da das Gleiche, Entgegenwirkende aber die Muskelkraft ist, muß auch das Gewicht eine Kraft sein. Man nannte es deshalb auch Schwerkraft. Muskelkraft $\boldsymbol{M}$ und Schwerkraft $\boldsymbol{S}$ sind also vergleichbar, gehören in die gleiche Kategorie der Kräfte, die, wie man — das Beispiel verallgemeinernd — erkennt, sich dann aufheben, wenn sie an einem (starren) Körper angreifen, dieselbe Wirkungslinie, den gleichen Betrag, die gleiche Richtung, aber den entgegengesetzten Richtungssinn haben (Aufhebungspaar = Ergänzungspaar; Ergänzungsaxiom; Bild 1.1, vgl. auch Abschnitt 2.4.2.4.).[1])

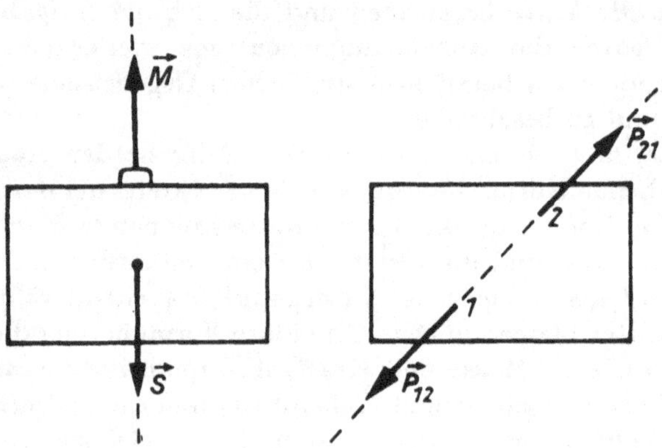

Bild 1.1. Aufhebungspaare

Aus dem individuellen Erlebnis war also die Schwerkraft bekannt und gestattete die Definition des statischen Kraftbegriffes:

Jede gerichtete physikalische Größe, die einer Schwerkraft das Gleichgewicht hält, ist eine Kraft.

Legt man also (natürlich zweckmäßig, sonst aber durchaus willkürlich) die Schwerkraft eines beliebigen Körpers als Maßeinheit (z. B. 1 kp) fest, so kann man mit Hilfe der Waage jede statische Kraft messen, da diese (z. B. als Schwerkraft eines anderen Körpers) einer entsprechenden Anzahl (z. B. 7,5) dieser Maßeinheiten (1 kp) das Gleichgewicht halten muß.

Damit war man einen großen Schritt vorangekommen, denn die sinnlich erlebte Muskelkraft, der Prototyp der Kraft, eignete sich für die Auffindung einer objektiven Meßvorschrift nicht.

[1]) Das Beispiel läßt erkennen, daß Kräfte stets paarweise auftreten, daß sie „Wechselwirkungsgrößen“ sind (vgl. auch Abschnitt 1.2.6).

Auf die Erfahrung und die Ergebnisse zahlreicher Experimente gestützt, entstanden in den nahezu 2000 Jahren seit ARCHIMEDES VON SYRAKUS (287 bis 212 v. u. Z.) bis GALILEO GALILEI (1564–1642) Werkzeuge, Maschinen, Uhren. Im Zusammenhang damit wurden über die Abstraktion Gesetze formuliert, wie z. B. das Hebelgesetz, das Gesetz von der schiefen Ebene, das Parallelogrammgesetz und das Prinzip der virtuellen Verrückungen.

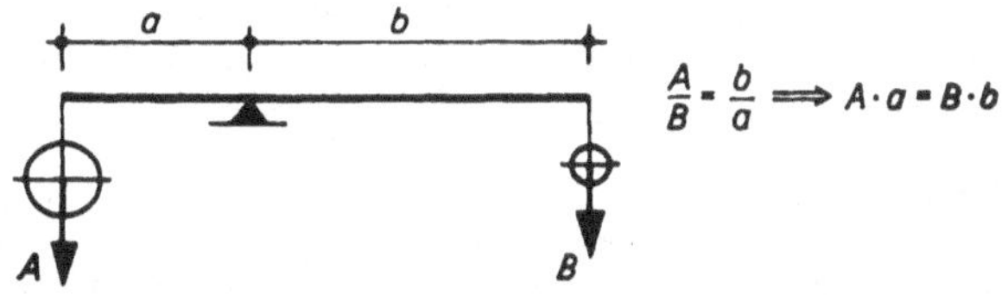

Bild 1.2a. Hebelgesetz

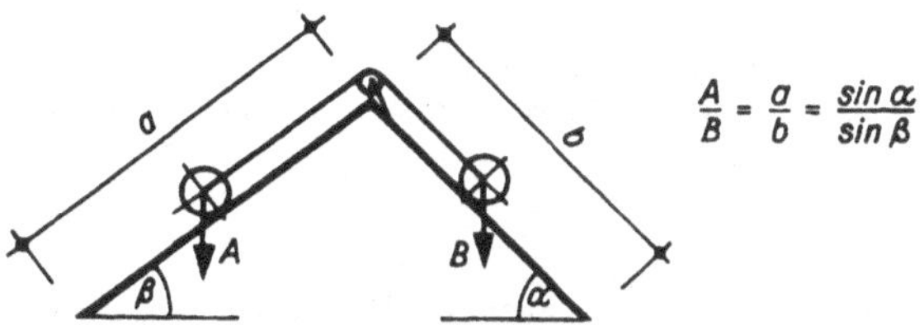

Bild 1.2b. Gesetz für die schiefe Ebene (Spezialfall: Für $\alpha = 90°$ folgt $B = A \cdot \sin \beta$)

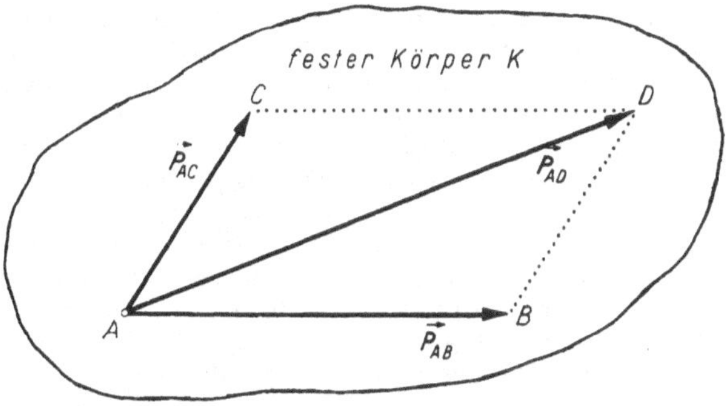

Bild 1.2c. Parallelogrammgesetz: $\boldsymbol{P}_{AB} + \boldsymbol{P}_{AC} \equiv \boldsymbol{P}_{AD}$

Das (statische) Hebelgesetz (Bild 1.2a)

Zwei Gewichte A und B sind an einem Hebel dann im Gleichgewicht, wenn ihr Verhältnis A/B dem Verhältnis a/b ihrer Entfernungen a und b vom Unterstützungspunkt umgekehrt proportional ist.

ARCHIMEDES VON SYRAKUS (287–212 v. u. Z.) „De aequiponderantibus" (vgl. auch: Deutsche Ausgabe der Werke des ARCHIMEDES von ERNST NIZZE, Stralsund 1824). Die Bedeutung des Produktes $A \cdot a$, $B \cdot b$ für die Drehbewegung um eine feste Achse wurde erst von LEONARDO DA VINCI (1452–1519) ausgesprochen.

Das (statische) Gesetz für die schiefe Ebene (Bild 1.2.b)

Zwei (miteinander verbundene) Gewichte A und B sind auf der schiefen Ebene dann im Gleichgewicht, wenn ihr Verhältnis A/B dem Verhältnis a/b der Fallinienlängen a und b direkt proportional ist.

SIMON STEVIN (1548–1620) „Hyponmemata mathematica" (Leyden 1608).

Das (statische) Parallelogrammgesetz der Kräfte (Bild 1.2c)

Die beiden Kräfte $\boldsymbol{P}_{AB}$ und $\boldsymbol{P}_{AC}$, die am Punkt A eines festen Körpers K angreifen und gleich den gerichteten Seiten $\overrightarrow{AB}$ und $\overrightarrow{AC}$ eines Parallelogrammes $ABCD$ sind, dürfen durch die Kraft $\boldsymbol{P}_{AD}$ ersetzt werden, die gleich der gerichteten Strecke AD, also gleich der gerichteten Diagonalen desselben ist.

Das Gesetz wurde 1586 von STEVIN auf anschauliche Weise für zwei aufeinander senkrecht stehende Seilkräfte hergeleitet, in seiner allgemeingültigen Form aber erst 1687 von ISAAK NEWTON (1643–1727) und davon unabhängig von PIERRE VARIGNON (1640 bis 1718) ausgesprochen.

Das (statische) Prinzip der virtuellen Verschiebungen

Sind die äußeren, an einem Körper angreifenden Kräfte $\boldsymbol{F}_i$ $(i = 1, \ldots, n)$ im Gleichgewicht, so ist die Summe der Arbeiten dieser Kräfte bei jeder virtuellen Verschiebung gleich Null:

$$\sum_{i=1}^{n} \boldsymbol{F}_i \, \delta \boldsymbol{s}_i = 0 \, .$$

Der Grundgedanke geht bis in die Antike zurück. Die ersten Andeutungen finden wir bereits bei ARISTOTELES (384–322 v. u. Z.; „Goldene Regel") und ARCHIMEDES.

JORDANUS DE NEMORE (gest. 1234) überliefert es in einer schon klareren Formulierung, STEVIN benützt es bei Gleichgewichtsbetrachtungen an Flaschenzügen, und GALILEI wendet es auf das Problem der schiefen Ebene und das der kommunizierenden Röhren an. Aber all diesen Überlieferungen fehlt die präzise mathematische Form, die erst JOHANN BERNOULLI (1667–1748) mit Hilfe des NEWTONschen Kraftbegriffes fand. Er war es, der als erster die Allgemeingültigkeit dieses Prinzips der virtuellen Verschiebungen (lat. virtus: Möglichkeit) erkannte und 1715 in einem Brief an VARIGNON (1654–1722; vgl. „Projet d'une nouvelle mécanique", Paris 1687) aussprach.

Neben den virtuellen (also möglichen, aber nur gedachten, infinitesimalen, mit den gegebenen Kräften ursächlich nicht im Zusammenhang stehenden) Verschiebungen können auch virtuelle Verdrehungen auftreten, die man dann gemeinsam als virtuelle Verrückungen bezeichnet. In diesem Sinn spricht man auch vom Prinzip der virtuellen Verrückungen oder aber vom Prinzip der virtuellen Arbeit.

Weitere Ausführungen, insbes. die Formulierung von FOURIER (1768–1830) als Ungleichung siehe:

LUDWIG FÖPPL, Elementare Mechanik vom höheren Standpunkt, R. Oldenbourg, München 1959.

ERNST MACH, Die Mechanik in ihrer Entwicklung, F. A. Brockhaus, Leipzig 1901.

MAX WINKELMANN, Prinzipien der Mechanik, im Handbuch der physikalischen und technischen Mechanik, Verlag v. Johann Ambrosius Barth, Leipzig 1928.

1.2. Die Entwicklung des kinetischen Kraftbegriffes

Gleichzeitig beobachteten die Astronomen die Gestirne. Zwanzig Jahre lang hatte TYCHO DE BRAHE (1546–1601) Beobachtungen an dem Planeten Mars festgehalten, die JOHANNES KEPLER (1571—1630)[1]) vom Jahre 1595 an neben seinen eigenen Beobachtungen als Unterlage für die Aufstellung seiner drei berühmten Gesetze[2]) dienten, von denen er 1609 die beiden ersten und erst 1619 das dritte Gesetz veröffentlichen konnte.

Damit hatte KEPLER die Richtigkeit des kopernikanischen Weltbildes nachgewiesen und darüber hinaus die Gesetze gefunden, die den räumlich-zeitlichen Ablauf der Bewegungen im Sonnensystem beschreiben. Die fehlgeschlagenen geometrischen Deutungsversuche der Planetenbewegung von HIPPARCH[3]) bis TYCHO DE BRAHE waren einer gesicherten Kinematik gewichen, die nun mit Hilfe der NEWTONschen Kinetik begründet werden konnte.

1.2.1. Der kinetische Kraftbegriff bei GALILEO GALILEI

GALILEO GALILEI[4]), der 1564 in Pisa geboren wurde und völlig erblindet 1642 in der Villa Giojello bei Arcerti in Toscana starb, also ein Zeitgenosse KEPLERS war, erkannte während seiner berühmten Fallversuche am schiefen Turm zu Pisa und bei seinen Experimenten an der schiefen Ebene die Bedeutung der Geschwindigkeitsänderung, der *Beschleunigung* für die Mechanik und begründete die auf den drei Stufen Weg, Geschwindigkeit und Beschleunigung aufbauende Kinematik. Dieser von ihm neu eingeführte Beschleunigungsbegriff ermöglichte es ihm, die Fall- und Wurfgesetze zu formulieren, und zwang ihn schließlich, den geläufigen (statischen) Kraftbegriff, der ja ausschließlich Berührungskräfte, also Zug- und Druckkräfte und das Gewicht im Ruhezustand umfaßte, auf bewegte Körper auszudehnen und damit den ersten Ansatz für die Formulierung eines *kinetischen Kraftbegriffes* (griech. κίνησις: Bewegung) niederzuschreiben.

Wie uns die tägliche Erfahrung lehrt, ist nämlich ein Körper nicht in der Lage, sich selbst zu beschleunigen. Wird demnach eine Beschleunigung beobachtet, so muß stets — also auch z. B. beim freien Fall — eine Ursache vorliegen. Da aber beim freien Fall kein anderer Einfluß als der des Gewichtes festgestellt werden kann, schloß GALILEI, daß die Schwerkraft die Beschleunigung des Körpers bedingen müsse. Er kannte die Proportionalität zwischen

[1]) J. KEPLER, „Astronomia nova", Heidelberg 1609; „Stereometria doliorum", Linz 1615; „Harmonices mundi libri V", Linz 1619.

[2]) Die drei KEPLERschen Gesetze:

1. Die Planetenbahnen sind Ellipsen, in deren einem Brennpunkt die Sonne steht.
2. Die von der Sonne nach dem Planeten gezogenen Radiusvektoren überstreichen in gleichen Zeiten gleiche Flächen.
3. Die dritten Potenzen der großen Halbachsen der Bahnen zweier Planeten verhalten sich wie Quadrate ihrer Umlaufzeiten.

[3]) HIPPARCH (ca. 190—125 v. u. Z. aus Nicaea in Bithynien) wirkte lange auf der Insel Rhodos. Begründer der wissenschaftlichen, auf Beobachtung und nicht auf der Spekulation beruhenden Astronomie.

[4]) GALILEO GALILEI, „Discorsi e dimostracioni mathematiche", Leiden 1638.

Kraft und Beschleunigung. Die physikalische Bedeutung des Proportionalitätsfaktors c_G[1]) (der Masse) aber blieb ihm verborgen. Diese wurde erst von NEWTON entdeckt.

$$\text{GALILEI:} \quad G = c_G \cdot g\,.$$

GALILEI beschränkte sich ausschließlich auf die Untersuchung von Bewegungsvorgängen, die durch die Schwerkraft G ausgelöst werden. Da (an ein und derselben Stelle der Erdoberfläche) alle Gewichte (im Vakuum) die gleiche Erdbeschleunigung g bedingen, kann der Proportionalitätsfaktor c_G durch den Ausdruck G/g ersetzt werden und ist für kinetische Vorgänge dieser Art völlig entbehrlich. Seine selbständige physikalische Bedeutung konnte nicht einmal empfunden werden, solange die Abhängigkeit des Gewichtes eines Körpers von dessen Lage noch unbekannt war. Und für GALILEI war das Gewicht eines materiellen Körpers eine unveränderliche physikalische Größe.

1.2.2. Der kinetische Kraftbegriff bei CHRISTIAN HUYGHENS

Diese GALILEIsche Kraftvorstellung übernahm CHRISTIAN HUYGHENS (1629 bis 1695)[2]) und ergänzte sie durch die bei Kreisbewegungen auftretenden Zentripetalkräfte Z, die — wie er fand — dem Gewicht G des umlaufenden Körpers und dem Quadrat seiner Tangentialgeschwindigkeit v direkt, dem Kreisradius r dagegen umgekehrt proportional und (wie die Zentripetalbeschleunigung z) zum Kreismittelpunkt gerichtet sind (Bild 1.3).

$$\text{HUYGHENS:} \quad Z = \underbrace{c \cdot G}_{c_H} \cdot \frac{v^2}{r} = c_H \cdot \frac{v^2}{r}\,, \qquad z = \frac{v^2}{r}\,, \qquad Z = c_H \cdot z\,.$$

Auch er benötigte, der Beschränkung auf die Kreisbewegung zufolge, die Masse als Eigenschaft des bewegten Körpers nicht. Die Zentripetalbeschleunigung leitete er (sogar auf zwei verschiedenen Wegen) her, die Proportionalität zwischen der Zentripetalbeschleunigung und der Zentripetalkraft war ihm experimentell klar geworden, den Proportionalitätsfaktor selbst aber (also die Masse des umlaufenden materiellen Körpers) kannte er nicht. Er beschränkte sich deshalb in seinen Ausführungen über die Kreis- und Pendelbewegung auch im wesentlichen auf die Beschreibung der ja erst von GALILEI eingeführten Beschleunigung und behandelte diese wie eine Kraft, indem er sie nach dem STEVINschen Superpositionsaxiom in Komponenten zerlegte. Damit setzte er jedoch voraus, daß die bei der Pendelbewegung (Bild 1.5) auftretende Gewichtskomponente $G_t = G \cdot \cos\alpha$ deshalb die Tangentialbeschleunigung $g_t = g \cdot \cos\alpha$ erzeugt, weil das Gewicht G des pendelnden Körpers diesem (allerdings beim

[1]) Um den Leser die Entwicklung anschaulicher vor Augen zu führen, wird diese Konstante als GALILEIsche Konstante c_G bzw. HUYGHENSsche Konstante c_H bezeichnet.

[2]) C. HUYGHENS, „The laws of motion on the collision of bodies" (Philos. Trans. 1669); „Horologium oscillatorium", Paris 1673; „Opuscula posthuma", Leiden 1703.

freien Fall) die Erdbeschleunigung g erteilen würde. Er nahm also sicherlich unbewußt an, daß der Proportionalitätsfaktor zwischen G und g (schwere Masse) sowie derjenige zwischen G_t und g_t (träge Masse) bei Bewegungen auf der Kreisbahn gleich sind, und fand experimentell keinen Widerspruch. Zunächst leitete er die Zeit T für den vollen Umlauf des sich bewegenden materiellen Körpers

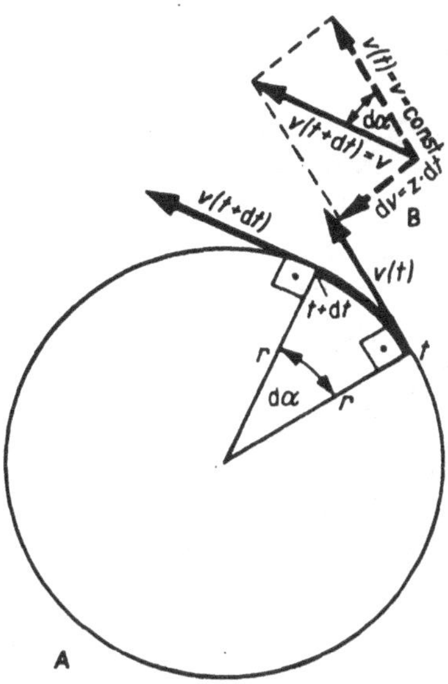

Bei gleichförmiger Bewegung auf der Kreisbahn (Bahngeschwindigkeit $v(t) = v(t \approx dt)$ const) ändert dv nur die Richtung, nicht den Betrag der Geschwindigkeit v.

Bild 1.3. Zur Herleitung der Zentripetalbeschleunigung

$$\left.\begin{array}{l} A\colon\ r \cdot d\alpha = ds = \dfrac{ds}{dt}\,dt = v \cdot dt \rightarrow \dfrac{d\alpha}{dt} = \dfrac{v}{r} \\[2ex] B\colon\ v \cdot d\alpha = dv = \dfrac{dv}{dt}\,dt = z \cdot dt \rightarrow \dfrac{d\alpha}{dt} = \dfrac{z}{v} \end{array}\right\} \qquad \boxed{z = \frac{v^2}{r}}$$

Herleitung der Zeit $t = T$ für einen vollen Kreisumlauf $s = 2\,r\,\pi$ bei konstanter Bahngeschwindigkeit $v = \dfrac{s}{t} = \sqrt{r \cdot z}$

$$t = \frac{s}{v} \rightarrow T = \frac{2\,r\,\pi}{\sqrt{r \cdot z}} \qquad \boxed{T = 2\,\pi\sqrt{\frac{r}{z}}}$$

auf der Kreisbahn bei konstanter Bahngeschwindigkeit her (Bild 1.3), projizierte dann die Kreisbewegung auf einen Durchmesser (x-Achse) (Bild 1.4) und fand eine geradlinige Bewegung (Schwingung), deren Beschleunigung z_x nicht konstant, sondern dem Ausschlag x proportional ist. Die Zeit, die der schwingende Körper braucht, um aus der Ausgangslage I in die Lage II und wieder bis zur Ausgangslage I zu gelangen, ist (der Projizierung wegen) mit der Zeit T für den vollen Kreisumlauf identisch und kann durch einfache Umformung auch mit den Daten x, z_x der projizierten Bewegung angegeben werden. Die Schwingung eines Pendels — fand nun HUYGHENS — gehört für kleine Ausschläge ($\cos\beta \approx 1$) zu der gleichen Klasse wie die projizierte Bewegung, denn die Tangentialbeschleunigung g_t ist auch hier dem Ausschlag proportional. Die Schwingzeit T

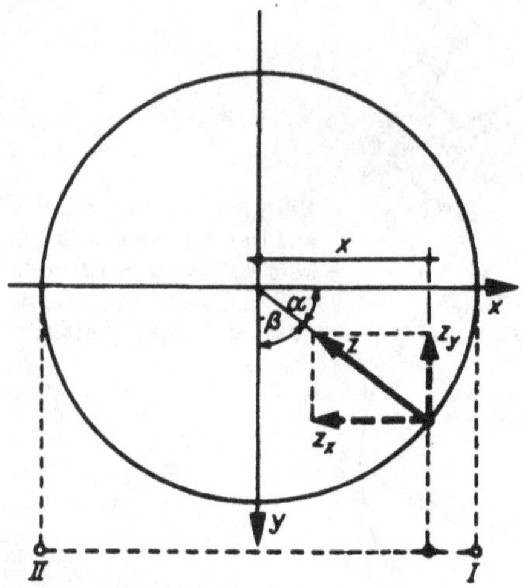

Bild 1.4. Zur Projektion der Kreisbewegung auf einen Durchmesser I II $= 2r$ (x-Richtung)

$$\left.\begin{aligned}\cos\alpha &= \frac{x}{r}\\ \cos\alpha &= \frac{z_x}{z}\end{aligned}\right\} \frac{x}{r} = \frac{z_x}{z} \to \frac{r}{z} = \frac{x}{z_x} \quad \to \quad \boxed{\begin{gathered}\frac{z_x}{x} = \text{const}\\ T = 2\pi\sqrt{\frac{x}{z_x}}\end{gathered}}$$

eines Pendels ergibt sich demnach (Bild 1.5) sehr einfach aus der berühmten HUYGHENSschen Formel

$$T = 2\pi\sqrt{\frac{l}{g}}.$$

Seine zahlreichen weiteren Pendeluntersuchungen und deren Anwendung im Pendeluhrenbau sollen hier nicht erörtert werden. Wichtig ist nur, daß sich diese Formel nach der Umformung

$$g = \frac{4\pi^2 \cdot l}{T^2}$$

besonders gut zur Messung der Erdbeschleunigung eignet und auch von HUYGHENS dazu benutzt worden ist, wobei er feststellte, daß die Erdbeschleunigung nicht überall auf der Erdoberfläche die gleiche Größe hat.

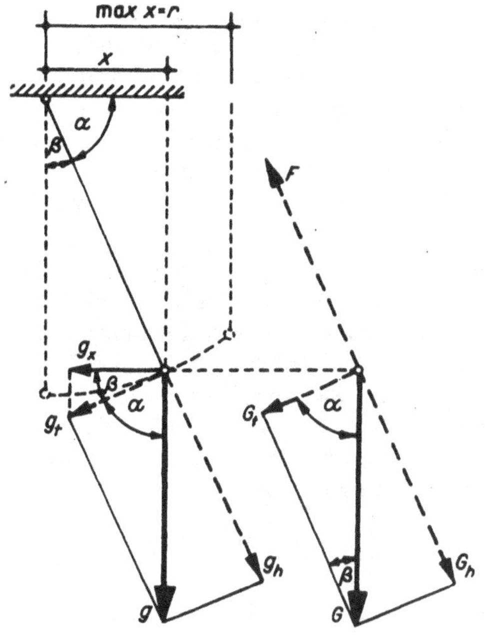

Bild 1.5. Zur Herleitung der Formel für die Schwingzeit T eines Pendels mit der Länge l

$$\left.\begin{aligned}\cos\alpha &= \frac{x}{l}\\ \cos\alpha &= \frac{g_t}{g}\end{aligned}\right\}\ \frac{x}{l} = \frac{g_t}{g} \rightarrow \frac{l}{g} = \frac{x}{g_t} \qquad \rightarrow \qquad \boxed{\frac{g_t}{x} = \text{const}}$$

$g_x = g_t \cdot \cos\beta$, für kleinere Ausschläge $\cos\beta \approx 1 \rightarrow \quad \boxed{\frac{g_x}{x} = \text{const}}$

Die Beschleunigung g_x ist für ein Pendel mit kleinen Ausschlägen dem Ausschlag x proportional, gehört also in die gleiche Klasse wie die auf den Durchmesser projizierte Bewegung. Die Schwingzeit T muß also die gleiche sein und ergibt sich aus

$$T = 2\pi\sqrt{\left|\frac{x}{z_x}\right|} \text{ mit } \frac{x}{z_x} = \frac{x}{g_x} \approx \frac{x}{g_t} = \frac{l}{g} \text{ zu } \qquad \boxed{T = 2\pi\sqrt{\frac{l}{g}}}$$

1.2.3. Die Anziehungskraft bei Isaak Newton

Isaak Newton (1642–1726)[1]) erweiterte die von Huyghens für den Kreis begonnene Untersuchung krummliniger Bewegungen auf beliebige Bahnkurven und lehrte, daß jede Richtungsänderung eines frei beweglichen Körpers, jede Bahnkrümmung durch eine Beschleunigung bedingt sei. Aus Galileis berühmtem Werk „Discorsi e dimostracioni mathematiche" wußte er, daß ein materieller

[1]) I. Newton, „Philosophiae naturalis principia mathematica", London 1686.

Körper dann, wenn keine Kraft auf ihn einwirkt, entweder im Zustand der Ruhe verharrt oder sich mit konstanter Geschwindigkeit auf geradliniger Bahn bewegt.[1]) Die Bewegung auf einer gekrümmten Bahn kann demnach — wie auch die HUYGHENSschen Untersuchungen am Kreis zeigten — keine natürliche, träge Bewegung sein; sie ist vielmehr nur dann möglich, wenn auf den sich bewegenden Körper ständig eine Kraft einwirkt, die, der GALILEI-HUYGHENSschen Kraftvorstellung entsprechend, der beobachteten Beschleunigung proportional ist.

Bereits in seinem 25. Lebensjahr fand ISAAK NEWTON auf Grund dieser Überlegungen an Hand der drei KEPLERschen Gesetze die Massenanziehung, die Gravitation. Die im ersten KEPLERschen Gesetz festgestellte elliptische Bahnkurve der Planeten setzt eine nach der konkaven Seite gerichtete Beschleunigung voraus, deren Größe nach dem zweiten KEPLERschen Gesetz errechnet werden kann, die aber — da die Planetenbahnen nicht allzu weit von Kreisbahnen mit der Sonne als Mittelpunkt abweichen — annähernd gleich der HUYGHENSschen Zentripetalbeschleunigung ist:

$$z = \frac{v^2}{r} \quad \text{mit} \quad v = \frac{2\pi r}{T}, \quad \text{also} \quad z = \frac{4\pi^2 \cdot r}{T^2}.$$

Diese Zentripetalbeschleunigung kann — nach einer Erweiterung der GALILEI-HUYGHENSschen Kraftvorstellung auch auf die Vorgänge im Weltenraum — nur durch eine ihr proportionale, am Planet P angreifende, zur Sonne S gerichtete Kraft

$$K_{PS} = c_H \cdot \frac{v^2}{r} = c_H \cdot 4\pi^2 \cdot \frac{r}{T^2}$$

(mit der NEWTON noch unbekannten Proportionalitätskonstanten c_H) bedingt sein. Multipliziert man diese Kraft mit $\frac{T^2}{r}$, so entsteht ein Ausdruck, dessen Größe zwar noch unbekannt ist, von dem wir aber wissen ($c_H = \text{const}$), daß er konstant ist:

$$K_{PS} \cdot \frac{T^2}{r} = c_H \cdot 4\pi^2 = c_1 = \text{const}.$$

Nach dem dritten KEPLERschen Gesetz verhalten sich aber die Quadrate der Umlaufzeiten T wie die dritten Potenzen ihrer mittleren Entfernung r von der Sonne

$$T^2 = c_2 \cdot r^3 \rightarrow \frac{T^2}{r^3} = c_2 = \text{const},$$

die Planetenbewegung ist also durch den konstanten Ausdruck c_2 charakterisiert. Multipliziert man diese Konstante c_2 mit einer Konstanten k_{PS}, die so gewählt wurde, daß das Produkt $c_2 \cdot k_{PS}$ gleich der Konstanten c_1 ist, also $c_1 = c_2 \cdot k_{PS}$,

[1]) Von NEWTON als „lex prima" (Trägheitsaxiom) in seine „Philosophiae naturalis principia mathematica" aufgenommen.

so folgt

$$c_1 = K_{PS} \cdot \frac{T^2}{r} = \frac{T^2}{r^3} \cdot k_{PS} = c_2 \cdot k_{PS} \rightarrow K_{PS} = \frac{k_{PS}}{r^2},$$

und man erkennt, daß die Kraft K_{PS}, die den Planeten auf seiner Bahn hält, dem Quadrat des Abstandes r von der Sonne umgekehrt proportional sein muß.

Diese auf einen Planeten einwirkende Kraft, die stets zur Sonne gerichtet ist und den Planeten auf seine elliptische Bahnkurve um die Sonne zwingt, versuchte nun NEWTON zu erklären, indem er einmal der Sonne die (bis dahin noch unbekannte) Fähigkeit zuschrieb, den Mars und alle ihre anderen Planeten anzuziehen, und zum anderen diese Anziehung im Weltenraum und die bekannte Schwere auf der Erde, die auf den Mars einwirkende Zentripetalkraft also und das Gewicht eines Körpers in der Nähe der Erdoberfläche, auf das gleiche Phänomen zurückführte: auf die Anziehung, die Gravitation. In diesem Schluß, in dieser Verallgemeinerung einer speziellen, zunächst nur für den Mars geltenden interplanetaren Hypothese und ihrer Übertragung auf irdische (und damit prüfbare) Vorgänge liegt die große Phantasieleistung ISAAK NEWTONS, zu deren Bestätigung er jedoch wiederum in den Weltenraum hinausblickte und den Einfluß der Erde auf den Mond studierte. „Ein Geschoß würde nicht zur Erde fallen", schrieb NEWTON in seinen mathematischen Grundlagen der Naturphilosophie, „wenn es nicht durch die Schwerkraft beeinflußt wäre. Von der Höhe eines Berges abgeschossen, könnte die Fallweite durch Vermehrung der Geschwindigkeit nach Belieben vergrößert werden und der Fallort um 10, 30 oder 90 Grad entfernt sein. Es könnte das Geschoß sich immerfort um die Erde bewegen, ohne sie jemals zu treffen, ja es könnte die Erde verlassen und schließlich in gerader Linie sich gegen den Himmel ins Unendliche fortbewegen. Aus demselben Grunde, wie ein Geschoß, durch die Schwere beschleunigt, sich um die Erde herumbewegen könnte, kann der Mond durch die Schwerkraft (vorausgesetzt, daß sie auf ihn wirkt) oder durch irgendeine andere Kraft nach der Erde hin bewegt werden; in jedem Augenblick wird er von seiner geradlinigen Bewegung nach der Erde hingelenkt und gezwungen, in einem Kreise sich fortzubewegen, und ohne solche Kraft könnte der Mond sich nicht in seiner Bahn erhalten. Wäre die Kraft kleiner, als es hierzu erforderlich ist, so würde der Mond nicht hinreichend von der geradlinigen Bewegung abgelenkt, und wäre sie größer, würde der Mond zu stark angezogen, so daß er aus seiner Bahn nach der Erde hin bewegt würde. Es muß mithin diese Kraft einen bestimmten Wert haben ...."[1]) Und NEWTON suchte diesen Wert. Er nahm an, daß die Schwerkraft eines materiellen Körpers auf der Erdoberfläche und die Zentripetalkraft, die den Mond auf seiner Kreisbahn um die Erde hält, durch die gleiche

[1]) „Abhandlungen über jene Grundsätze der Mechanik, die Integrale der Differentialgleichungen liefern" von ISAAK NEWTON (1687), DANIEL BERNOULLI (1745 und 1748) und PATRICK D'ARCY (1747). Aus dem Lateinischen und Französischen übersetzt von A. v. OETTINGEN, herausgegeben von PHILIP E. B. JOURDAIN. Verlag v. Wilhelm Engelmann, Leipzig und Berlin 1914; Ostwald's Klassiker der exakten Wissenschaften Nr. 191, S. 5.

Ursache, die Erdanziehung bedingt sind, daß also für ein und denselben Körper — zum Beispiel einen Stein oder den Mond — das Gewicht G und die Anziehungskraft K die gleiche Größe haben müssen (und die Anziehungskraft K erst bei der Bewegung auf einer Kreisbahn zur Zentripetalkraft Z wird). Aus der Gleichsetzung der beiden Kräfte folgt aber mit $k = c_G \cdot k^*$

$$\left.\begin{array}{l} G = c_G \cdot g \\ \| \\ K = c_G \cdot \dfrac{k^*}{r^2} \end{array}\right\} c_G \cdot g = c_G \cdot \frac{k^*}{r^2} \to g = \frac{k^*}{r^2}.$$

Die Erdbeschleunigung g eines Körpers ist umgekehrt proportional dem Quadrat des Abstandes seines Mittelpunktes vom Mittelpunkt der Erde. Da die Erdbeschleunigung auf der Erdoberfläche, also im Abstand des Erdradius $r = 637 \cdot 10^6$ cm [1]) durch die HUYGHENSschen Pendelversuche mit $g = 9{,}81\ \mathrm{ms}^{-2}$ bekannt war, konnte die Konstante k^* errechnet werden und ergab sich zu

$$k^* = r^2 \cdot g = 637^2 \cdot 10^{12} \cdot 981\ \mathrm{cm}^3\,\mathrm{s}^{-2}\,.$$

Die Erdbeschleunigung g_M des Mondes, dessen Mittelpunkt etwa 60 Erdradien vom Erdmittelpunkt entfernt ist, müßte demnach die Größe

$$g_M = \frac{k^*}{(60\,r)^2} = \frac{r^2 \cdot g}{60^2\,r^2} = 0{,}27\ \mathrm{cm\,s}^{-2}$$

haben. Die HUYGHENSsche Zentripetalbeschleunigung z_M errechnet sich für die Mondbahn mit dem Radius $R = 60\,\mathrm{r} = 60 \cdot 637 \cdot 10^6$ cm und der Umlaufzeit von 28 Tagen, also $T = 28 \cdot 86400$ s, für konstante Winkelgeschwindigkeit zu

$$z_M = \frac{v^2}{R} = \frac{4\,\pi^2\,R}{T^2} = \frac{4\,\pi^2 \cdot 60 \cdot 637 \cdot 10^6\ \mathrm{cm}}{(28 \cdot 86400\ \mathrm{s})^2} = 0{,}26\ \mathrm{cm\,s}^{-2}\,.$$

Die Übereinstimmung dieser beiden unabhängig voneinander ermittelten Werte für die Zentripetalbeschleunigung des Mondes war ein triumphaler Beweis für die Richtigkeit der NEWTONschen Hypothese, nach der die Schwerkraft der materiellen Körper und die Kraft, die den Mond auf seine Bahn um die Erde zwingt, Anziehungskräfte der Erde sind und demnach diese durch die Erde bedingten Anziehungskräfte ebenso wie die durch die Sonne bedingten Anziehungskräfte dem gleichen Gesetz

$$K = \frac{k}{r^2}$$

genügen.

[1]) Die Größe des Erdradius wurde schon etwa 200 Jahre vor der Zeitrechnung von ERATOSTHENES mit Hilfe seines Schattenstabes annähernd angegeben und ließ sich durch die von PICARD im Jahre 1669 ausgeführten Gradmessungen mit großer Genauigkeit bestimmen (vgl. LUDWIG FÖPPL, „Elementare Mechanik vom höheren Standpunkt", R. Oldenbourg, München 1959, S. 48; ERATOSTHENES (276—194 v. u. Z.) aus Kyrene (Afrika), Mitglied der von PTOLEMÄUS LAGI gestifteten Akademie von Alexandrien; JEAN PICARD (1620—1682) aus La Flèche in Anjou, „Mesure de la terre", Paris 1671).

1.2.4. Stoff und Masse

Für die Erdanziehung galt

$$K = \frac{k}{r^2} = c_G \cdot \frac{k^*}{r^2} = \frac{G}{g} \cdot \frac{k^*}{r^2} = G\,,$$

wobei c_G als Quotient des auf der Erdoberfläche gemessenen Gewichtes und der Beschleunigung definiert ist. Wenn dieser Faktor c_G unabhängig ist vom Ort der Messung, dann ist auch k^* eine Konstante, da $k = c_G \cdot k^*$ konstant ist. Experimentell konnte nachgewiesen werden, daß zwar das Gewicht (Federwaage) und die Erdbeschleunigung (Pendel) an verschiedenen Orten (x, y, z) der Erdoberfläche verschieden sind, daß der Quotient der beiden ortsabhängigen Größen jedoch völlig unabhängig vom Ort der Messung ist. Die von Galilei noch unbeachtete Proportionalitätskonstante c_G bekommt damit eine selbständige physikalische Bedeutung und wird deshalb — um dies besonders hervorzuheben — künftig mit m gekennzeichnet:

$$c_G = \frac{G(x, y, z)}{g(x, y, z)} = m = \text{const}\,.$$

Welcher physikalische Sinn kommt aber dieser Konstanten zu? Newton mußte die von Galilei in Pisa und Padua durch Messungen an der Erdoberfläche gefundene Kraftvorstellung erweitern: Das Gewicht eines Körpers ist nicht konstant, sondern — wie die oben dargelegte Berechnung der radialen Mondbeschleunigung beweist — veränderlich; ein und derselbe Körper wiegt am Nordpol mehr ($g = 9{,}83\ \text{m s}^{-2}$) als am Äquator ($g = 9{,}78\ \text{m s}^{-2}$). Aber der Körper selbst, also die Menge des Stoffes, die den Körper bildet, ist bei beiden Messungen dieselbe. Nicht das Gewicht, sondern die Stoffmenge eines Körpers ist die beim Transport von einem Meßpunkt zum anderen unveränderliche Größe. Unserer Vorstellung entsprechend ist sie additiv, denn teilt man einen homogenen Körper konstanter Dichte in n gleiche Teile, so muß die Stoffmenge eines dieser n Teile gleich dem n-ten Teil der Stoffmenge des ursprünglichen Körpers und die letztere gleich der Summe der n Teilstoffmengen sein. Da aber erfahrungsgemäß das Gewicht des n-ten Teiles dieses homogenen Körpers genau dem n-ten Teil des gesamten Körpergewichtes gleich ist, sind Gewicht und Stoffmenge proportional. Der Faktor m hat aber nun in der experimentell gesicherten Relation

$$G(x, y, z) = m \cdot g(x, y, z)$$

genau die Eigenschaften (Konstanz, Additivität, Proportionalität zum Gewicht), die anschauungsgemäß der Stoffmenge zukommen.

Die Größe m muß also der Stoffmenge M entweder gleich oder zumindest proportional sein. Mit dem konstanten Proportionalitätsfaktor p besteht demnach die Beziehung

$$M = p \cdot m\,,$$

und man erkennt — da M, p und m konstante Größen repräsentieren —, daß die an sich willkürlich festlegbaren Maßeinheiten $[M]$ und $[m]$ durchaus so gewählt werden können ($[M] = [m]$), daß der Proportionalitätsfaktor sowohl die Maßeinheit $[p] = \frac{[\mathrm{M}]}{[\mathrm{m}]} = 1$ als auch die Maßzahl $\{p\} = \frac{\{M\}}{\{m\}} = 1$ hat ($p = \{p\}\,[p] = 1$) und damit die Maßzahlen ($\{M\} = \{m\}$) und schließlich die Größen selbst ($M = m$) gleich sind, eine Unterscheidung also überflüssig wird. Deshalb wurde der Faktor m von NEWTON *Menge* (*Masse*) *der Materie* (quantitas materiae)[1]), *Masse* oder zuweilen auch nur *Körper* genannt und als Quotient von Gewicht und Erdbeschleunigung oder (da die Erdbeschleunigung an ein und derselben Meßstelle für alle Körper gleich ist und deshalb beim Gewichtsvergleich ($G = m \cdot g$) auf der Waage auf beiden Seiten herausgekürzt werden kann) mit Hilfe der Waage gemessen.

Eine einwandfreie Definition der Masse gelang NEWTON allerdings nicht. Er definierte: *Die Menge an Materie* (*Masse*) *ist proportional dem Produkt aus Dichte und Volumen.* Da wir die Dichte μ jedoch nur als die auf die Volumeneinheit ΔV bezogene Masse Δm, also

$$\mu = \frac{\Delta m}{\Delta V}, \qquad \text{oder genauer} \qquad \mu = \lim_{\Delta V \to 0} \frac{\Delta m}{\Delta V}$$

erklären können, ist der logische Zirkel ganz offensichtlich. Eine einwandfreie Definition des Massenbegriffes an Hand der seinem Namen anhaftenden Anschaulichkeit ist sehr schwierig. Aber brauchen wir eine anschauliche Deutung überhaupt? Ist der Grad der Anschaulichkeit nicht wesentlich von der Übung und der dadurch bedingten Gewohnheit abhängig? Genügt es nicht einfach, das vom Standpunkt der Mechanik Wesentliche, nämlich die bewegungsbeeinflussenden Eigenschaften dieser Stoffmenge M durch die Größe m quantitativ zu fassen? Schon GALILEI suchte diese bewegungsbeeinflussenden Eigenschaften der Stoffmenge M und unterschied die *Schwere* und die *Trägheit.*

A. Die Schwere (schwere Masse)

Die materiellen Körper sind schwer, d. h., sie üben auf ihre Unterlage einen Druck aus. Diese Schwere eines Körpers, also sein Gewicht oder — bezogen auf die Volumeneinheit (seine Wichte) — nimmt in demselben Maße wie seine Dichte zu, ist also der im Volumen enthaltenen Stoffmenge proportional und damit (wegen $M = p \cdot m$) durch m erfaßbar. Sie drückt offensichtlich die Eigenschaft des Körpers (d. h. der beobachteten Stoffmenge M) aus, sich von der Erde (also einer anderen Stoffmenge) anziehen zu lassen, und zwar derart, daß die von der Stoffmenge M aufgenommene Anziehungskraft (ihr Gewicht) derselben im freien Fall eine vom Ort (oder besser vom Abstand ihres Mittelpunktes vom Mittelpunkt der Erde) abhängige Beschleunigung erteilt, die in der Nähe der Erdoberfläche 9,81 m s^{-2} beträgt.

[1]) Lat. „Materiemenge", besser übersetzt „Stoffmenge"; vgl. Materie — Stoff in „Philosophisches Wörterbuch", Leipzig 1966.

Der Faktor m repräsentiert also in $G = m \cdot g$ die Eigenschaft eines Körpers, schwer zu sein, ein von der relativen Lage zur Erde abhängiges Gewicht zu besitzen und wird aus diesem Grunde genauer mit m_S bezeichnet. Er ist ein Maß ($m_S = \{m_S\}\,[m_S]$) für die Schwere der Stoffmenge, für die Schwere der Masse und wird deshalb *schwere Masse* genannt. (Die Eigenschaft selbst wäre ganz sicher durch die Formulierung ,,Schwere der Masse" oder ,,Massenschwere" besser bezeichnet.)

B. Die Trägheit (träge Masse)

Die materiellen Körper sind träge, d. h., sie stellen jeder Änderung ihres Geschwindigkeitszustandes einen gewissen Widerstand entgegen. Ein Körper, der sich mit konstanter Geschwindigkeit auf gerader Bahn bewegt, muß dann, wenn er auf seiner Bahn beschleunigt werden soll, durch eine Kraft angetrieben werden, die in Bewegungsrichtung wirkt. Soll er dagegen abgebremst (verzögert, d. h. negativ beschleunigt) werden, so muß die Bremskraft seiner Bewegungsrichtung entgegenwirken. Kraft und Beschleunigung haben also ebenso wie Gewicht und Erdbeschleunigung gleiche Richtung sowie den gleichen Richtungssinn und sind — wie sich experimentell zeigen läßt — auch einander proportional.

Sie können also durch die Beziehung

$$P = m_T \cdot b$$

verknüpft werden. Der Proportionalitätsfaktor m_T ist konstant und der zu beschleunigenden Stoffmenge M proportional, denn es leistet z. B. der n-te Teil eines homogenen Körpers $\left(\frac{M}{n}\right)$ auch nur den n-ten Teil des Widerstandes $\left(\frac{m_T}{n}\right)$ gegen die Geschwindigkeitsänderung. Demnach wird ihm durch die gleiche Kraft P die n-fache Beschleunigung $(n \cdot b)$ erteilt:

$$P = \left(\frac{m_T}{n}\right)(n \cdot b) = m_T \cdot b\,.$$

Der Faktor m_T repräsentiert also die Eigenschaft einer Stoffmenge M, träge zu sein, ihrer Geschwindigkeitsänderung einen Widerstand entgegenzusetzen. Er ist ein Maß ($m_T = \{m_T\}\,[m_T]$) für die Trägheit der Stoffmenge, für die Trägheit der Masse und wird deshalb *träge Masse* genannt. (Die Eigenschaft wäre ganz sicher durch die Formulierung ,,Trägheit der Masse" oder ,,Massenträgheit" besser bezeichnet.)

C. Die Masse

Ein Körper, d. h. eine bestimmte Stoffmenge M, hat also — zumindest — zwei bewegungsbeeinflussende Eigenschaften, nämlich die der Schwere m_S (schwere Masse) und die der Trägheit m_T (träge Masse). Beide haben die gleiche

Maßeinheit, denn die beliebige Kraft P wird ebenso wie das Gewicht G z. B. mit Hilfe der Federwaage als Vielfaches der gleichen Maßeinheit (z. B. kp) ermittelt, und die Maßeinheiten der beiden Beschleunigungen g und b sind selbstverständlich ebenfalls gleich, so daß sich als Masseneinheit z. B.

$$[m_T] = [m_S] = \frac{\text{kp}}{\text{m s}^{-2}}$$

ergibt. Sind aber auch die Maßzahlen $\{m_T\}$ und $\{m_S\}$ einer Stoffmenge M gleich? Diese Frage wurde eigentlich schon empirisch durch HUYGHENS beantwortet, der bei der Herleitung seiner Formel für die Schwingzeit T eines Pendels die Beschleunigung g in die zwei Komponenten g_t und g_n zerlegte und damit — natürlich unbewußt — die Gleichheit von schwerer und träger Masse voraussetzte (Bild 1.5).

Zerlegt man in Bild 1.5 der HUYGHENSschen Anordnung zunächst mit Hilfe des Superpositionsgesetzes von STEVIN das Gewicht G in die beiden Komponenten G_t und G_n, schneidet danach den Pendelfaden durch und bringt die im Pendelfaden wirkende Fadenkraft F am Pendelkörper an, so werden sich G_n und F aufheben ($G_n - F = 0$), während G_t als alleinige am Pendel angreifende Kraft übrigbleibt. Verknüpft man nun die in Tangentialrichtung wirkende Kraft G_t mit der ebenfalls in dieser Richtung auftretenden Beschleunigung b_t durch den Ansatz

$$G_t = m_T \cdot b_t$$

(m_T träge Masse in Tangentialrichtung), so folgt wegen

$$G_t = G \cdot \cos\alpha = m_S \cdot g \cdot \frac{x}{l} = m_s \cdot g_t$$

$$m_S \cdot g_t = m_T \cdot b_t \rightarrow b_t = \frac{m_S}{m_T} \cdot g_t \,.$$

Wenn man nun an dieser Stelle die Gleichheit von schwerer und träger Masse $\left(\frac{m_S}{m_T} = 1\right)$ als Hypothese einführt, dann wird auf Grund der ähnlichen Dreiecke in Bild 1.4 und 1.5

$$\cos\alpha = \frac{x}{r} = \frac{z_x}{z} = \frac{x}{\cdot l} = \frac{g_t}{g} \approx \frac{g_x}{g}.$$

Demnach gilt auch

$$\frac{x}{z_x} = \frac{x}{g_x} = \frac{l}{g},$$

weshalb die Formel für T in Bild 1.4 in die Formel für T in Bild 1.5 umgeschrieben werden darf. Die zahlreichen Pendelversuche bestätigten die Richtigkeit dieser HUYGHENSschen Formel und damit gleichzeitig die Richtigkeit der Hypothese von der Gleichheit der schweren und trägen Masse, die in der Folgezeit noch oft experimentell nachgewiesen wurde (so z. B. von BESSEL, der Abweichungen größer als $^1/_{20\,000}$, oder v. EÖTVÖS, der Abweichungen größer als $^1/_{10\,000\,000}$

ausschloß). Diese Gleichheit — allerdings nicht die von NEWTON postulierte Konstanz der Masse — bildet eine wesentliche Grundlage der EINSTEINschen Relativitätstheorie.

NEWTON setzte bei all seinen Untersuchungen die Konstanz der Masse voraus. Nachdem EINSTEIN 1905 die Geschwindigkeitsabhängigkeit der Masse in der relativistischen Mechanik nachgewiesen hatte, gewann das Axiom von der Konstanz der Masse durch die damit einhergehende Beschränkung auf hinreichend kleine Geschwindigkeiten, also durch die Einschränkung der Gültigkeit der klassischen NEWTONschen Mechanik, sehr an Bedeutung.

1.2.5. Der kinetische Kraftbegriff bei ISAAK NEWTON

Die träge und die schwere Masse sind also für ein und denselben Körper sowohl hinsichtlich ihrer Maßeinheiten als auch ihrer Maßzahlen und damit überhaupt gleich. Und so faßte ISAAK NEWTON die beiden bewegungsbeeinflussenden Eigenschaften, die Schwere (schwere Masse) und die Trägheit (träge Masse) zu einem bewegungsbestimmenden Merkmal der Materie, der *Masse m* zusammen, die sowohl schwer als auch träge ist, und definierte an Hand dieser neuen Größe den kinetischen Kraftbegriff durch die Beziehung

$$P \quad := \quad m \quad \cdot \quad b\,.$$

Kraft := Masse mal Beschleunigung

1.2.6. Das Gravitationsgesetz ISAAK NEWTONS

Um die Schwere als Eigenschaft der Materie besser verstehen zu können, müssen wir NEWTONS Gedankengang auf dem Wege zum Gravitationsgesetz folgen.

In seinen mathematischen Grundlagen der Naturphilosophie formulierte er als „lex tertia“ das ihm aus der Erfahrung bekannte Wechselwirkungsaxiom[1]):

Einer Wirkung ist immer eine Gegenwirkung gleich, m. a. W. die zwischen zwei Körpern geschehenden Wirkungen sind immer einander gleich und treten in entgegengesetzter Richtung auf (actio = reactio).

„*Ein Körper*“, schreibt er weiter, „*der einen anderen drückt oder zieht, wird ebenso stark von diesem gedrückt oder gezogen.*“ Der Anziehung des Planeten Mars durch die Sonne muß demnach eine Anziehung der Sonne durch den Planeten Mars gegenüberstehen, und zwar müssen die durch die gegenseitige Anziehung bedingten Anziehungskräfte entgegengesetzt gleich sein. Wenn also auf dem Planeten Mars mit der Masse m_P die Kraft

$$K_{PS} = m_P \cdot \frac{k_S^*}{r^2} = \frac{k_{PS}}{r^2}$$

[1]) NEWTON schreibt: „Actioni contrariam et aequalem esse reactionem: sive corporum duorum actiones in se mutuo semper esse aequales et in partes contrarias dirigi“.

einwirkt, so muß auf die Sonne mit der Masse m_S[1]) die dieser entgegengesetzt gleiche Kraft

$$K_{SP} = m_S \cdot \frac{k_P^*}{r^2} = \frac{k_{SP}}{r^2}$$

einwirken. Wegen $K_{PS} = K_{SP}$ ist aber auch

$$k_{PS} = m_P \cdot k_S^* = m_S \cdot k_P^* = k_{SP}$$

oder

$$\frac{k_S^*}{m_S} = \frac{k_P^*}{m_P} = \text{const} = \Gamma$$

und

$$k_P^* = \Gamma\, m_P \quad\cdot$$

bzw.

$$k_S^* = \Gamma\, m_S\,,$$

also

$$K_{PS} = \Gamma \frac{m_P \cdot m_S}{r^2}$$

und

$$K_{SP} = \Gamma \frac{m_S \cdot m_P}{r^2}\,,$$

wobei Γ eine sowohl vom Planeten als auch von der Sonne unabhängige, also offensichtlich universelle Konstante ist. Verallgemeinert man diese für die gegenseitige Beeinflussung von Sonne und Mars gefundene Beziehung auf zwei beliebige Körper mit den Massen m_1 und m_2 und dem Mittelpunktsabstand r_{12}, so erhält man das berühmte NEWTONsche Massenanziehungs- oder Gravitationsgesetz

$$K_{12} = \Gamma \frac{m_1\, m_2}{r_{12}^2}\,,$$

wonach sich jeweils zwei materielle Körper anziehen und die Anziehungskraft dem Produkt der Massen m_1 und m_2 der beiden Körper direkt, dem Quadrat ihres Mittelpunktabstandes r_{12} dagegen umgekehrt proportional ist. Ein Körper ist also in der Nähe der Erde schwer, weil die Erdmasse und die Körpermasse sich gegenseitig anziehen. Die scheinbar passive Eigenschaft, schwer zu sein, ist also in Wirklichkeit nur die Folge einer durchaus aktiven Eigenschaft, nämlich „anziehen zu können", „Kraftzentrum zu sein". Und damit erkennen wir nunmehr zusammenfassend, daß die einen Körper bildende Stoffmenge M ein bewegungsbestimmendes Merkmal, die sog. *Masse* m trägt, das sowohl aktiv (durch die Fähigkeit der Anziehung, der Gravitation) als auch passiv (durch ihre Trägheit) den Bewegungsablauf mitbestimmt.

Die Gravitationskonstante Γ wurde als universelle Konstante anfangs durch Lotabweichung infolge großer Massen (MASKELYNE, 1774, Berg Shehallien in Schottland) und später nach entsprechender Verfeinerung der Meßtechnik im

[1]) Eine Verwechslung mit der „schweren Masse" ist hier wohl nicht zu befürchten.

Laboratorium (Drehwaage von CAVENDISH, JOLLYsche Doppelwaage) zu

$$\Gamma = 6{,}68 \cdot 10^{-11}\ \mathrm{kg}^{-1}\ \mathrm{m}^3\ \mathrm{s}^{-2}$$

ermittelt.

1.2.7. Die kinetische Deutung beobachteter Bewegungsvorgänge

Aus dem bekannten Gewicht G_K eines materiellen Körpers mit der Masse m_K und der Erdbeschleunigung g an der Meßstelle ließen sich mit dem bekannten Erdradius r und der Gravitationskonstanten Γ die Erdmasse m_E,

$$G_K = \Gamma \frac{m_K \cdot m_E}{r^2} = m_K \cdot g\,,$$

$$m_E = \frac{g \cdot r^2}{\Gamma}\,,$$

und damit schließlich die Mond-, Sonnen-, Planetenmassen usw. errechnen. Das Geheimnis der Sternenbewegung war gelüftet.

Aber auch den irdischen Naturgewalten konnte ihr Mythos genommen werden. NEWTON erklärte das Phänomen der Gezeiten mit Hilfe seiner Gravitationstheorie: Das Wasser auf der Seite der Erdoberfläche, die dem Mond zugewandt ist, erfährt eine stärkere, das auf der vom Mond abgekehrten Seite (also weiter entferntes Wasser) dagegen eine kleinere Anziehung. Die Fluten steigen besonders hoch, wenn die Mondanziehung durch die Sonne verstärkt wird, wenn also Sonne, Mond und Erde auf einer Linie liegen. In unserem Winter befindet sich die Sonne in Erdnähe und läßt bei Vollmond oder Neumond die Springfluten entstehen, die immer dann zur Katastrophe führen können, wenn sich zum Steigen des Wassers (Flut) ein Sturm gesellt.

1.2.8. Die Wirkungsfähigkeit einer Kraft und das Kraftmaß

Einem den Hang hinabrollenden Fels wohnt eine Kraft inne, die ihn Bäume brechen läßt. Wie aber soll diese Kraft gemessen werden?

Um die Auffindung eines Kraftmaßes haben sich schon vor NEWTON viele Naturwissenschaftler bemüht. So erklärte beispielsweise LEIBNIZ[1]) den Ausdruck $m\,v^2$ — dessen Summe konstant bleibe ($\sum m\,v^2 = \mathrm{const}$) — als das wahre Kraftmaß, während DESCARTES[2]) behauptete, daß $m\,v$ das eigentliche Kraftmaß und dessen Summe ($\sum m\,v = \mathrm{const}$) unveränderlich sei.

57 Jahre währte dieser erst 1743 durch das Erscheinen D'ALEMBERTS „traité de dynamique" geschlichtete Polemik, die im Grunde genommen auf Mißverständnissen beruhte, denn jeder hatte in einem anderen Sinne recht. NEWTON zeigte, daß die DESCARTESsche Summe ($\sum m\,v$) für ein abgeschlossenes System

[1]) LEIBNIZ (1646—1716), „Acta eruditorum", 1686, 1695; „Leibnizii et Joh. Bernoullii comercium epistolicum", Lausanne und Genf 1745.

[2]) DESCARTES (1596—1650), „Principia philosophia", Amsterdam 1644.

freier Massenpunkte ($m_1, m_2, \ldots$), das keinem Einfluß von außen unterliegt, tatsächlich unveränderlich ist (Erhaltung des Impulses), während HUYGHENS nachwies, daß für das gleiche System und unter den gleichen Bedingungen auch die LEIBNIZsche Summe ($\sum m v^2$) konstant bleibt (Erhaltung der Energie). Die von ihnen vorgestellte Größe war kein Kraftmaß, sondern ein Maß für die Wirkungsfähigkeit eines bewegten Körpers — bei DESCARTES die Bewegungsgröße ($m v$ oder der Impuls $m \mathfrak{v}$), bei LEIBNIZ die (doppelte) kinetische Energie $\left(\frac{m}{2} v^2\right)$. Das wirkliche Kraftmaß ($P = m b$) wurde von NEWTON gefunden.

Betrachten wir — um dies besser zu verstehen — eine Kugel mit der Masse m, die anfangs auf einer geraden horizontalen Bahn mit der konstanten Geschwindigkeit v rollt, schließlich auf eine schiefe Ebene mit dem Neigungswinkel β trifft, die sie immer langsamer werdend hinaufrollt, um nach t Sekunden in einer Höhe von h Metern stehen zu bleiben (und anschließend wieder zurückzurollen; Bild 1.6).

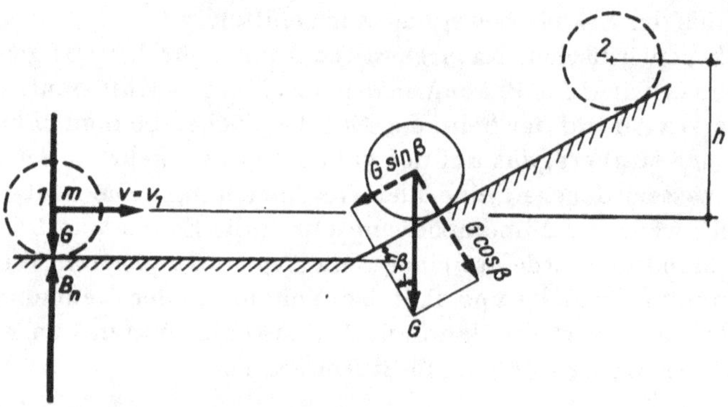

Bild 1.6. Zur Wirkungsfähigkeit einer Kraft

Während der Bewegung auf der Horizontalen heben sich das Gewicht G der Kugel und der Druck B_n der Bahn auf die Kugel auf, keinerlei Kräfte wirken also auf den sich bewegenden Körper, der sich nach dem GALILEIschen Trägheitsaxiom demnach mit konstanter Geschwindigkeit auf der geraden Bahn (d. h. träge) bewegt. Die Wirkungsfähigkeit der Kugel — also $m v$ bzw. $\frac{m v^2}{2}$ — bleibt konstant.

Infolge des Neigungswinkels β wirkt auf der schiefen Ebene die Gewichtskomponente $G \cdot \sin \beta$ auf die Kugel ein, bedingt eine Verzögerung b und damit die kleiner werdende Geschwindigkeit. Mit abnehmender Geschwindigkeit nimmt aber auch sowohl die anfängliche DESCARTESsche Wirkungsfähigkeit $W_{D1} = m v_1$ als auch die anfängliche LEIBNIZsche Wirkungsfähigkeit $W_{L1} = \frac{1}{2} m v_1^2$ der Kugel bis zum Endwert $W_{D2} = 0$ bzw. $W_{L2} = 0$ (Wirkungsunfähigkeit) im Augenblick des Stillstandes ($v_2 = 0$) ab. Rollt die Kugel wieder zurück, so wird die gleiche Gewichtskomponente $G \cdot \sin\beta$ der Kugel die der vorhergehenden Verzögerung gleiche Beschleunigung b erteilen, so daß die Kugel im Punkt 1 wieder die Geschwindigkeit v_1 (allerdings mit entgegengesetztem Richtungssinn) und damit auch wieder die Wirkungsfähigkeit $W_{D1} = m\,v_1$ bzw. $W_{L1} = \frac{1}{2}\,m\,v_1^2$ hat.

Die folgenden Umformungen ($\Delta v = v_2 - v_1$ usw.)

$$\Delta W_D = m \cdot \Delta v = m \cdot \frac{\Delta v}{\Delta t} \cdot \Delta t = m \cdot b \cdot \Delta t = T \cdot \Delta t\,,$$

$$\Delta W_L = \frac{1}{2}\,m(\Delta v)^2 = \frac{1}{2}\,m\left(\frac{\Delta v}{\Delta t}\right)^2(\Delta t)^2 = \underbrace{m \cdot b}_{\uparrow} \cdot \frac{1}{2}\,b(\Delta t)^2 = \underset{\uparrow}{T} \cdot \Delta s$$

Abspalten der Trägheitskräfte aus der Wirkungsfähigkeit

lassen erkennen, daß die Wirkungsfähigkeit eines materiellen Körpers auf der Eigenschaft der Materie beruht, träge zu sein (Masse!), einer Bewegungsänderung (z. B. Verzögerung), die durch eine von außen auf den Körper einwirkende Kraft P („vis impressa“, z. B. $G \cdot \sin\beta$) erzwungen wird, während der Wirkungszeit Δt oder längs des Wirkungsweges Δs dieser äußeren Kraft einen Widerstand (also wiederum eine Kraft, eine innere, auf ihrer Trägheit beruhende sog. Trägheitskraft — „vis insista“ — $T = m \cdot b$) entgegenwirken zu lassen. Die Wirkungsfähigkeit wird verbraucht, wenn die Trägheitskraft einer Verzögerung entgegenwirkt (Bild 1.6: 1 → 2), liegt dagegen eine Beschleunigung vor, der die Trägheitskraft entgegenwirkt, so wird Wirkungsfähigkeit erzeugt (Bild 1.6: 2 → 1).

Tatsächlich erhält man die dem Newtonschen Kraftbegriff genügende Trägheitskraft T sowohl als zeitliche Änderung der Descartesschen Bewegungsgröße ($b = \text{const}$, $v = b \cdot t$)

$$\frac{m\,v}{t_2 - t_1} = m \cdot \frac{v}{t} = m \cdot b = T$$

als auch als Änderung der halben Leibnizschen lebendigen Kraft (kinetische Energie) längs des Weges $\left(b = \text{const},\ v = b \cdot t,\ s = \frac{b}{2} \cdot t^2\right)$

$$\frac{\frac{1}{2}\,m\,v^2}{s_1 - s_2} = \frac{\frac{1}{2}\,m\,v^2}{s} = \frac{\frac{1}{2}\,m\,b^2\,t^2}{\frac{1}{2}\,b\,t^2} = m \cdot b = T\,.$$

Diese Trägheitskraft T (vis insista) ist — wie auch aus Bild 1.7 ersichtlich — der dem Körper aufgezwungenen Beschleunigung (im Beispiel also der Ver-

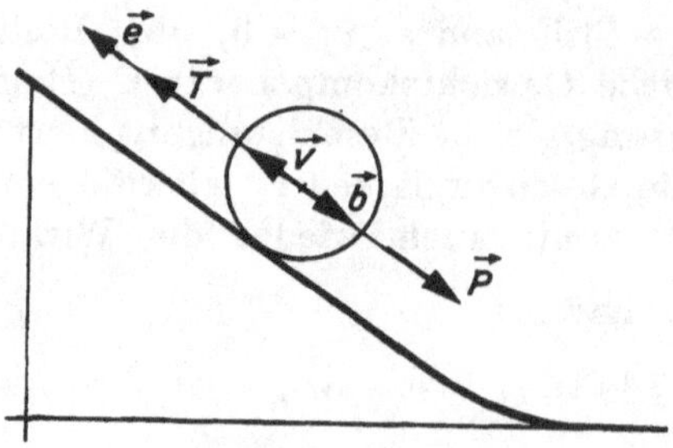

Bild 1.7. Trägheitskraft und eingeprägte Kraft

$\boldsymbol{T} = T \cdot \boldsymbol{e}$	Trägheitskraft	$T = +\|T\|$
$\boldsymbol{P} = P \cdot \boldsymbol{e}$	eingeprägte Kraft	$P = -\|P\|$
$\boldsymbol{b} = b \cdot \boldsymbol{e}$	Beschleunigung	$b = -\|b\|$
$\boldsymbol{v} = v \cdot \boldsymbol{e}$	Geschwindigkeit	$v = +\|v\|$

zögerung) und auch der äußeren, eingeprägten Kraft P (vis impressa) entgegengerichtet, während die eingeprägte Kraft P und die Beschleunigung b den gleichen Richtungssinn haben.

Soll nun die Kraft vollständig, d. h. mit Betrag, Richtung und Richtungssinn, beschrieben werden, so muß man die vor allem von Hamilton (1805—1865) und Grassmann (1809—1877) entwickelte vektorielle Darstellung wählen. Da die Division von Vektoren jedoch nicht durchführbar ist (sowohl das skalare als auch das vektorielle Produkt zweier Vektoren hat des eingeschlossenen Winkels α wegen unendlich viele Lösungen:

$$\boldsymbol{a} \cdot \boldsymbol{b} = |\boldsymbol{a}|\,|\boldsymbol{b}| \cos\alpha; \qquad |\boldsymbol{a} \times \boldsymbol{b}| = |\boldsymbol{a}|\,|\boldsymbol{b}| \sin\alpha),$$

kann in der vektoriellen Schreibweise die Kraft $\boldsymbol{P}$ nicht ohne weiteres als Änderung der halben Leibnizschen lebendigen Kraft längs des Weges dargestellt werden. Einfacher und vor allem eindeutig ist dagegen — und so wurde sie auch von Newton angegeben — die Definition der Kraft als zeitliche Änderung der Descartesschen Wirkungsfähigkeit, der sog. Bewegungsgröße $m\,v$, die der in der Newtonschen Mechanik vorausgesetzten Konstanz der Masse wegen in der folgenden Form angeschrieben werden kann:

$$P := \frac{\mathrm{d}}{\mathrm{d}t}(m\,v) = m\,\frac{\mathrm{d}v}{\mathrm{d}t}$$

oder in Vektorschreibweise

$$\boldsymbol{P} := \frac{\mathrm{d}}{\mathrm{d}t}(m\,\boldsymbol{v}) = m\,\frac{\mathrm{d}\boldsymbol{v}}{\mathrm{d}t}.$$

Man erkennt die gegenüber der skalaren Darstellung $P = \frac{\mathrm{d}}{\mathrm{d}t}(m\,v)$ wesentlich umfassendere Aussage der Vektorgleichung $\boldsymbol{P} = \frac{\mathrm{d}}{\mathrm{d}t}(m\,\boldsymbol{v})$, die nicht zwei Beträge, sondern vielmehr zwei gerichtete Größen, zwei Pfeile, zwei Vektoren gleich setzt, den Kraftpfeil mit Größe, Richtung und Richtungssinn auf der einen und die ebenfalls als Pfeil darstellbare zeitliche Änderung des Impulses $m\,\boldsymbol{v}$ [1]) wiederum mit Größe, Richtung und Richtungssinn auf der anderen Seite.

Die Ausführungen mögen auch ohne eingehendere Begründung der einzelnen Auffassungen zeigen, wie schwierig es doch war, aus dem Verhalten, aus der Wirkungsfähigkeit bewegter Körper, aus dem Muskelerlebnis, aus den beobachteten Naturgewalten, die uns heute so geläufigen Begriffe Kraft, Bewegungsgröße ($m\,v$), kinetische Energie $\left(\frac{m}{2}\,v^2\right)$, Arbeit ($\boldsymbol{P}\,\boldsymbol{s}$, CORIOLIS (1792—1843)[2])), Antrieb ($\boldsymbol{P}\,t$, BELANGER 1847 (1790—1874)[3])) usw. sauber herauszuarbeiten und mathematisch eindeutig zu formulieren.

.3. Raum — Zeit — Masse

Den bewegten Dingen war der Mythos genommen. Die Bewegungen, insbesondere die Bewegungsänderungen und die sie bedingenden Kräfte, wurden nicht mehr naiv bewundert. Man konnte sie deuten, messen, mathematisch beschreiben, vorausberechnen, und es begann die stürmische Entwicklung einer Wissenschaft, die sich ausschließlich den Bewegungsvorgängen und Ruhebedingungen materieller Körper sowie den diese bedingenden Kräften widmete, der klassischen NEWTONschen Mechanik.

Lang und mühevoll war der Weg zu diesen Naturerkenntnissen, entmutigend und — denken wir nur an die Demütigungen GALILEIS — reich an Enttäuschungen und Opfern. Anthropomorphe Deutungen, fest verwurzelte Dogmen mußten überwunden werden, aber auch die Denkweise veränderte sich, forderte an Stelle der Autorität den Beweis sowie das Experiment als „Frage an die Natur" und ging von der rein anschaulichen zur problemgemäß-abstrakten Interpretation über.

ARCHIMEDES lehrte beispielsweise, daß die leichteren Körper langsam, die schwereren dagegen schneller fallen, eine Aussage, die durch das Experiment täglich neu bestätigt werden kann, vergleichen wir nur das Fallen eines Blattes und das eines Steines. GALILEI sagte dagegen: „Alle Körper fallen gleich schnell." Und das ist — ohne jeden Zusatz — empirisch beurteilt falsch! Die Behauptung wird erst richtig, indem er hinzufügt, daß sie nicht etwa in jedem Fall, sondern vielmehr nur unter ganz besonderen „idealen Bedingungen", nämlich im Vakuum, gilt. Aber indem er dieses ideale, in der Erfahrung gar nicht geltende Gesetz (mathematisch formuliert) an den Anfang

[1]) Da die Geschwindigkeit $\boldsymbol{v}$ Vektorcharakter hat, ist auch die mit der Masse m multiplizierte Geschwindigkeit — also $m \cdot \boldsymbol{v}$ — ein Vektor, der *Impuls* oder *Impulsvektor* genannt wird. Die DESCARTESsche Bewegungsgröße ist also gleich dem Betrag des Impulsvektors ($m\,v = |m\,\boldsymbol{v}|$).

[2]) CORIOLIS, „Traité de mécanique", Paris 1829.

[3]) BELANGER, „Cours de mécanique", Paris 1847.

stellt, kann er die Abweichungen studieren und so zu einer klaren Definition der Kräfte des Auftriebes und der Reibung gelangen.

Die Schaffung idealer Bedingungen, die sog. Modellbildung, der daran anschließende Vergleich des wirklichen realen Vorganges mit dem idealisierten Vorgang im Modell, das Studium der beobachteten Abweichungen (die den Ingenieur zwingen, bei nahezu jeder praktischen Aufgabe zu entscheiden, ob diese Abweichungen vernachlässigt werden dürfen oder nicht) und die mit den Problemen zunehmende Abstraktion kennzeichnen methodisch die moderne wissenschaftliche Arbeitsweise.

Die Wirklichkeit, die Umwelt, die nach der Entmystifizierung übrigblieb, war ein hier mehr, dort weniger dichter dreidimensionaler Stoff, der sich ständig bewegt, also mit der Zeit seine Lage und seine Form (sowie seine Struktur) ändert. Dreidimensional deshalb, weil die Lage jedes beliebigen Stoff-Punktes nach der willkürlichen Festlegung eines Koordinatensystems sowie einer Maßeinheit (z. B. 1 cm) durch genau 3 Koordinaten (Maßzahlen) eindeutig angegeben werden kann. Es muß an dieser Stelle besonders hervorgehoben werden, daß der Stoff selbst (unabhängig vom Koordinatensystem) dreidimensional ist und nur deshalb die Beschreibung seiner Verteilung oder Bewegung gerade in einem dreidimensionalen Koordinatensystem Sinn hat. Dieses dreidimensionale Koordinatensystem orientiert also den Raum, in dem sich die Bewegungen, also die Lage- und Gestaltänderungen des Stoffes beobachten, d. h. anschauen sowie beschreiben lassen und der deshalb auch (dreidimensionaler) Anschauungsraum genannt wird. Der betrachtete Körper (die Stoffmenge) nimmt dabei nur einen endlichen Teil des Anschauungsraumes oder — wie der Mathematiker zuweilen sagt — beschränkten Bereich ein.

Unter der im Anschauungsraum zu beschreibenden Bewegung eines materiellen Körpers (Stoffmenge M) verstehen wir — nun etwas exakter formuliert — die Lage- und Gestaltsänderung des Stoffes in der Zeit. Zur vollständigen Beschreibung einer speziellen Bewegung benötigen wir demnach

a) die Bahnen aller Punkte des Körpers,
b) das Zeitintervall, in dem die Bewegung abläuft, und
c) den sich bewegenden materiellen Körper selbst.

Jede mögliche Bewegung ist demnach eingebettet in

a) den dreidimensionalen Anschauungsraum, der die Gesamtheit aller möglichen Punktbahnen enthält und in dem durch Markierung entsprechender Lagen beliebige Punktbahnen dargestellt werden können,
b) die Zeit als die Gesamtheit aller Zeiteinheiten, die zu beliebigen (zusammenhängenden) Zeitintervallen zusammengefaßt werden können, und
c) den Stoff als die Gesamtheit aller Stoffelemente, von denen sich beliebige Teilmengen zu materiellen Körpern vereinigen lassen.

Raum, Zeit und Stoff sind also die Begriffe, die zur Beschreibung des Bewegungsvorganges mathematisch gefaßt werden müssen. Der Raum, der sich nach Festlegung einer Längen- und einer Winkeleinheit mit den Regeln der

EUKLIDischen Geometrie oder der HAMILTON-GRASSMANNschen Vektoralgebra ausmessen läßt, stellt diesen Bemühungen ebenso wie die Zeit (nach der Festlegung einer Zeiteinheit) keinerlei Schwierigkeiten entgegen. Der Stoff jedoch mit seinen mannigfaltigen Erscheinungsformen bedarf einer weitgehenden Abstraktion. Er verwirrt in seiner Vielfalt und verdeckt — vollständig betrachtet — das Wesentliche, denn es interessieren in diesem speziellen Fall, in dem nur die Bewegungsprozesse oder Ruhebedingungen studiert werden sollen, keineswegs alle seine Eigenschaften. Benötigt werden ausschließlich seine bewegungsbeeinflussenden Merkmale. Lassen wir also die Farbe des Stoffes verblassen, nehmen wir ihm den Geschmack, den Geruch usw. Lassen wir nur diejenigen Eigenschaften des Stoffes zu, die seinen Bewegungsablauf bestimmen. ISAAK NEWTON erkannte, wie bereits sehr ausführlich dargelegt worden ist, daß zwei Eigenschaften einen meßbaren Einfluß auf die Bewegung nehmen, nämlich einmal die Trägheit, das Bestreben, einer Geschwindigkeitsänderung einen entsprechenden Widerstand entgegenzusetzen (träge Masse), und zum anderen die Gravitation, die Fähigkeit, anderen Stoff anzuziehen, also Kraftzentrum zu sein (schwere Masse). Die Maßeinheiten und auch die Maßzahlen beider Einflüsse sind gleich und wurden deshalb zu einem bewegungsbestimmenden Merkmal des Stoffes, der sog. Masse, zusammengefaßt.

Damit läßt sich nun — wie im folgenden Kapitel ausführlich gezeigt werden soll — für die zeitabhängige, dreidimensionale (räumliche) materielle Wirklichkeit ein für die spezielle Aufgabe zweckmäßiges Modell finden: die zeitabhängige, räumliche Masseverteilung. Die diesem Modell zugeordneten Fundamentalgrößen Raum, Zeit und Masse sowie die erlebte und axiomatisch festgelegte Kraft sind mathematisch leicht faßbar vorgegeben, und der Aufbau der klassischen Mechanik kann — nunmehr axiomatisch — beginnen.

Zuvor muß man jedoch noch die Masseverteilung im Anschauungsraum kennen, und da stehen sich zwei Theorien gegenüber, nämlich die Korpuskular- und die Kontinuumstheorie.

1.4. Massenpunkt und Kontinuum

Da die Masse eine Eigenschaft des Stoffes ist, kann natürlich nur dort Masse festgestellt werden, wo auch Stoff gegenwärtig ist. Wir werden deshalb zunächst — etwas anschaulicher — nach der Stoffverteilung im Anschauungsraum fragen.

1.4.1. Punkt und Masse

Obwohl die Sonne und ihre Planeten eine erhebliche Größe haben, erscheinen sie doch dem Beobachter am nächtlichen Sternenhimmel nur als leuchtende Punkte. So verwundert die punktförmige Darstellung der Gestirne in älteren astronomischen Aufzeichnungen, etwa als ptolemäisches oder kopernikanisches Weltbild, nicht. Aber auch die mathematische Beschreibung der Planetenbewegung vernachlässigt die geometrische Gestalt der Himmelskörper und den Stoff, in den diese eingebettet sind (Abstraktions- und Befreiungsprozeß; vgl. Abschnitt 2.3.1. und 2.3.2.). So berücksichtigt z. B. das NEWTONsche Gravitationsgesetz lediglich die Entfernung ihrer Mittelpunkte sowie ihre Massen. Die astronomischen Messungen bestätigen aber die Richtigkeit der anhand dieser Formeln errechneten Ergebnisse und damit gleichzeitig die Zweckmäßigkeit der getroffenen Vereinfachung, die abstrahierend von allem Unwesentlichen absieht und dadurch das für den Bewegungsablauf Wesentliche erfaßt. Wesentlich ist also bei diesen makrokosmischen Bewegungsvorgängen nur die Masse und deren Mittelpunkt, der Massenmittelpunkt des Körpers. Der Körper selbst wird demzufolge als Punkt abgebildet und diesem die Masse m als Zahl zugeordnet. So entsteht als Modell eines Körpers der sog. Massenpunkt und als Modell des Makrokosmos ein System sich bewegender Massenpunkte. Die Berechtigung der Punktauffassung wird besonders augenscheinlich, wenn man sich die Größenverhältnisse in Zahlen vergegenwärtigt. Etwa 10^{13} cm beträgt die Entfernung zwischen Erde und Sonne, ca. 10^{11} cm der Sonnendurchmesser und etwa 10^{8} cm der Durchmesser der Erde. Würde man also die Sonne durch einen Kreis mit dem Durchmesser 1 cm abbilden, so muß die Erde als Kreis mit dem Durchmesser 1/1000 cm in 100 cm Entfernung dargestellt werden.

Eine ganz ähnliche Struktur zeigt nun aber auch der Mikrokosmos; betrachten wir nur das BOHRsche Atomgitter oder das RUTHERFORDsche Atommodell. Etwa 10^{-12} cm mißt der Durchmesser eines Atomkernes und 10000mal mehr, also etwa 10^{-8} cm, der Durchmesser der Atomhüllen, auf denen sich die freien Elektronen — ähnlich wie die Planeten um die Sonne — bewegen. Ebenso wie das Modell des Planetensystems zeigt also auch dieses Atommodell eine punktförmige Struktur.

Diese Erkenntnis rechtfertigt die Annahme einer diskontinuierlichen, punktförmigen oder — wie man auch sagt — diskreten Stoff- und damit Masseverteilung im Anschauungsraum und fordert eine Theorie der Punktsysteme, eine Diskontinuumstheorie als Teil der Korpuskulartheorie, die die Veränderung unserer Umwelt durch die Wechselwirkungen zwischen diskret angeordneten Elementarteilchen, den sog. Korpuskeln, erklärt.

Diese Wechselwirkung zwischen zwei Teilchen läßt sich durch eine (Differential-)Gleichung ausdrücken. Da nun jedes dieser Teilchen jedes andere anzieht (und ggf. durch Stoß beeinflußt), wächst die Anzahl der Gleichungen mit der Anzahl der Teilchen und wird sehr schnell so groß, daß die mathematische Behandlung des Gleichungssystems auch bei Aufspaltung des betrachteten Bereiches in Teilbereiche, Heranziehung statistischer Methoden usw. außerordentlich aufwendig wird.

1.4.2. Kontinuum und Dichte

Für die Beschreibung der Bewegung des Wassers in einem Gerinne oder der Schwingung eines Balkens, also für die makroskopischen und gewöhnlichen technischen Probleme ist nun diese von den Korpuskeln ausgehende Darstellung viel zu kompliziert (ganz abgesehen davon, daß die Masse dieser Teilchen infolge ihrer extrem hohen Geschwindigkeiten nicht mehr konstant ist und deshalb die Gesetze der klassischen NEWTONschen Mechanik in diesen mikrokosmischen Bereichen nicht mehr gelten).

Wenden wir uns deshalb zunächst wieder der gewöhnlichen makroskopischen Beobachtung zu, der natürlich der Aufbau der Materie verborgen bleibt und die deshalb auch keine Aussagen über deren mikrokosmische Struktur treffen kann. Dem bloßen Auge scheinen vor allem die (technisch interessierenden) Flüssigkeiten und elastisch- oder auch plastisch-festen Körper den von ihnen eingenommenen Raum stetig auszufüllen. Faßt man den Körper als eine zusammenhängende (kontinuierliche) Gesamtheit beliebig kleiner Körperelemente auf, so scheinen diese im Gegensatz zu der ungeordneten BROWNschen Bewegung wohlgeordnete Bewegungen auszuführen.

Ein auf zwei Stützen gelagerter Balken, der sich infolge einer entsprechenden Belastung durchbiegt, zeigt beispielsweise beim Übergang von der Ausgangslage in die Endlage eine in diesem Sinne wohlgeordnete Bewegung seiner einzelnen Volumenelemente. Die Kontinuität des Balkens bleibt während der Biegebewegung gewahrt. Die Verschiebungen, Geschwindigkeiten, Beschleunigungen zweier benachbarter Punkte weichen nicht sehr voneinander ab, sie ändern sich vielmehr innerhalb des Balkens beim Fortschreiten von einem Punkt zum anderen in jeder beliebigen Richtung stetig und können als Funktionen des Ortes (x, y, z) angegeben werden. Ist etwa $\mathbf{s}(x, y, z)$ die Verschiebung an der Stelle (x, y, z), so ist an der Stelle $(x + dx,\ y + dy,\ z + dz)$ die Verschiebung gleich

$$\mathbf{s}(x + dx,\ y + dy,\ z + dz) = \mathbf{s}(x, y, z) + d\mathbf{s}(x, y, z)\ ,$$

und die Größe des Zuwachses $ds(x, y, z) = |d\mathbf{s}(x, y, z)|$ kann z. B. in eine TAYLOR-Reihe entwickelt werden:

$$\begin{aligned} ds(x, y, z) &= s(x + dx, y + dy, z + dz) - s(x, y, z) \\ &= \frac{1}{1!}\left(\frac{\partial}{\partial x} s(x, y, z)\, dx + \frac{\partial}{\partial y} s(x, y, z)\, dy + \frac{\partial}{\partial z} s(x, y, z)\, dz\right) \end{aligned}$$

klein von höherer Ordnung ↑

$$\begin{aligned} &+ \frac{1}{2!}\left(\frac{\partial^2}{\partial x^2} s(x, y, z)\, dx^2 + \frac{\partial^2}{\partial y^2} s(x, y, z)\, dy^2\right. \\ &+ \frac{\partial^2}{\partial z^2} s(x, y, z)\, dz^2 + 2\frac{\partial^2}{\partial x\, \partial y} s(x, y, z)\, dx\, dy \\ &\left. + 2\frac{\partial^2}{\partial x\, \partial z} s(x, y, z)\, dx\, dz + 2\frac{\partial^2}{\partial y\, \partial z} s(x, y, z)\, dy\, dz\right) \\ &+ \frac{1}{3!}\left(\frac{\partial^3}{\partial x^3} s(x, y, z)\, dx^3 + \cdots\right). \end{aligned}$$

Bei den meisten technischen Problemen werden nur die linearen Glieder $\frac{1}{1!}(\cdots)$ berücksichtigt und alle übrigen als „klein von höherer Ordnung" vernachlässigt: Der Ansatz wird „linearisiert".

Dieser Ansatz und das Fortschreiten (sowie das Differenzieren) lassen sehr anschaulich die vorausgesetzte Kontinuität der Materie erkennen, die eine — zumindest abschnittsweise — stetige Masseverteilung bedingt.

Wie aber soll die stetige Masseverteilung mathematisch gefaßt werden? Kann man jedem einzelnen Punkt des Körpers, ebenso wie man ihm eine Verschiebung zuordnet, auch eine Masse zuordnen?

Da die Masse eine Eigenschaft repräsentiert und demnach an ihren Träger, an den Stoff, gebunden sein muß, ist dies offensichtlich nicht möglich. Denn eine notwendige Existenzform des Stoffes ist seine räumliche Ausdehnung, seine Dreidimensionalität, und der Punkt hat im Sinne der EUKLIDischen Geometrie eben keine räumliche Ausdehnung, kein Volumen, also auch keinen Stoff, keine Materie und damit auch keine Masse.

Die stetige Masseverteilung muß offenbar auf andere Weise ausgedrückt werden. Wir markieren zu diesem Zweck einen beliebigen inneren Punkt P des Körpers durch die Koordinaten x, y, z und denken uns eine Kugel mit dem beliebigen Radius R um diesen Punkt als Mittelpunkt.

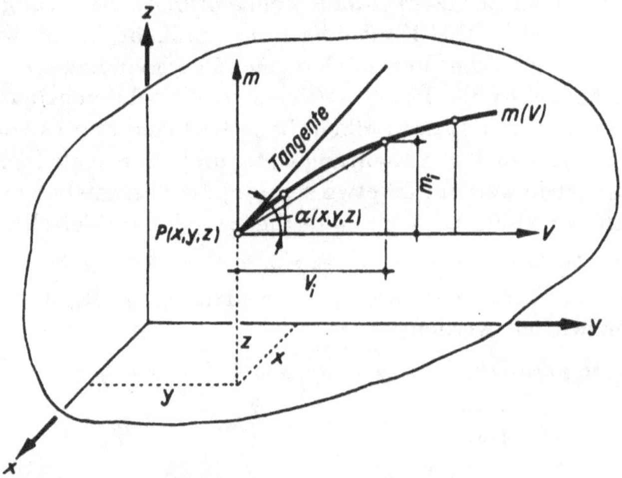

Bild 1.8. Ermittlung der Dichte $\mu(x, y, z)$ im Punkt $P(x, y, z)$

Der Radius R möge so gewählt werden, daß die Kugel nirgendwo die Oberfläche des Körpers durchbricht. Diese Kugel mit dem Volumen V hat ein Gewicht G und demnach die Masse $m = \frac{G}{g}$. Läßt man den Radius dieser Kugel immer kleiner werden ($R_1, R_2, \ldots, R_i, \ldots$), so werden auch das Volumen ($V_1, V_2, \ldots, V_i, \ldots$) sowie die von diesem „eingeschlossene" Masse ($m_1, m_2, \ldots, m_i, \ldots$) immer kleiner, bis beide für $R = 0$ verschwinden. Trägt man die Werte m_i als Ordinaten über den zugehörigen Abszissen V_i auf, so entsteht bei hinreichend kleinen Intervallen $V_i - V_{i-1}$ eine Kurve (Bild 1.8), und man erkennt, daß der betrachtete Punkt $P(x, y, z)$ nicht durch die Werte V

und m, die ja Null sind, sondern vielmehr durch den Neigungswinkel α der Tangente an diese Kurve $m(V)$ charakterisiert wird, da dieser je nach der Stoffverteilung im Körper von Punkt zu Punkt verschieden sein, also von x, y, z abhängen kann. Der Tangens dieses Winkels läßt sich als Grenzwert des Differenzenquotienten mit

$$\Delta V = V_i - V_P = V_i\,, \quad \text{da} \quad V_P = 0 \qquad \text{(Volumen des Punktes } P)\,,$$

und

$$\Delta m = m_i - m_P = m_i\,, \quad \text{da} \quad m_P = 0 \qquad \text{(Masse des Punktes } P)\,,$$

also

$$\tan\alpha(x, y, z) = \lim_{\Delta V \to 0} \frac{\Delta m}{\Delta V} = \frac{\mathrm{d}m}{\mathrm{d}V}(x, y, z) = \mu(x, y, z)$$

darstellen. Er repräsentiert die auf die Volumeneinheit bezogene Masse, die kürzer „Dichte" genannt wird und nun als Zahl tatsächlich dem Punkt (x, y, z) zugeordnet werden kann. Da in hinreichend kleiner Umgebung des Punktes die Funktion $m(V)$ nicht allzusehr von der Tangente abweicht, läßt sich bei Kenntnis der Dichte $\mu = \mu(x, y, z)$ an der Stelle (x, y, z) die in einem hinreichend kleinen Volumenelement $\mathrm{d}V$ mit dem Punkt (x, y, z) als Mittelpunkt eingeschlossene Masse $\mathrm{d}m$ aus der Beziehung

$$\mathrm{d}m = \mu(x, y, z)\,\mathrm{d}V$$

ermitteln.

In einem homogenen Körper konstanter Dichte (μ = const) wird die Masse jedes beliebigen Teilkörpers und auch die des ganzen Körpers auf diese Weise errechnet, da in diesem Fall die Funktion $m(V)$ mit der Ursprungstangente zusammenfällt.

Diese Betrachtungsweise liefert also neben den anfangs erwähnten (zumindest abschnittsweise) differenzierbaren Funktionen $(s(x, y, z, t); v(x, y, z, t); b(x, y, z, t; \ldots)$ die ebenfalls (abschnittsweise) differenzierbare Funktion $\mu(x, y, z)$ in dem vom Körper eingenommenen Raumteil. Alle diese Funktionen, die vom Ort x, y, z und ggf. der Zeit t abhängen, sind ihrer mechanischen Bedeutung (z. B. als Geschwindigkeit eines Körperpunktes) wegen natürlich nur in dem von dem Körper eingenommenen Raumteil (dem betrachteten beschränkten Bereich unseres Anschauungsraumes) definiert. Die gleichzeitig vorgestellte Gesamtheit aller dieser Werte einer Klasse $\varkappa$ ($\varkappa = \mu, s, v, b, \ldots$ usw.) bildet dann jeweils ein sog. skalares Feld, während die vollständige Beschreibung der gerichteten mechanischen Größen (z. B. der Geschwindigkeit $\boldsymbol{v}$) mit Betrag, Richtung und Richtungssinn zu Vektorfeldern (z. B. dem Geschwindigkeitsfeld) führt.

Die wesentliche Voraussetzung dieser Theorie ist die Kontinuität des Körpers, weshalb dieselbe Kontinuumstheorie oder — da diese Annahme auf der reinen Beschreibung der Beobachtungen und Messungen beruht — auch phänomenologische Theorie genannt wird. Sie ist wesentlich einfacher in ihrer Handhabung als die Korpuskulartheorie, wenn auch die letztere eine befriedigendere Interpretation der wirklichen Verhältnisse bietet.

Als Brücke zwischen diesen beiden Theorien kann das Volumenelement angesehen werden, das im Sinne der Korpuskulartheorie eine endliche, aber sehr große Anzahl diskret verteilter, massebehafteter Elementarteilchen enthält, deren Gesamtmasse nun im Sinne der Kontinuumstheorie kontinuierlich und konstant über das ganze Volumenelement verteilt angenommen wird.

Die Verformbarkeit dieses Volumenelementes unter dem Einfluß von außen einwirkender Kräfte erklärt die Korpuskulartheorie durch universelle Konstanten sowie durch Verschiebungen auf Grund subatomarer, atomarer oder molekularer Wechselwirkungen zwischen den Elementarteilchen, während die Kontinuumstheorie dieses Verhalten des Volumenelementes als viskos, plastisch, elastisch oder starr bezeichnet und durch entsprechende stoffgebundene Materialkonstanten (z. B. den Elastizitätsmodul) beschreibt.

Anstelle der in einem bestimmten Raumteil diskret verteilten, massebehafteten Elementarteilchen tritt also das mit Masse kontinuierlich ausgefüllte und mit Materialkonstanten (die die Verformbarkeit kennzeichnen) behaftete Volumen dieses Raumteiles, das kurz als Kontinuum, genauer als starres oder verformbares Kontinuum oder aber auch als starrer oder verformbarer Körper bezeichnet wird.

1.4.3. Translation, Rotation, Deformation

Beobachten wir die Bewegung eines Massenpunktes und die eines würfelförmigen Körpers (Kontinuum) im Anschauungsraum, der durch das kartesische x,y,z-Koordinatensystem orientiert sein möge, so erkennen wir, daß zur eindeutigen Bestimmung der Lage eines Massenpunktes drei voneinander unabhängige Angaben erforderlich sind, während die eindeutige Lagebestimmung des Körpers sechs voneinander unabhängige Angaben erfordert.

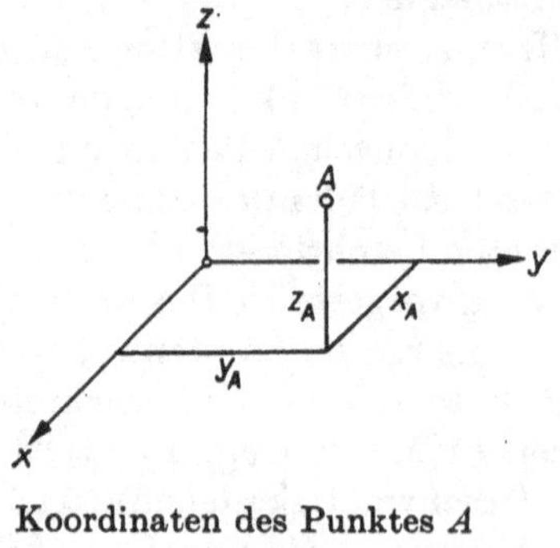

Bild 1.9. Koordinaten des Punktes A

Die beliebige Lage des (Massen-) Punktes A können wir z. B. erhalten, indem wir diesen aus dem Ursprung des Koordinatensystems um die Beträge $|x_A|$, $|y_A|$ und $|z_A|$ (Bild 1.9) jeweils parallel zur x-, y- und z-Achse verschieben.

Um die beliebige Lage eines Würfels mit den Eckpunkten J'' ($J'' = A''$, $B'', \ldots, H''$) zu finden (Bild 1.10), müssen wir diesen aus der Ursprungslage J ($J = A, B, \ldots, H$) zunächst parallel zu sich selbst verschieben, und zwar derart, daß eine Ecke (etwa A) die endgültige Lage erhält ($A \to A' = A''$). Dabei werden alle Punkte des Würfels um die Beträge $|x_A|$, $|y_A|$, $|z_A|$ jeweils parallel zur x-, y- und z-Achse verschoben und die Würfelecken damit in die Lage J' ($J' = A', B', \ldots, H'$) gebracht. Da die Ecke A' bereits die endgültige Lage hat ($A' = A''$), ist nur noch eine Drehung des Körpers um eine durch

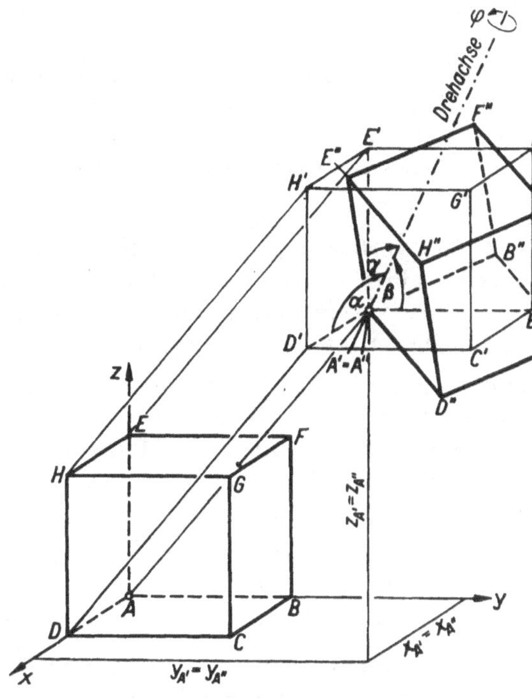

Bild 1.10. Beliebige Lage eines Würfels

den Punkt A' gehende Achse möglich. Diese Drehung, die die Eckpunkte J' in die Lage J'' ($J'' = A'', B'', \ldots, H''$) überführt, ist offensichtlich durch die Neigung der Drehachse (also z. B. durch die Winkel α und β gegen die x- bzw. y-Achse, mit denen auch der Winkel γ gegen die z-Achse wegen $\cos^2 \alpha + \cos^2 \beta + \cos^2 \gamma = 1$ fixiert ist) und den Drehwinkel φ eindeutig bestimmt.

Da man die Bewegung eines Objektes dann, wenn

1. alle Punkte desselben kongruente Bahnkurven beschreiben, *Translation*,
2. alle Punkte einer Geraden (der Drehachse) während der Bewegung im Raum fest bleiben, *Rotation*

nennt, kann man sagen, daß sich die Bewegung eines Massenpunktes durch eine Translation und die eines starren Körpers durch eine Translation in Verbindung mit einer Rotation eindeutig beschreiben läßt.

Die Anzahl der zur eindeutigen Beschreibung der Lage eines Objektes erforderlichen unabhängigen Angaben definiert den sogenannten *Freiheitsgrad* des Objektes. Nach den obigen Darlegungen hat demnach ein Massenpunkt *drei*, ein starres Kontinuum dagegen *sechs* Freiheitsgrade.

Nun sind aber die in der Natur existenten oder in technischen Prozessen geschaffenen Kontinua nicht starr, sondern mehr oder weniger verformbar, so daß sich die vollständige Bewegung eines Kontinuums aus einer Translation, einer Rotation und einer Deformation zusammensetzt.

Die Lehre von der Deformation und vom Fließen (also von der relativen Bewegung der Elementarteilchen) homogener isotroper Körper wird *Rheologie* (ῥέω: fließen, ⟨griech.⟩) genannt. Das Deformationsverhalten der Körper wird mathematisch durch das sog. rheologische Gesetz[1]) beschrieben.

Man spricht von einem

elastischen Verhalten, wenn die Verformungen bei Auftreten von endlichen Kräften endlich bleiben und nach der Entlastung wieder vollkommen verschwinden, und nennt ein solches Kontinuum einen HOOKE*schen Körper*;

plastischen Verhalten, wenn nach der Entlastung Verformungen zurückbleiben, und nennt ein solches Kontinuum je nach dem Aufbau des rheologischen Gesetzes v. MISES-*Körper* (starr-plastisch), PRANDTL-*Körper* (elastisch-plastisch), BINGHAM-*Körper* (visko-plastisch);

Fließen, wenn die Verformungen unter der Wirkung endlicher Kräfte beständig und unbegrenzt zunehmen, und nennt ein solches Kontinuum NEWTON*sche Flüssigkeit.*

Daneben gibt es noch weitere Klassifizierungen (KELVIN-Körper, MAXWELL-Körper, SCHWEDOFF-Körper usw.)[2]), auf die hier nicht näher eingegangen werden soll.

In diesem Sinne sind also die für die Baumechanik bedeutungsvollen Lehrgebiete Elastizitätstheorie (Behandlung des HOOKEschen Körpers) und Hydromechanik (Behandlung der NEWTONschen Flüssigkeit) Teile der Rheologie, die wiederum Bestandteil der Kontinuumsmechanik ist.

[1]) $\varrho(\mathbf{T}_\sigma, \mathbf{T}_\varepsilon) = 0$. Diese Formel stellt eine funktionelle Verknüpfung, die symbolisch mit ϱ bezeichnet wird, zwischen dem Spannungstensor $\mathbf{T}_\sigma$ und dem Verzerrungstensor $\mathbf{T}_\varepsilon$ dar.

[2]) FLÜGGE, Handbuch der Physik, Springer-Verlag, Berlin-Göttingen-Heidelberg, Band VI, S. 434–548.
LONG, R., „Mechanics of solids and fluids", Prentice-Hall, Inc., Englewood Cliffs, New Jersey, 1961.

1.5. Objekt und Belegung

Die bisherigen Betrachtungen zeigen, daß es für die Lösung der klassischen mechanischen Probleme genügt, die bunte Mannigfaltigkeit unserer Welt, also die objektive Realität, als ein sich bewegendes Massenpunktsystem oder ein sich bewegendes Kontinuum veränderlicher Dichte aufzufassen.

Beobachten wir nun die Bewegung eines Sternes, einer Förderbrücke, eines abstürzenden Steines oder aber das leicht pendelnde Aufsteigen irgendeiner Last, die von einem Kran an einem dünnen Stahlseil langsam hochgezogen wird, so lösen wir das beobachtete Objekt schon durch unsere Aufmerksamkeit aus dem ganzen sich bewegenden Universum. Aber der mit der Mechanik und ihren Gesetzen Vertraute bleibt bei der Beobachtung der Bewegung eines Objektes nicht stehen, er sucht nach einer Begründung dieser Bewegung, er will wissen, warum diese gerade in den von ihm beobachteten Bahnen abgelaufen ist, und sucht in der Umgebung des Sternes, der Förderbrücke, des Steines, der Last, sucht in der Umgebung seines Objektes nach einem Einfluß, den er als Ursache für die beobachtete Bewegung ansehen kann. Und er erinnert sich der Massenanziehung, die über das ganze Volumen des Objektes (als sogenannte „Volumenkraft") verteilt den Stern auf seiner Bahn hält, den Stein herabstürzen läßt und der Förderbrücke oder der Last am Kran ihr Gewicht gibt. Er sieht aber auch das Antriebsaggregat der Förderbrücke oder das straff gespannte Seil, das die für die Bewegung erforderlichen Kräfte überträgt.

Setzt schließlich der Kran die Last auf den Planken eines Schiffes ab, so hindern diese Planken die Last an der durch die Massenanziehung bedingten geradlinigen gleichförmig beschleunigten Bewegung in Richtung des Massenmittelpunktes der Erde: verteilt über die Aufstandsfläche tragen die Planken die Last, drücken die Planken gegen die Aufstandsfläche der Last, wirken über die Aufstandsfläche verteilt Kräfte, sogenannte Flächenkräfte, auf die Last, die in ihrer Gesamtheit dem Gewicht der Last entgegengesetzt gleich sind.

Beobachten wir noch einmal die schwebende Last, um die das sie tragende Stahlseil geschlungen ist. Die ganze Kraft, mit der das Seil die Last hebt, wird längs der Berührungsfläche zwischen Seil und Last übertragen. Wieder erkennen wir eine Flächenlast, die aber — da die Berührungsfläche sehr schmal ist — als Linienlast idealisiert dargestellt werden kann.

Auch im Seil wird eine Kraft übertragen, deren Größe wir (z. B. anhand der Dehnung des Seiles) leicht ermitteln können. Diese Seilkraft wirkt verteilt über die Querschnittsfläche des Seiles, ist also ebenfalls eine Flächenkraft. Da diese Fläche aber sehr klein ist im Vergleich zur Oberfläche der Last, so wird die Seilkraft oft als Einzelkraft idealisiert dargestellt.

Auf das sich bewegende Objekt wirken also Volumenkräfte und Flächenkräfte, die mitunter als Einzelkräfte (Gewicht, Seilkraft) oder Linienkräfte idealisiert[1]) werden. Man sagt, das Objekt sei mit Volumen- und Flächenkräften belegt.

[1]) Die Idealisierung wird später als *Reduktion* ausführlich dargestellt.

Überlesen wir noch einmal diesen Abschnitt, so erkennen wir, daß wir aus dem räumlich unendlichen, zeitabhängigen Massenpunktsystem oder Kontinuum, also aus dem allgemeinen Modell der Mechanik das uns interessierende *Objekt* herausgelöst und den Einfluß der Umgebung auf die Bewegung des Objektes als Flächen- und Volumenkräfte, als *Belegung*, dem Objekt aufgeprägt haben. Dieses Herauslösen des Objektes und Aufprägen der Belegung nennt man *befreien* und den Vorgang *Befreiungsprozeß*. Mit seiner Hilfe erhalten wir aus dem allgemeinen (oder komplexgebundenen) Modell das spezielle (oder problemgebundene) Modell, das aus zwei Teilen, dem Objekt und der Belegung, besteht.

1.6. Kraft und Impuls

Mit Hilfe des Befreiungsprozesses ist es also möglich, aus dem ganzen räumlich-unendlichen, zeitabhängigen Massenpunktsystem oder Kontinuum denjenigen Teil, dessen Bewegungsgesetze oder Ruhebedingungen ermittelt werden sollen, herauszulösen oder — wie man sagt — von dem übrigen, in dem vorliegenden Fall nicht interessierenden Teil, zu *befreien*. Jeder Einfluß der aus dem allgemeinen Modell entfernten Teile auf den Bewegungszustand der im Modell verbleibenden Teile wird als selbständig vorgestellte Größe, die man *Kraft* nennt, symbolisch mit Größe, Richtung, Richtungssinn und Angriffspunkt in das Modell aufgenommen. Dieser Einfluß, diese Kraft $\boldsymbol{P}$, verursacht z. B. eine Beschleunigung (Kinetik; Bild 1.11a), eine Durchbiegung (Elastostatik; Bild 1.11b)

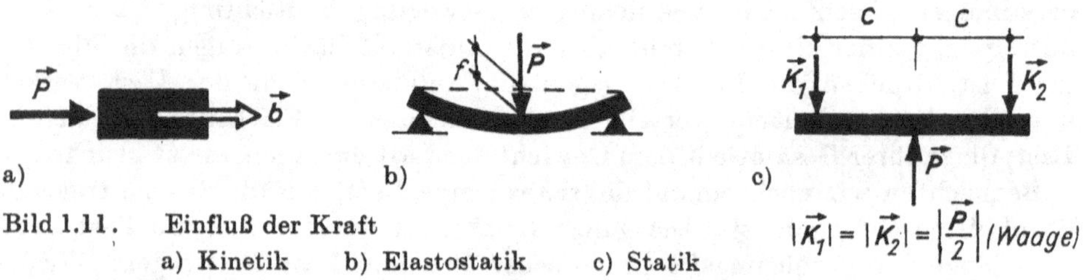

Bild 1.11. Einfluß der Kraft
a) Kinetik $\boldsymbol{P} \to \boldsymbol{b} \neq \vec{0}$
b) Elastostatik $\boldsymbol{P} \to f$
c) Statik $\boldsymbol{K}_1, \boldsymbol{K}_2, \boldsymbol{P} \to \boldsymbol{b} = \vec{0}$

oder verhindert eine Beschleunigung, wenn noch andere Kräfte am Körper angreifen (Statik; Bild 1.11c). So entsteht das für die Lösung jedes mechanischen Problems brauchbare spezielle Modell: die unter dem Einfluß von Kräften stehende, mit der Zeit variierende, dreidimensionale Konfiguration diskret oder kontinuierlich mit Masse belegter Bereiche unseres Anschauungsraumes, d. h. das unter dem Einfluß von Kräften stehende System diskret angeordneter Massenpunkte oder Kontinua.

Wie kann nun dieser selbständig vorgestellte Einfluß, diese Kraft, mathematisch gefaßt, formuliert und (gegebenenfalls durch ein geometrisches Symbol) im Modell dargestellt werden?

Zunächst müssen wir feststellen, daß die Bestimmungsstücke des Kraftvektors, also Betrag, Richtung, Richtungssinn und Angriffspunkt von der Zeit unabhängig oder aber abhängig sein können, daß der Kraftvektor also einen Zustand oder aber einen Vorgang beschreibt. Betrachten wir zunächst die einfacheren, zeitunabhängigen Kräfte.

1.6.1. Zeitunabhängige Kräfte

Sind Betrag, Richtung, Richtungssinn und Angriffspunkt des Kraftvektors konstant, so liegt ein sog. *Zustand* vor. Je nach dem betrachteten Modell entstehen durch den Befreiungsprozeß Einzelkräfte, Volumen- oder Flächenkräfte.[1])

1.6.1.1. Kräfte im Massenpunktsystem: Einzelkräfte

Das einfachste Massenpunktsystem besteht aus zwei Punkten A und B im Abstand $\overline{AB} = r$, denen die Massen m_A und m_B zugeordnet sind. Wenn alle anderen Massenpunkte des ganzen unendlichen Systems keinen (oder allenfalls einen hinsichtlich des vorliegenden Problems vernachlässigbar kleinen) Einfluß auf diese interessierenden Massenpunkte m_A und m_B ausüben (und das soll hier angenommen werden!), so darf man diese entfernen: Es entsteht das Modell von Bild 1.12. Auf Grund der Gravitation ziehen sich diese beiden Massen an. Ist m_A (z. B. als Masse eines Körpers in der Nähe der Erdoberfläche) sehr viel

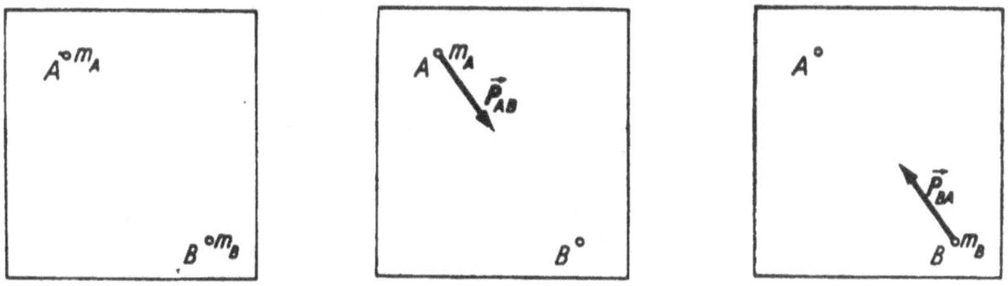

Bild 1.12. Der Befreiungsprozeß am Zweimassensystem

kleiner als m_B (z. B. die Erdmasse), so wird m_A eine größere Beschleunigung $\left(b_A = g = \Gamma \cdot \frac{m_B}{r^2}\right)$ als $m_B \left(b_B = \Gamma \cdot \frac{m_A}{r^2}\right)$ erfahren, oder aber es wird m_A (z B. als Mondmasse) um m_B (Erdmasse) kreisen. Entfernt man nun die Masse m_B aus dem Modell (beläßt man also im Modell neben den geometrischen Punkten A und B lediglich die Masse m_A), so wird die beschleunigte Bewegung von m_A völlig unverständlich, wenn der selbständig vorgestellte Einfluß der Masse m_B auf m_A, also die sog. *Schwerkraft*, *Anziehungskraft* oder *Gravitationskraft* nicht

[1]) Die auf das Volumen bzw. auf die Fläche bezogene Kraft nennt man auch *Kraftdichte.*

mit in das Modell aufgenommen ist, denn ein isolierter[1]) Massenpunkt bewegt sich nach dem GALILEIschen Trägheitsaxiom auf geradester Bahn[2]) mit konstanter Geschwindigkeit.

Dieser auf der Gravitation beruhende *Einfluß* hat in jedem Zeitpunkt t eine bestimmte Größe und Richtung sowie einen bestimmten Richtungssinn und greift am Massenpunkt m_A an (Bild 1.12). Man hat ihn als Fadenkraft (die z. B. dem vom Faden übertragenen Gewicht oder der ebenfalls vom Faden übertragenen Zentrifugalkraft eines kreisenden Körpers entgegenwirkt) empfunden und stellt ihn im Modell symbolisch durch eine orientierte (Pfeilspitze!) Strecke, einen Pfeil, einen sog. an den Punkt A als Angriffspunkt gebundenen Vektor $\boldsymbol{P}_{AB}$ dar.

Ganz analog repräsentiert in Bild 1.12 nach der Entfernung der Masse m_A der Vektor $\boldsymbol{P}_{BA}$ den selbständig vorgestellten Einfluß der Masse m_A auf die Masse m_B, der in B angreift (erster Index!), in Richtung A (zweiter Index!) orientiert ist ($\overline{BA}$) und dessen Größe durch die Länge des Vektors $|\boldsymbol{P}_{BA}|$ angegeben wird.

Auf diese Weise entsteht die Einzelkraft.

1.6.1.2. Kräfte im Kontinuum: Volumen- und Oberflächenkräfte

Wählen wir als Modell die stetige Massenverteilung, so müssen wir das zu beschreibende Gebilde aus dem ganzen kontinuierlichen Universum gewissermaßen herausschälen. Es entsteht ein unter dem Einfluß von Kräften stehendes Kontinuum (oder eine Konfiguration gewisser Kontinua). Dieses Kontinuum ist geometrisch durch die räumliche Ausdehnung, also durch sein Volumen und seine Oberfläche ausgezeichnet.

Während der Massenpunkt geometrisch durch einen Punkt gekennzeichnet war und demnach die von außen einwirkenden Kräfte auch nur an diesem Punkt angreifen konnten, werden die selbständig vorgestellten Einflüsse der entfernten Teile, werden die von außen einwirkenden sog. *eingeprägten* Kräfte beim Kontinuum sowohl über sein Volumen als auch über seine Oberfläche verteilt sein.

Enthält ein Volumenelement $\mathrm{d}V$ mit dem Mittelpunkt (x, y, z) die Masse $\mathrm{d}m = \mu\,\mathrm{d}V$, so wird dieses zum Beispiel durch die aus dem Modell entfernte Erdmasse m_E auf Grund der Gravitation mit der Kraft vom Betrag

$$\mathrm{d}P(x, y, z) = \Gamma \frac{\mathrm{d}m \cdot m_E}{r^2} = \Gamma \frac{\mu(x, y, z)\,\mathrm{d}V \cdot m_E}{r^2}$$

angezogen, wenn die Mittelpunkte der Massen $\mathrm{d}m$ und m_E den Abstand r haben. Bei allen technischen Problemen (z. B. Balkenbiegung) überwiegt der Einfluß der Erdmasse m_E derart, daß alle anderen Massenkräfte vernachlässigt werden

[1]) Ein Massenpunkt heißt dann *isoliert*, wenn er sich allein im Anschauungsraum befindet.
[2]) nach HERTZ

dürfen. Für diese Aufgaben entsteht wegen

$$\Gamma \cdot \frac{m_E}{r^2} = g \approx 9{,}81 \text{ m s}^{-2}$$

die Gravitationskraft ($\boldsymbol{P} \to \boldsymbol{G}$)

$$\mathrm{d}G(x, y, z) = \mu(x, y, z)\,\mathrm{d}V \cdot \Gamma \cdot \frac{m_E}{r^2} = \mu(x, y, z) \cdot \mathrm{d}V \cdot g\,.$$

Verteilt man diese im Mittelpunkt (x, y, z) des Volumenelementes angreifende Kraft $\mathrm{d}\boldsymbol{G}(x, y, z)$ genauso wie die Masse $\mathrm{d}m$ gleichmäßig über das Volumenelement $\mathrm{d}V$, so erhält man eine stetig über das Volumen verteilte, von x, y, z abhängige Volumenkraft, die sog. *Wichte*

$$\gamma(x, y, z) = \frac{\mathrm{d}\boldsymbol{G}(x, y, z)}{\mathrm{d}V} = \mu(x, y, z)\,\boldsymbol{g}\,.$$

Diese Volumenkraft, die Wichte, repräsentiert den auf die Masse des Kontinuums einwirkenden Einfluß der Erdmasse. Die Schwerkraft, das Gewicht des Kontinuums erhält man daraus zu

$$G = \int_V \gamma\,\mathrm{d}V = \int_x \int_y \int_z \gamma(x, y, z)\,\mathrm{d}x\,\mathrm{d}y\,\mathrm{d}z$$

oder bei konstanter Wichte $\gamma(x, y, z) = \gamma = \text{const}$ einfach zu

$$G = \gamma\,V\,.$$

Die an einem Massenpunkt m_A angreifende, durch die Masse m_B bedingte Anziehungskraft wird als Pfeil in das Modell aufgenommen, wenn m_B daraus entfernt werden soll. Die über das ganze Volumen stetig verteilte Volumenkraft, z. B. die Wichte eines Körpers, müßte also ganz analog durch einen Pfeil mit der Länge $|\gamma(x, y, z)|$ in jedem Punkt (x, y, z) des Kontinuums repräsentiert werden, was völlig unmöglich ist, da sich die einzelnen Pfeile überdecken würden. Deshalb kennzeichnet man die Volumenkraft durch ihre Funktion $\gamma(x, y, z)$ im Modell und gibt lediglich den Einheitsvektor an (der z. B. für die Wichte für alle x, y, z nach dem Erdmittelpunkt hin gerichtet ist).

Ist ein Behälter mit Wasser gefüllt, so wird dieses auf Grund seiner Schwere einen Druck, den sog. Bodendruck, auf den Behälterboden ausüben, denn es wird von der Erdmasse angezogen und von dem Behälterboden daran gehindert, sich mit der Erdbeschleunigung g dem Erdmittelpunkt zu nähern. Aber auch auf die vertikalen Behälterwände übt es einen Druck, den sog. Seitendruck, aus, da sich der Druck des Wassers nach allen Seiten gleichmäßig fortpflanzt. Wird nun dieser Behälter von dem Wasser *befreit,* so muß der selbständig vorgestellte Einfluß des Wassers auf die Behälterwand als Bodendruck und Seitendruck in das Modell aufgenommen werden. Die auf ein Flächenelement einwirkende Kraft ist gleich dem Gewicht der darüber stehenden Wassersäule $\Delta P = \gamma \cdot \Delta F \cdot h$, unabhängig davon, welche Neigung das Flächenelement hat.

Da der Wasserdruck w gleichmäßig über die Fläche verteilt ist, erhält man diesen zu

$$w = \frac{\Delta P}{\Delta F} = \gamma\, h$$

oder genauer

$$w(x, y, z) = \lim_{\Delta F \to 0} \frac{\Delta P}{\Delta F} = \gamma(x, y, z) \cdot h\,.$$

Diesen über einen Teil der Behälteroberfläche verteilten Wasserdruck kann man – wie Bild 1.13 zeigt – sehr anschaulich im Schnitt darstellen.

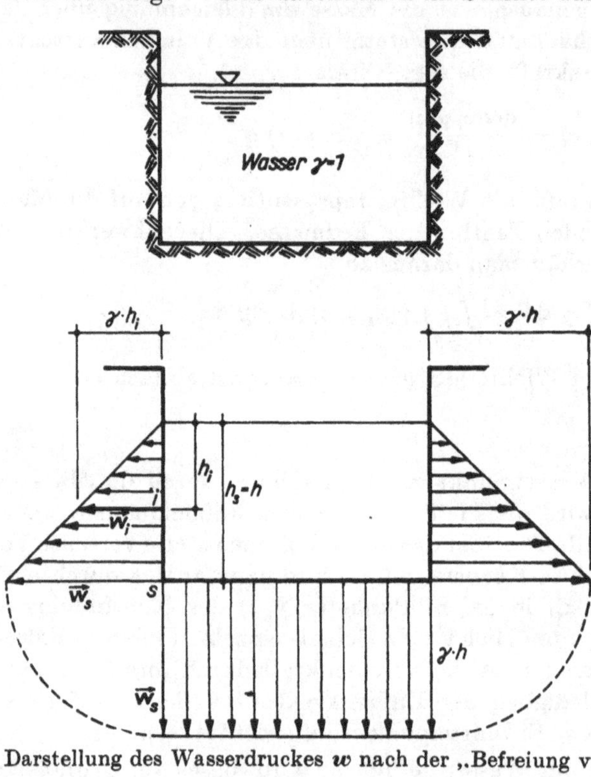

Bild 1.13. Darstellung des Wasserdruckes w nach der „Befreiung vom Wasser"

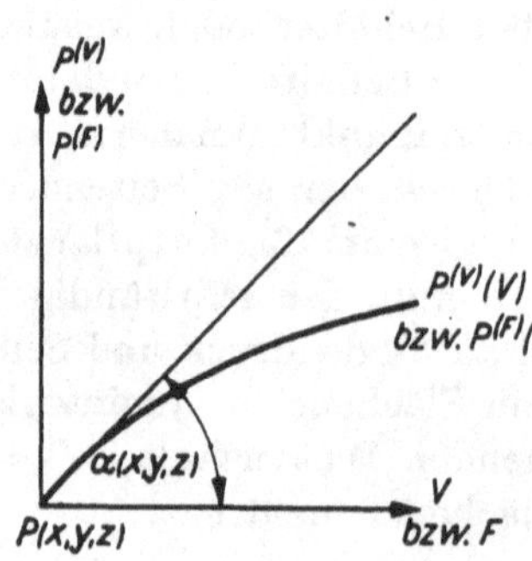

Bild 1.14.
Zur Definition der Volumen- und der Flächenkraft;

$$\Delta P^{(V)} = \int_{\Delta V} q(x, y, z)\, \mathrm{d}V\,,$$

$$\Delta P^{(F)} = \int_{\Delta F} \sigma(x, y, z)\, \mathrm{d}F$$

Der Befreiungsprozeß führt also beim Kontinuum zu Volumen- und Oberflächenkräften. Diese erhält man streng mathematisch, wenn man die auf die Volumenelemente ΔV bzw. Flächenelemente ΔF einwirkenden parallelen Kräfte $\Delta P^{(V)}$ bzw. $\Delta P^{(F)}$ als Ordinaten über den Abszissen V bzw. F aufträgt, die Volumen- bzw. Flächenelemente schrittweise kleiner werden läßt, so daß die Kurven $P^{(V)}(V)$ bzw. $P^{(F)}(F)$ in Bild 1.14 entstehen und schließlich den Grenzübergang

$$\lim_{\Delta V \to 0} \frac{\Delta P^{(V)}}{\Delta V} = \frac{\mathrm{d}P^{(V)}}{\mathrm{d}V} = q(x, y, z) ,$$

$$\lim_{\Delta F \to 0} \frac{\Delta P^{(F)}}{\Delta F} = \frac{\mathrm{d}P^{(F)}}{\mathrm{d}F} = \sigma(x, y, z)$$

durchführt. Zieht man nämlich das Volumen- bzw. Flächenelement nach seinem Mittelpunkt hin zusammen ($\Delta V \to 0$, $\Delta F \to 0$), so werden sowohl die Volumen- bzw. Flächenelemente ΔV bzw. ΔF als auch die auf die Volumen- bzw. Flächenelemente einwirkenden Kräfte $\Delta P^{(V)}$ bzw. $\Delta P^{(F)}$ gleich Null. Der Punkt x, y, z wird also lediglich durch den Anstieg der Ursprungstangente charakterisiert, d. h. durch das Maß der Steigung

$$\tan \alpha(x, y, z) = \frac{\mathrm{d}P^{(V)}(x, y, z)}{\mathrm{d}V} ,$$

$$\tan \alpha(x, y, z) = \frac{\mathrm{d}P^{(F)}(x, y, z)}{\mathrm{d}F} ,$$

also durch die auf die Volumeneinheit bzw. Flächeneinheit bezogene Kraft, die Volumenkraft $q(x, y, z)$ bzw. die Flächenkraft $\sigma(x, y, z)$. Die auf ein bestimmtes Volumen ΔV bzw. eine bestimmte Fläche ΔF einwirkende Kraft erhält man dann einfach zu

$$\Delta P^{(V)} = \int_{\Delta V} q(x, y, z)\, \mathrm{d}V ,$$

$$\Delta P^{(F)} = \int_{\Delta F} \sigma(x, y, z)\, \mathrm{d}F .$$

Diese Einzelkräfte $\Delta P^{(V)}$ bzw. $\Delta P^{(F)}$ sind den auf die entsprechenden Volumen- bzw. Flächenteile verteilten Volumen- bzw. Flächenkräften dann völlig gleichwertig, wenn sie im sog. Mittelpunkt der kontinuierlichen parallelen Vektorverteilung, die man Vektorfeld nennt, angreifen (der bei konstantem Vektorfeld mit dem Mittelpunkt des Volumen- bzw. Flächenteiles zusammenfällt). Es dürfen also unter gewissen Voraussetzungen Volumen- bzw. Flächenkräfte durch die ihnen gleichwertigen Einzelkräfte ersetzt werden (wie z. B. die über das ganze Volumen eines Körpers verteilte Wichte durch dessen Gewicht (Schwerkraft) im Schwerpunkt).

1.6.2. Zeitabhängige Kräfte

Die im Abschnitt 1.6.1. beschriebenen Einzel-, Flächen- und Volumenkräfte können selbstverständlich auch als zeitabhängige Kräfte auftreten. Im allgemeinen sind aber nicht alle Bestimmungsstücke des Kraftvektors zeitabhängig, so daß wir bei den meisten technischen Problemen nur ortsveränderliche (wandernde) und zeitveränderliche (periodische oder manchmal auch aperiodische) Kräfte sowie den Kraftstoß als Sonderfall des zeitabhängigen Kraftvektors zu unterscheiden brauchen.

1.6.2.1. Ortsveränderliche Kräfte

Bleiben Betrag, Richtung und Richtungssinn konstant, ändert sich also lediglich der Angriffspunkt der Kraft, so liegt eine sog. ortsveränderliche Kraft vor. Diese ortsveränderlichen Kräfte treten z. B. im Brückenbau als wandernde Radlasten eines Eisenbahnzuges oder Fahrzeuges auf und haben deshalb für die Statik des Brückenbaues eine ganz besondere Bedeutung.

1.6.2.2. Zeitveränderliche Kräfte

Bleibt der Angriffspunkt konstant und ändern sich Betrag, Richtung und Richtungssinn, so liegt eine sog. zeitveränderliche Kraft vor. Diese zeitveränderlichen Kräfte treten sehr häufig bei rotierenden Maschinenteilen (z. B. Turbinen)

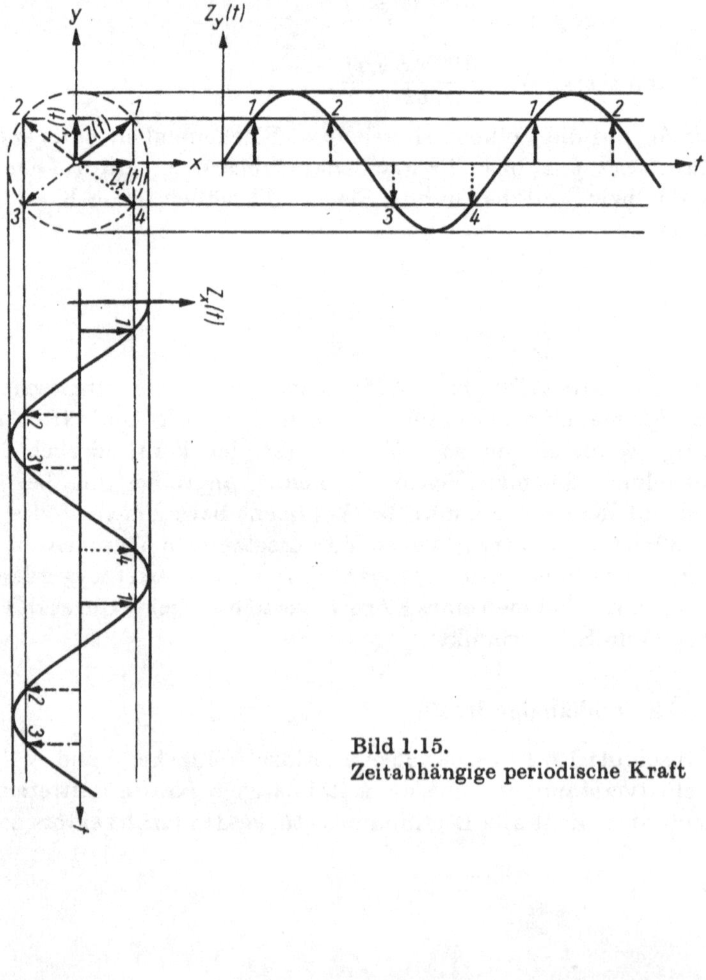

Bild 1.15.
Zeitabhängige periodische Kraft

auf, da (wenn auch geringfügige) Exzentrizitäten bei deren Lagerung aus technischen Gründen nicht ganz vermieden werden können. Die Masse m der exzentrischen Stoffmenge bedingt eine Zentrifugalkraft $\boldsymbol{Z}$, deren Betrag von der Winkelgeschwindigkeit Ω und dem Radius r der Exzentrizität abhängt:

$$|\boldsymbol{Z}| = m\, r\, \Omega^2 .$$

Bei konstanter Winkelgeschwindigkeit Ω_0 $\left(\Omega_0 = \frac{\alpha}{t} = \text{const} \rightarrow \alpha = \Omega_0\, t\right)$ wirken auf die Achse des umlaufenden Maschinenteiles die folgenden Fliehkraftkomponenten (Bild 1.15):

$$|\boldsymbol{Z}_x(t)| = |\boldsymbol{Z}| \cos\alpha = m\, r\, \Omega_0^2 \cos \Omega_0\, t ,$$

$$|\boldsymbol{Z}_y(t)| = |\boldsymbol{Z}| \sin\alpha = m\, r\, \Omega_0^2 \sin \Omega_0\, t .$$

Diese periodischen Kräfte regen die Unterkonstruktion zu Schwingungen an, weshalb sie *Erregerkräfte* genannt werden. Sind m, r, Ω konstant, dann spricht man genauer von einer *harmonischen Erregung*. Diese Kräfte spielen in der technischen Schwingungslehre eine außerordentliche Rolle.

Aber zeitveränderliche Kräfte können auch aperiodisch und als (periodische oder aperiodische) *Stoßfolge* auftreten. Da die Stoßfolge — wie schon der Name sagt — eine Folge von Stößen darstellt und bei technischen Problemen (Rammvorgang, Überfahren von Schienenstößen, Einschaltvorgängen usw.) sehr häufig auftritt, soll der Stoß als Element der Stoßfolge im folgenden Abschnitt etwas ausführlicher dargestellt werden.

1.6.2.3. Kraftstöße

Bewegt sich ein Massenpunkt m mit der Geschwindigkeit $\boldsymbol{v}$, so kann die Wirkungsfähigkeit dieses bewegten Massenpunktes durch die DESCARTESsche Bewegungsgröße $m\, v$ angegeben werden. Da die Masse m eine nicht gerichtete Größe, also ein Skalar, die Geschwindigkeit $\boldsymbol{v}$ dagegen eine gerichtete Größe, also ein Vektor ist, repräsentiert die DESCARTESsche Bewegungsgröße $m\, v = |m\, \boldsymbol{v}|$ den Betrag des Vektors $m\, \boldsymbol{v}$, der Impuls(-vektor) $\boldsymbol{I}$ ($\boldsymbol{I} := m\, \boldsymbol{v}$) genannt wird. Jedem mit der Geschwindigkeit $\boldsymbol{v}$ bewegten Massenpunkt ist also ein

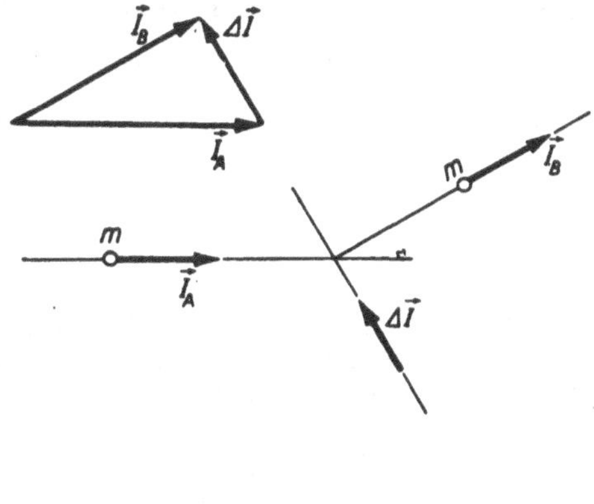

Bild 1.16.
Darstellung der Impulsdifferenz

Impulsvektor $\boldsymbol{I} = m\,\boldsymbol{v}$ zugeordnet. Richtung, Richtungssinn sowie Angriffspunkt des Impulsvektors $\boldsymbol{I}$ und des Geschwindigkeitsvektors $\boldsymbol{v}$ fallen zusammen. Ändert sich nun dieser einem Massenpunkt zugeordnete Impulsvektor sprunghaft (wie z. B. der Impulsvektor einer Billardkugel beim Stoß an eine zweite; Bild 1.16),

$$\boldsymbol{I}_A = m\,\boldsymbol{v}_A \xrightarrow{\text{Stoß}} \boldsymbol{I}_B = m\,\boldsymbol{v}_B\,,$$

so kann diese *zeitlose* Änderung nur durch einen Vektor verursacht worden sein, der gleich der Differenz der beiden Impulsvektoren nach und vor dem Stoß ist[1]) und den man ganz anschaulich *Stoß* oder auch *Kraftstoß* $\boldsymbol{S}$ nennt:

$$m\,\boldsymbol{v}_B - m\,\boldsymbol{v}_A = m\,(\boldsymbol{v}_B - \boldsymbol{v}_A) = m\,\Delta\boldsymbol{v}\;;\; \Delta\boldsymbol{I} = \boldsymbol{I}_B - \boldsymbol{I}_A\,.$$

Stoßdefinition: $\boxed{\boldsymbol{S} := \Delta\boldsymbol{I} = m\,\Delta\boldsymbol{v}}\,.$

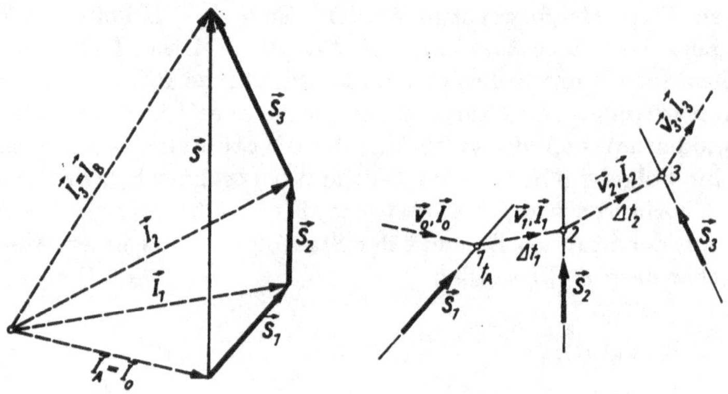

Bild 1.17. Die Bewegung eines Massenpunktes auf einer polygonalen Bahn

Wirken auf einen sich bewegenden Massenpunkt mit dem Anfangsimpuls $m\,\boldsymbol{v}_A = m\,\boldsymbol{v}_0$ nacheinander n Kraftstöße $\boldsymbol{S}_1, \boldsymbol{S}_2, \ldots, \boldsymbol{S}_i, \ldots, \boldsymbol{S}_n$ ein, so ändert sich dessen Impuls in der folgenden Weise (Bild 1.17):

Anfangsimpuls	$m\,\boldsymbol{v}_A = m\,\boldsymbol{v}_0 = \boldsymbol{I}_0 = \boldsymbol{I}_A\,,$
Impuls nach dem ersten Stoß	$\boldsymbol{S}_1 + m\,\boldsymbol{v}_0 = m\,\boldsymbol{v}_1 = \boldsymbol{I}_1\,,$
Impuls nach dem n-ten Stoß	$\boldsymbol{S}_n + m\,\boldsymbol{v}_{n-1} = m\,\boldsymbol{v}_n = \boldsymbol{I}_n = \boldsymbol{I}_B\,.$

Die gesamte Impulsänderung infolge der n Stöße ergibt sich also mit $\boldsymbol{I}_i - \boldsymbol{I}_{i-1} = \Delta\boldsymbol{I}_i$ zu

$$m\,\boldsymbol{v}_n - m\,\boldsymbol{v}_0 = \boldsymbol{I}_n - \boldsymbol{I}_0 = \sum_{i=1}^{n} \Delta\boldsymbol{I}_i = \sum_{i=1}^{n} \boldsymbol{S}_i\,.$$

[1]) Wenn nämlich für die Geschwindigkeitsvektoren das Superpositionsaxiom gilt (GALILEIscher Satz von der Unabhängigkeit der Bewegungen), muß dies auch für die mit der Masse m multiplizierten Geschwindigkeiten, die Impulse, gelten.

Infolge dieser n Stöße bewegt sich der Massenpunkt auf einer polygonalen Bahn mit genau n Ecken. Liegen diese n Ecken hinreichend dicht, so kann der Polygonzug auch als Näherung derjenigen stetig gekrümmten Bahn angesehen werden, in die der Polygonzug übergeht, wenn man die Anzahl der Stöße im gleichen Zeitraum $t_B - t_A$ gegen unendlich ($n \to \infty$) und damit die Stoßpausen $\Delta t_i = t_i - t_{i-1}$ gegen Null ($\Delta t \to 0$) streben läßt. Für diesen Fall ergibt sich für die gesamte Impulsänderung während der Zeitdauer $t_B - t_A$

$$\boldsymbol{I}_B - \boldsymbol{I}_A = \lim_{\substack{n\to\infty \\ \Delta t_i \to 0}} \sum_{i=1}^{n} \frac{\Delta \boldsymbol{I}_i}{\Delta t_i} \Delta t_i = \int_{t_A}^{t_B} \left\{\frac{\mathrm{d}\boldsymbol{I}}{\mathrm{d}t}\right\} \mathrm{d}t$$

$$= \int_{t_A}^{t_B} \left\{\frac{\mathrm{d}}{\mathrm{d}t}(m\,\boldsymbol{v})\right\} \mathrm{d}t = \int_{t_A}^{t_B} m\,\boldsymbol{b}\,\mathrm{d}t = \int_{t_A}^{t_B} \boldsymbol{P}\,\mathrm{d}t\,,$$

der Impulszuwachs ($\boldsymbol{I}_B - \boldsymbol{I}_A$) während einer endlichen Zeitdauer $t_B - t_A$ ist demnach gleich dem *Kraftantrieb* $\int_{t_A}^{t_B} \boldsymbol{P}(t)\,\mathrm{d}t$ (Bezeichnung nach einem Vorschlag (1847) von BELANGER (1790—1874)).

Die Bewegung eines Massenpunktes auf einer stetig gekrümmten Bahn darf also durch die Bewegung auf einer polygonalen Bahn mit hinreichend kleinen Polygonseiten und damit die stetige Krafteinleitung $\boldsymbol{P}(t)$ als unstetige Stoßfolge mit hinreichend kleinen Stoßpausen Δt aufgefaßt werden und umgekehrt. Der beim stetigen Vorgang während des Zeitintervalles Δt_i wirkende Kraftantrieb $\int_{t_i}^{t_i+\Delta t_i} \boldsymbol{P}(t)\,\mathrm{d}t$ wird beim unstetigen Stoßvorgang durch einen einmaligen (zeitlosen) Stoß im Verlauf des Zeitintervalles Δt_i, das hier zur Stoßpause wird, ersetzt, und zwar derart, daß die Impulsänderung während der Zeitdauer Δt_i sowohl infolge des stetigen Kraftantriebes als auch des unstetigen Stoßes gleich sind. Der stetige Kraftantrieb und der unstetige Stoß sind dann im Hinblick auf den Zustand vor und nach dem Zeitintervall Δt_i „gleichwertig" oder „äquivalent" (Symbol $\Leftrightarrow$):

$$\begin{array}{lll} \text{Stetiger Vorgang} & \to \Delta \boldsymbol{I}_i = & \displaystyle\int_{t_i}^{t_i+\Delta t_i} \boldsymbol{P}(t)\,\mathrm{d}t\,, \\ \qquad \Updownarrow & \qquad \| & \\ \text{unstetiger Vorgang} & \to \Delta \boldsymbol{I}_i = & \boldsymbol{S}_i\,. \end{array}$$

Man kann sich vorstellen, daß der einmalige, unstetige, zeitlose, im Zeitpunkt t_S erfolgende Stoß aus dem stetig über das ganze Zeitintervall ($t_i < t_S < t_{i+1}$, $t_{i+1} - t_i = \Delta t_i$) verteilten Kraftantrieb dann entsteht, wenn man letzteren — unter Erhaltung seines Betrages, seiner Richtung und seines Richtungssinnes — nach dem Zeitpunkt t_S zusammenzieht.

Das Intervall Δt_i, in dem $\boldsymbol{P}(t) \neq 0$ ist, wird immer kleiner, wobei $|\boldsymbol{P}(t)|$ innerhalb von Δt_i immer größer wird (Bild 1.18), und zwar derart, daß der Kraftstoß $\boldsymbol{S}_i = \int \boldsymbol{P}(t)\,\mathrm{d}t = \tilde{\boldsymbol{P}}\,\Delta t$ nach dem Mittelwertsatz der Integralrechnung erhalten bleibt:

$$S_i = \lim_{\substack{\Delta t \to 0 \\ P(t) \to \infty}} \int_{t_i}^{t_i + \Delta t_i} P(t)\, dt .$$

Diese Gleichung wird oft als Definition des Stoßes angeschrieben. Man muß bei deren Anwendung jedoch beachten, daß ein zeitloser Vorgang zwar mathematisch denkbar, physikalisch aber nicht möglich ist, daß diese Gleichung also lediglich die Impulsänderung während des Stoßvorganges, nicht aber den Stoßvorgang selbst beschreibt.

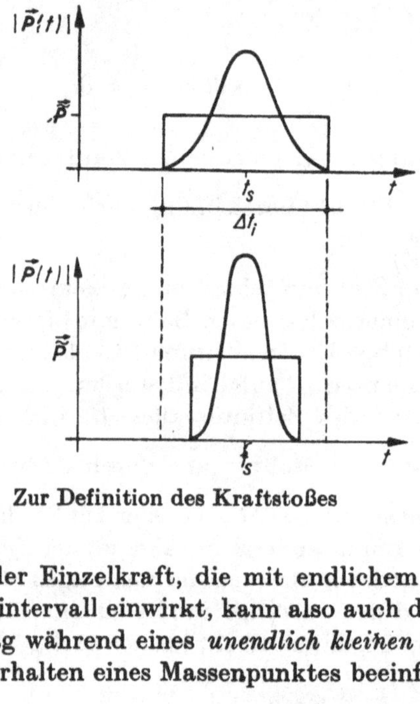

Bild 1.18. Zur Definition des Kraftstoßes

Neben der Einzelkraft, die mit endlichem Kraftbetrag während eines endlichen Zeitintervall einwirkt, kann also auch der Stoß, der mit *unendlich großem* Kraftbetrag während eines *unendlich kleinen* Zeitintervalles einwirkt, das Bewegungsverhalten eines Massenpunktes beeinflussen.

1.7. Einteilung der Mechanik

1.7.1. Die Fundamentalbegriffe

Durch Abstraktion lassen sich (wie wir sahen und wie im folgenden Abschnitt noch ausführlich gezeigt werden soll) alle Probleme der Mechanik in Modellen erfassen, die aus zwei Teilen bestehen, nämlich aus dem sich bewegenden oder ruhenden *Objekt* und der diesen Bewegungsvorgang oder diese Ruhelage verursachenden *Belegung*.

Das *Objekt* kann im Sinne der Diskontinuumstheorie ein Massenpunkt oder ein System von Massenpunkten, im Sinne der Kontinuumstheorie ein Kontinuum (massebehafteter Raumteil, Körper) oder ein aus mehreren Kontinua bestehendes System sein (Tafel 1.1). Es wird manchmal auch mechanisches System oder kurz *System* genannt. Da die (massebehafteten) Teile dieses Objektes ihre Lage, ihre geometrische Zuordnung (z. B. Abstände) und gegebenenfalls ihre Form verändern können, sind für die Beschreibung des mechanischen Verhaltens eines Objektes offensichtlich die Fundamentalbegriffe Raum, Zeit und Masse erforderlich.

Tafel 1.1. **Massenpunktsystem und Kontinuasystem**

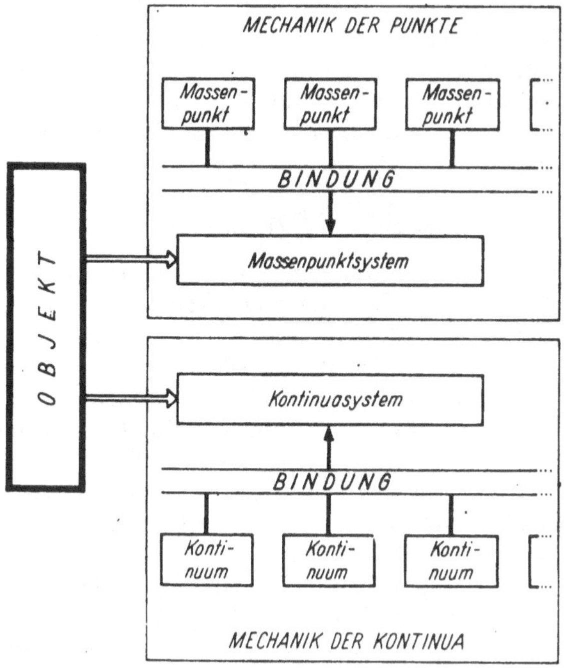

Den gesamten Einfluß der Umgebung auf das mechanische Verhalten des betrachteten Objektes nennen wir *Belegung*. Diese Belegung kann als Kraft, als Kräftesystem oder als Kräftefeld in Erscheinung treten, wobei das Kräftefeld über die Oberfläche des Objektes (z. B. Boden- und Seitendruck des Wassers auf Boden und Wandung eines Behälters bei Füllung desselben mit Wasser) oder über dessen Volumen (z. B. Wichte infolge Erdanziehung) verteilt sein kann.

Da diese Kräfte ortsabhängig sind und sich deren Beträge, Richtungen und Richtungssinne in der Zeit ändern können, brauchen wir zur Beschreibung der Belegung die Fundamentalbegriffe Raum, Zeit und Kraft.

„Ein materieller Körper ist nicht in der Lage, sich selbst zu beschleunigen", lehrte GALILEI. Die Beschleunigung eines Objektes kann demnach nur durch einen Einfluß von außen, also durch die Belegung verursacht werden, und NEWTON fand diesen kausalen Zusammenhang zwischen Belegung und Objekt. Er formulierte ihn für den Massenpunkt als lex secunda in seiner philosophiae naturalis principia mathematica wie folgt: „Die (zeitliche) Änderung der Bewegungsgröße (Masse · Geschwindigkeit) ist der antreibenden Kraft proportional und geschieht in deren Richtung.“

Auch die kausalen Verknüpfungen bedürfen also lediglich der Fundamentalbegriffe Raum, Zeit, Masse und Kraft — und das kann ja wohl auch gar nicht anders sein, denn wenn zur Beschreibung des Objektes die Begriffe Raum, Zeit, Masse und zur Beschreibung der Belegung die Begriffe Raum, Zeit, Kraft genügen, so müssen zur Beschreibung aller denkbaren Verknüpfungen von Objekt und Belegung die Fundamentalbegriffe Raum, Zeit, Masse und Kraft hinreichen. Die Verknüpfung der Fundamentalbegriffe führt nun zu den verschiedenen Teilgebieten und damit zu einer gewissen Einteilung oder Untergliederung der Mechanik.

1.7.2. **Die Beschreibung des Objektes** (Kinematik)

Für die Beschreibung des Objektes und seiner Bewegung ist die Belegung völlig überflüssig, da in diesem Fall nicht nach der Begründung dieser Bewegung gefragt wird. Die Belegung wird deshalb aus dem Anschauungsraum entfernt, und es verbleibt in ihm ausschließlich das Objekt (also der Massenpunkt, das Massenpunktsystem, das Kontinuum oder das Kontinuasystem), dessen Bewegung relativ zu einem (im allgemeinen festen) Koordinatensystem beschrieben werden soll (Tafel 1.2).

Betrachten wir zunächst das einfachste Objekt: den Massenpunkt. Ein Massenpunkt bewegt sich, wenn er seine Lage relativ zu einem festen Koordinatensystem ändert. Die gleichzeitig vorgestellte Gesamtheit aller der Lagen, die er während seiner Bewegung durchläuft, nennt man seine *Bahnkurve*. Die Bewegung eines Massenpunktes im Zeitintervall t_A (Anfang) bis t_E (Ende) ist nun offensichtlich bekannt, wenn man angeben kann, in welchem Punkt der Bahnkurve der Massenpunkt sich zum Zeitpunkt t ($t_A \leqq t \leqq t_E$) befindet.

Ebenso ist die Bewegung jedes komplizierteren Objektes bekannt, wenn man die Bahnkurven aller seiner Punkte in Abhängigkeit von der Zeit angeben kann.

Im infinitesimalen Zeitabschnitt $\mathrm{d}t$ erfährt der Massenpunkt die infinitesimale (gerichtete) Verschiebung $\mathrm{d}\boldsymbol{s}$ (Vektor!), hat also die Geschwindigkeit $\left(= \frac{\text{Weg}}{\text{Zeit}}\right)$ $\boldsymbol{v} = \frac{\mathrm{d}\boldsymbol{s}}{\mathrm{d}t}$ und den Impuls $\boldsymbol{I} = m\,\boldsymbol{v}$ mit der Bewegungsgröße $|\boldsymbol{I}| = m\,v$.

Ebenso wie wir einem Massenpunkt eine Verschiebung, eine Geschwindigkeit und einen Impuls zugeordnet haben, müssen wir jedem Punkt eines komplizierter gebauten Objektes eine Verschiebung, eine Geschwindigkeit und einen Impuls sowie gegebenenfalls die entsprechenden Ableitungen nach der Zeit $\left(\text{wie z. B. Beschleunigung } \frac{\mathrm{d}\boldsymbol{v}}{\mathrm{d}t}, \text{ Impulsänderung } \frac{\mathrm{d}}{\mathrm{d}t}\, m\,\boldsymbol{v}\right)$ zuordnen. Da eine diskrete

Verteilung von Größen *System*, eine kontinuierliche dagegen *Feld* genannt wird, entstehen also bei der Bewegung eines Massenpunktsystems Systeme von Verschiebungen, Geschwindigkeiten, Impulsen usw., während die Bewegung eines Kontinuums durch Verschiebungs-, Geschwindigkeits-, Impulsdichtefelder usw. beschrieben werden kann.

Tafel 1.2. **Zur Struktur der Mechanik**

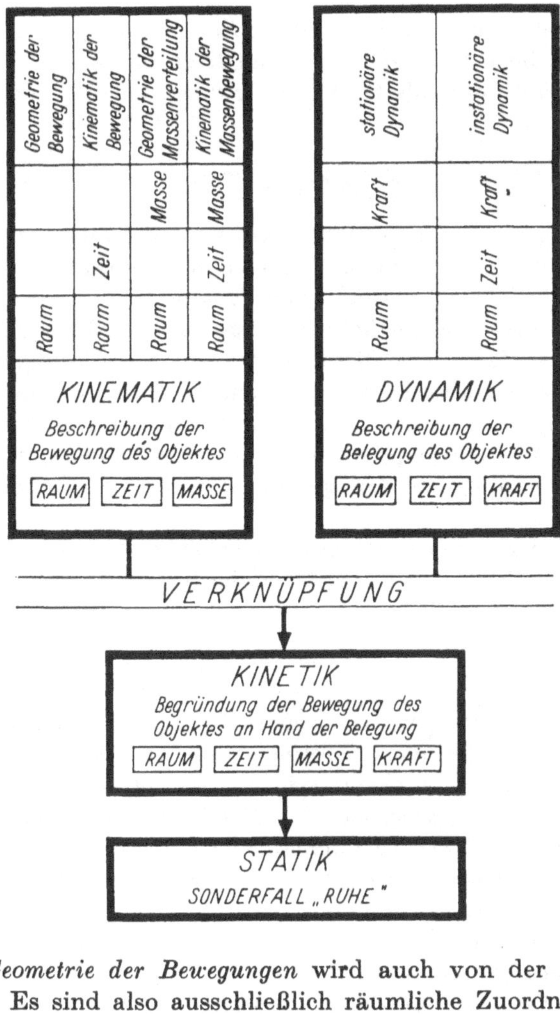

In der *Geometrie der Bewegungen* wird auch von der Zeit und der Masse abgesehen. Es sind also ausschließlich räumliche Zuordnungen von Punkten oder die räumliche Abgrenzung der Kontinua zugelassen. Die Bewegungsgeometrie beschränkt sich damit auf die Beschreibung der Bahnkurven der Lageänderungen mit Hilfe von Verschiebungen, Verschiebungssystemen oder Verschiebungsfeldern und der Deformation der Kontinua.

Die *Kinematik* beläßt neben der räumlichen Konfiguration zusätzlich die Zeit im Modell. Sie beschreibt den zeitlichen Ablauf der Bewegung ohne Berücksichtigung der Masse, benötigt also die Geschwindigkeit, Geschwindigkeitssysteme oder Geschwindigkeitsfelder und gegebenenfalls deren Ableitungen.

Die *Massenkinematik* gibt eine Aussage über die Wirkungsfähigkeit einer Bewegung, die als gerichtete Bewegungsgröße, als Impuls oder — bei komplizierteren Objekten — als Impulssystem bzw. Impulsdichtefeld in Erscheinung treten kann.

Die *Massengeometrie* beschränkt sich auf die Beschreibung der geometrischen Verteilung der Masse im Objekt, die bei einem Massenpunktsystem als Masse-System, bei einem Kontinuum als Dichtefeld (Skalarfeld) dargestellt wird.

1.7.3. **Die Beschreibung der Belegung** (Dynamik)

Für die Beschreibung der Belegung und ihrer Veränderungen ist das Objekt völlig überflüssig, da in diesem Falle nicht nach den Wirkungen dieser Belegung gefragt wird. Das Objekt wird deshalb aus dem Anschauungsraum entfernt, und es verbleibt in ihm ausschließlich die orts- und zeitabhängige Belegung, also orts- und zeitabhängige Kräfte, Kräftesysteme oder Kräftefelder (Tafel 1.2). Die Beschreibung wird im allgemeinen mit dem Ziel einer vereinfachten Darstellung der Belegung (z. B. Zusammenfassung der Kräfte zur Resultierenden) durchgeführt. Dabei entstehen äquivalente Belegungen (und damit äquivalente Modelle), die die Begründung der Bewegung des Objektes (vgl. Abschnitt 1.7.4). ermöglichen.

Neben der Kräftebelegung spielt in der Baumechanik die Temperaturbelegung eine große Rolle, die jedoch nicht weiter behandelt werden soll.

1.7.4. **Die Begründung der Bewegung** (Kinetik)

Die Ursache für den Bewegungszustand eines Objektes können wir nach dem GALILEIschen Trägheitsaxiom nur in Einflüssen suchen, die von außen an das Objekt herangetragen werden — also in seiner Belegung.

Die kausale Verknüpfung zwischen der Belegung und dem Bewegungszustand des Objektes (Tafel 1.2) wird axiomatisch eingeführt und als Axiom oder auch — der besonderen Bedeutung wegen — als Prinzip bezeichnet.

So eignet sich beispielsweise für den Aufbau der Kinetik das Kraftaxiom, welches uns für den Massenpunkt in der NEWTONschen Fassung schon mehrfach begegnet ist (vgl. insbes. Abschnitt 1.2.8.). Es fordert die Gleichheit von Kraftvektor und der ebenfalls als Vektor darstellbaren zeitlichen Impulsänderung

$$\boldsymbol{R} = \frac{\mathrm{d}}{\mathrm{d}t} m \boldsymbol{v} .$$

Dabei ist $\boldsymbol{R}$ die Resultierende aller am Massenpunkt angreifenden Kräfte.

Für den Sonderfall der *Ruhe* (Statik) ergibt sich daraus folgerichtig das Gleichgewichtsprinzip, das keine Geschwindigkeitsänderung, also auch keine Impulsänderung zuläßt, $\frac{d}{dt} m \boldsymbol{v} = 0$, und deshalb fordert, daß die Summe aller am Massenpunkt angreifenden Kräfte Null sein muß:

$$\sum_i \boldsymbol{P}_i = \boldsymbol{R} = 0 \, .$$

Aber man kann auch das Prinzip der virtuellen Arbeit an die Spitze der Statik stellen, wonach z. B. ein Massenpunkt dann im Gleichgewicht ist, wenn die Arbeit aller angreifenden Kräfte bei jeder virtuellen, d. h. denkbaren, infinitesimalen Verschiebung, die mit den Kräften ursächlich nicht im Zusammenhang steht, verschwindet:

$$\sum_i \boldsymbol{P}_i \boldsymbol{\delta}_i = 0 \, .$$

Wir wollen die Axiome und Prinzipien hier nicht weiter betrachten; es soll nur festgehalten werden, daß die Begründung der Bewegung durch Axiome ermöglicht wird, daß diese Axiome an der Spitze der Kinetik und Statik stehen und als kausale Verknüpfung gewisser Größen der Massenkinematik und der Dynamik in Erscheinung treten.

1.8. Zusammenfassung

Die Ausführungen dieses Abschnittes lassen erkennen, wie die heute so einfache und klare Formulierung des Bedürfnisses, Tragwerke und Getriebe im technischen Bereich optimal nutzen zu können, und die daraus resultierende Formulierung der zur Bedürfnisbefriedigung notwendigen Zielstellung, also die Erarbeitung von Verfahren zur Berechnung beliebiger Tragwerke und Getriebe, ganz langsam — von einzelnen speziellen Aufgabenstellungen (wie z. B. Auftrieb, Hebel, schiefe Ebene, freier Fall usw.) ausgehend — entstand und im Laufe der Wissenschaftsgeschichte zur „Auslese" eines geeigneten „Problemkomplexes" (nämlich der Erforschung und Beschreibung der Bewegungsgesetze und Ruhebedingungen stofflich fester Körperkonfigurationen und deren Anwendungsmöglichkeiten in der Technik) führte. Diesen zielgerichteten Auslesevorgang nennen wir *Selektionsprozeß* und den erhaltenen Problemkomplex *Technische Mechanik*.

Die Definition des Problemkomplexes als wissenschaftliche Disziplin setzt also

- die Selektion der stofflich festen Materie aus der Menge der gesellschaftlichen, organischen und anorganischen Erscheinungsformen der objektiven Realität voraus (philosophischer Aspekt)

und fordert

- die Erforschung der Gesetze für die Beschreibung und Begründung der Bewegung der stofflich festen Materie (naturwissenschaftlicher Aspekt),

— die Erarbeitung von Verfahren zur Nutzung dieser Gesetze für die Konstruktion und Fertigung spezieller Tragwerke (auch im Rahmen der Erschließung des Territoriums) und der Getriebe (technischer Aspekt) und schließlich
— die laufende Optimierung der methodologischen Struktur und der didaktisch-methodischen Gesamtkonzeption für die Lehre dieser wissenschaftlichen Disziplin (pädagogischer Aspekt).

Unsere Betrachtungen lassen es sinnvoll erscheinen, die Mechanik in drei Teilgebiete zu gliedern (Tafeln 1.2, 1.5, 1.6), und zwar in die

KINEMATIK, der die Beschreibung des Objektes obliegt;
DYNAMIK, die die Belegung zu beschreiben hat;
KINETIK, die die Bewegung des Objektes an Hand der Belegung begründet.

Die Kinematik untersucht die wirklichen und möglichen Bewegungen der Objekte ohne Rücksicht auf die Belegung. Sie beschränkt sich auf die Fundamentalgrößen (kurz FG) Raum, Zeit und Masse (bzw. Dichte) und kann in die Geometrie der Bewegung (FG: Raum), die Kinematik der Bewegung (FG: Raum, Zeit), die Geometrie der Massen (FG: Raum, Masse) und die Kinematik der Massen (FG: Raum, Zeit, Masse) gegliedert werden.

Die Dynamik (um Verwechslungen auszuschließen, muß man sagen: die Dynamik im engeren Sinne) ist die Lehre von den Kräften. Sie baut auf den Fundamentalgrößen Raum, Zeit und Kraft auf und erfaßt sowohl die zeitunabhängigen Kräfte (stationäre Dynamik) als auch die zeitabhängigen (also ortsveränderlichen, zeitveränderlichen oder sogar orts- und zeitveränderlichen) Kräfte (instationäre Dynamik).

Die Kinetik (oder auch „Dynamik im weiteren Sinne" genannt) ist die Lehre von den Bewegungen des Objektes unter dem Einfluß der Belegung, also unter dem Einfluß von Kräften. Sie beinhaltet den insbesondere für das Bauwesen außerordentlich wichtigen Sonderfall der Statik, in der ausschließlich ruhende, sich im Gleichgewicht befindliche Objekte und Belegungen untersucht werden.

Selbstverständlich ist auch eine andere Einteilung der Mechanik möglich. In vielen, vor allem technischen Lehrbüchern finden wir die wohl seit LAGRANGE überlieferte Struktur, die die Statik von der Dynamik (im weiteren Sinne also der Lehre von der Bewegung der Objekte unter dem Einfluß der Kräfte) trennt und diese Dynamik in Kinematik und Kinetik gliedert. Sie trägt der Bedeutung der Statik insbesondere im Bauwesen Rechnung, die ein großes Wissenschaftsgebiet geworden ist (Tafel 1.3).

Diese ältere französische Struktur wird aber im zunehmenden Maße von der englischen verdrängt, die die Kinematik (unter Einschluß des Massebegriffes im Sinne von HEUN) neben die Dynamik (wiederum im weiteren Sinne) stellt und diese Dynamik in Statik und Kinetik unterteilt, je nachdem, ob die Kräfte sich am Objekt das Gleichgewicht halten oder nicht (Tafel 1.4). Auch hier ist das gleichberechtigte Nebeneinandersetzen von Statik und Kinetik in dem Lehrgebäude der Dynamik nicht auf die Prinzipien, sondern vornehmlich auf die große technische Bedeutung der Statik zurückzuführen.

In vielen Lehrbüchern wird zwischen den Termini „Dynamik“ und „Kinetik“ nicht streng unterschieden, so daß man gezwungen war, von einer „Dynamik im engeren Sinne“ (der eigentlichen Kräftelehre) und einer „Dynamik im weiteren Sinne“ (der Lehre von der Bewegung mechanischer Systeme unter dem Einfluß von Kräften) zu sprechen und diese „Dynamik im weiteren Sinne“ im allgemeinen der Kinetik gleichzusetzen.

Tafel 1.3. **Die französische Struktur der Mechanik**

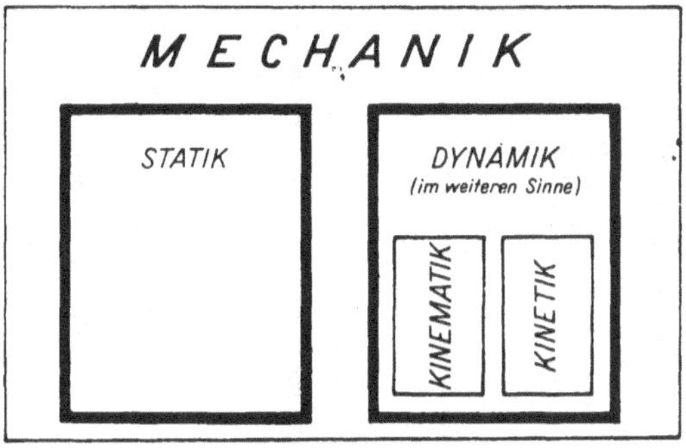

Tafel 1.4. **Die englische Struktur der Mechanik**

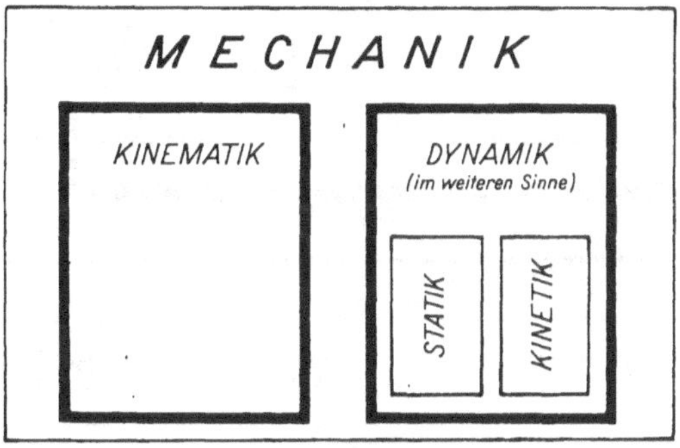

Tafel 1.5. **Die vorgeschlagene Struktur der Mechanik**

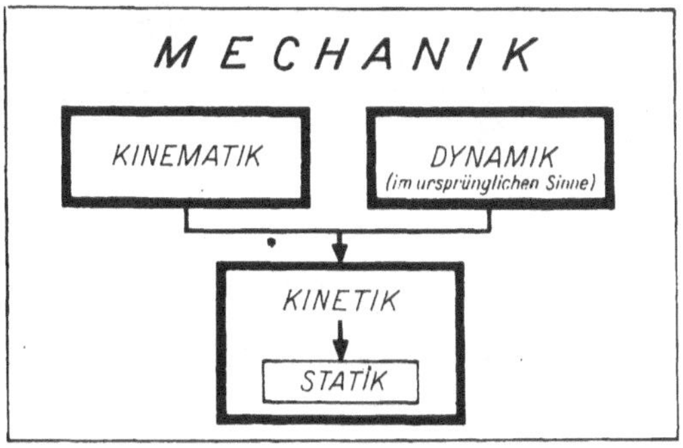

Tafel 1.6. **Objekt und Belegung in der Struktur der Mechanik**

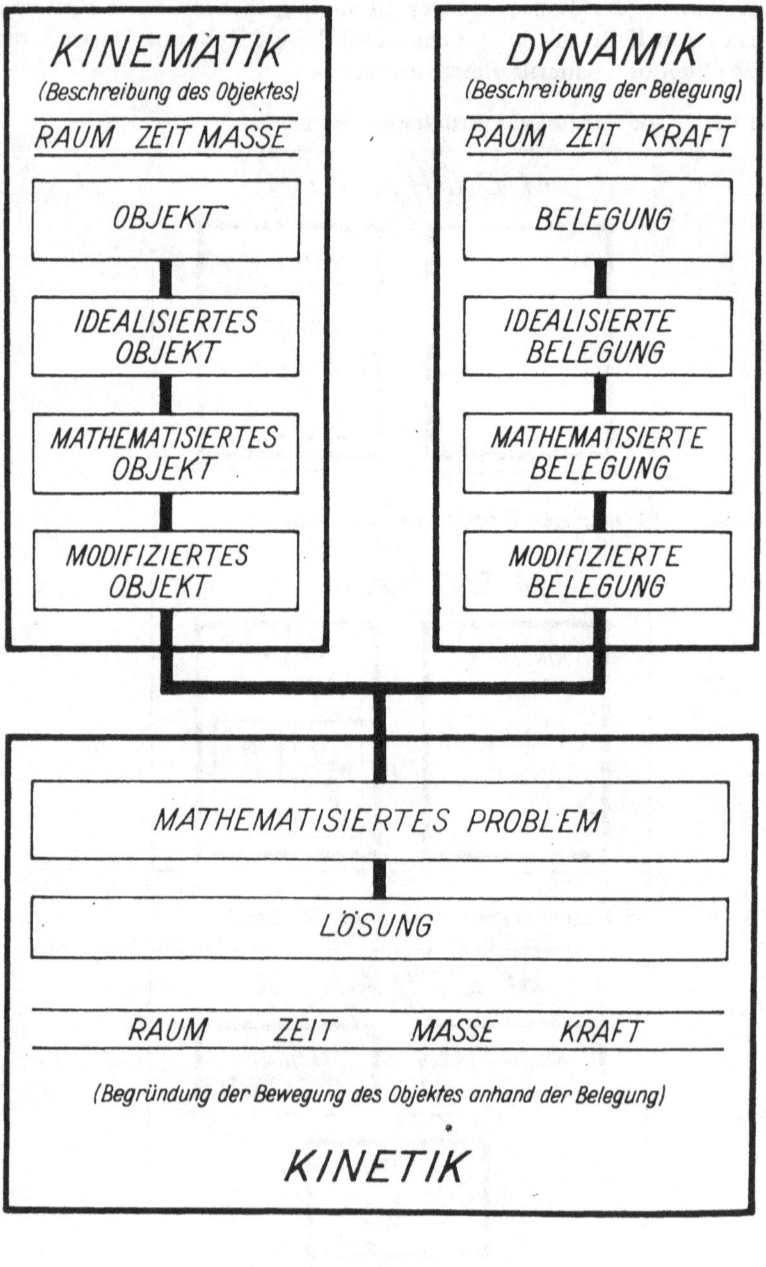

Diese terminologische Schwierigkeit läßt sich umgehen, wenn man — wie eingangs definiert (Tafel 1.5) — die Statik als Sonderfall der Kinetik auffaßt und die Dynamik auf die Beschreibung der Belegung beschränkt.

Tafel 1.6 läßt noch einmal deutlich werden, daß sich kinematische und dynamische Beschreibungen erst dann vornehmen lassen, wenn der Befreiungsprozeß abgeschlossen und aus dem komplexgebundenen oder allgemeinen Modell ein aus Objekt und Belegung bestehendes problemgebundenes oder spezielles Modell herausgelöst worden ist. Mit der Beschreibung von Objekt und Belegung verfolgen wir das Ziel, durch zulässige Idealisierung, durch Mathematisierung und durch zweckmäßige Modifizierung eine kausale Verknüpfung von Ursache (modifizierter Belegung, z. B. $\boldsymbol{R} = \sum_i \boldsymbol{P}_i$) und Wirkung $\left(\text{modifiziertem Objekt, z. B. } \frac{\mathrm{d}}{\mathrm{d}t} m \boldsymbol{v}\right)$ mit Hilfe experimentell bestätigter Axiome und Prinzipien vorzunehmen, um anhand des damit entstehenden mathematisierten Problems $\left(\boldsymbol{R} = \frac{\mathrm{d}}{\mathrm{d}t} m \boldsymbol{v}\right)$ das Bewegungsverhalten des beobachteten Objektes unter dem Einfluß der Belegung begründen zu können.

Anmerkung:

Die nachfolgenden Termini entstammen dem Griechischen:

Mechanik: *μηχανικός λόγος* = Lehre von den (künstlichen) beweglichen Körpern (abgeleitet von *μηχανή* → machina → Maschine = System künstlicher beweglicher Körper)

Kinematik: *κινηματικός λόγος* = Lehre von der Beweglichkeit

Dynamik: *δυναμικός λόγος* = Lehre von den Kräften

Kinetik: *κινητικός λόγος* = Lehre von der Bewegung

Aus dem Lateinischen wurde abgeleitet:

Statik: disciplina statūs corporum = Lehre vom Zustand der Körper (abgeleitet von stare : stehen)

2. Problem — Modell — Lösung

In diesem Abschnitt wird das wissenschaftliche Anliegen der Mechanik als Problem formuliert, daraufhin die Modellbildung vorgenommen und die prinzipielle Lösung des Problems aufgezeigt. (Eine Lösung ist immer dann auffindbar, wenn ein Algorithmus angegeben werden kann, der das Problem in eine Aufgabe überführt.) Mit Abstraktionsprozeß, Befreiungsprozeß, Idealisierungsprozeß, Mathematisierungsprozeß, Modifizierungsprozeß und Verknüpfungsprozeß werden alle die Prozesse beschrieben, die zu einem für die Lösung mechanischer Probleme zulässigen Modell führen.

2.1. Das Problem

Das Anliegen, die Bewegungsgesetze (sowie die Ruhebedingungen) materieller (genauer: stofflicher) Gegenstände unserer Umwelt zu erforschen, die Lage- und Gestaltänderungen des Stoffes in der Zeit zu beschreiben und zu begründen, führt zu einer Fülle von Problemen (Problemkomplex), die im Rahmen der Mechanik gelöst werden müssen. Für die Beschreibung genügen die Fundamentalbegriffe *Raum*, *Zeit* und *Masse*. Die Begründung erfordert als zusätzlichen Fundamentalbegriff den der *Kraft*.[1])

Die Festlegung einer Meßvorschrift und die Vereinbarung einer Maßeinheit gestatten es, die den Fundamentalbegriffen zugeordneten Fundamentalgrößen quantitativ zu bestimmen, mathematisch zu fassen und symbolisch (z. B. als Skalar oder Vektor) darzustellen.

2.2. Das Fundamentalpostulat

Sowohl bei naturwissenschaftlichen Problemen (Planetenbewegung) als auch bei technischen Fragestellungen (Bewegung einer Förderbrücke) interessieren

[1]) Die Versuche der gegen Ende des 19. Jahrhunderts einsetzenden kritischen Periode (KIRCHHOFF, HERTZ, MACH, POINCARÉ), den Kraftbegriff ganz aus der Mechanik zu verbannen oder ihn seiner selbständigen Stellung zu berauben, können jetzt als überwunden angesehen werden. Er bildet gleichsam die Brücke, über welche der Verkehr mit der physikalischen Wissenschaft hin- und herflutet; ohne sie würde die Mechanik zum leeren Schema erstarren! (WINKELMANN, „Prinzipien der Mechanik“ im Handbuch der physikalischen und technischen Mechanik, herausgegeben von AUERBACH-HORT, Verlag von Johann Ambrosius Barth, Leipzig 1928.)

nun keineswegs alle Bewegungen unseres Universums, sondern vielmehr ausschließlich die eines kleinen Ausschnittes (Mars—Sonne, Förderbrücke—Erde usw.).

Aber dürfen wir uns auf diesen kleinen Ausschnitt, auf die zu beobachtenden, zu beschreibenden oder zu beurteilenden materiellen Körper und deren Gruppierung (Konfiguration) beschränken? Dürfen wir den ganzen übrigen Teil einfach weglassen?

Solange dieser übrige Teil das Verhalten der interessierenden Körperkonfiguration im Sinne der Mechanik nicht (oder nur unwesentlich) beeinflußt, ist dies ganz sicher zulässig — in jedem anderen Fall aber nicht.

Betrachten wir ein anderes Beispiel: Stellen wir uns die Aufgabe, die Größe der Auflagerdrücke einer längeren Eisenbahnbrücke unter der Einwirkung eines Güterzuges mit insgesamt 20 Achsen zu bestimmen.

Die Lösung dieses Problems wird zweifellos einfacher und übersichtlicher, wenn wir zunächst die $20 \cdot 2 = 40$ Raddrücke zu einer Resultierenden, dem Gewicht des Güterzuges, zusammenfassen.

Aber dürfen wir diese Zusammenfassung vornehmen? Zulässig ist dies ganz sicher nur dann, wenn durch diese Maßnahme die zu ermittelnden mechanischen Größen — in diesem Fall die Auflagerdrücke — nicht verändert werden.

Wollen wir also, um die Lösung des vorliegenden Problems übersichtlicher darzustellen oder aber überhaupt erst zu ermöglichen, Vereinfachungen und Veränderungen vornehmen, so müssen wir die folgende grundsätzliche Forderung erfüllen, die ihrer Bedeutung wegen als *Fundamentalpostulat der Mechanik* bezeichnet werden soll:

Das mechanische Verhalten der zu beschreibenden stofflichen Gegenstände (Objekte) darf in der Beschreibung nicht verfälscht werden.

2.3. Die Modellbildung

Welche Maßnahmen, welche Prozesse — müssen wir uns also fragen — läßt das Fundamentalpostulat zu? Welche Prozesse verfälschen das mechanische Verhalten der zu beschreibenden Objekte nicht?

Die Antwort hierauf gibt die Erfahrung, die in den nachfolgenden Axiomen zusammengefaßt worden ist.

2.3.1. Abstraktionsaxiom und Abstraktionsprozeß[1])

Wenn man die materielle Welt als eine zusammenhängende bunte Mannigfaltigkeit von Gegenständen erkannt hat, denen bestimmte Merkmale (d. h.

[1]) Die ersten Bemühungen um die Abstraktion finden wir bereits bei PLATON („Staat") und ARISTOTELES („Über die Seele"). In der „Wissenschaft der Logik" gibt HEGEL die erste dialektische Darstellung des Abstraktionsvorganges, während die dialektisch-materialistische Auffassung von MARX, ENGELS und LENIN (z. B. in LENINS „Konspekt zu Hegels Wissenschaft der Logik") niedergelegt worden ist.

Eigenschaften oder Beziehungen) zukommen, und täglich sieht, daß jeder objektiv real existierende Gegenstand mit unzähligen anderen Gegenständen gemeinsame Merkmale hat, demnach also mit diesen zu (einer Gesamtheit von Gegenständen mit gemeinsamen Merkmalen) einer sog. *Klasse* zusammengefaßt werden kann, so fällt es nicht schwer, die objektive Realität als eine Gesamtheit von Klassen zu begreifen.

Da nun aber für die Lösung eines bestimmten Problems (z. B. Planetenbewegung) auch nur die Untersuchung bestimmter Merkmale (also die Beschreibung bestimmter Eigenschaften (z. B. Masse) und die Herleitung und Begründung bestimmter Beziehungen (z. B. Massenanziehung)) erforderlich ist, während alle übrigen Merkmale in diesem Fall ohne jeden Einfluß und damit unwesentlich sind, ist es offensichtlich zweckmäßig und erkenntnistheoretisch zulässig, alle unwesentlichen Merkmale gedanklich wegzunehmen, zu abstrahieren, und allein die problembestimmenden Merkmale im Anschauungsraum zu belassen.

Der verbleibende, von allen unwesentlichen Merkmalen bereinigte, also vereinfachte, aber alle problembestimmenden Merkmale beinhaltende Anschauungsraum soll künftig kurz *allgemeines Modell* genannt werden.

Dieser Vorgang, der zur Bildung des allgemeinen Modells führt, heißt *Abstraktionsprozeß* und wird durch das *Abstraktionsaxiom* zugelassen, das sich als denknotwendige Folge der Auffassung von der Klassenstruktur unserer Umwelt ergibt und wie folgt formuliert werden kann:

Die Abstraktion als Mittel der gedanklichen Erfassung der objektiven Realität, d. h. die Isolierung der für den betreffenden Vorgang bestimmenden Merkmale durch Weglassen anderer Merkmale, ist immer dann zulässig, wenn die weggelassenen Merkmale das vorliegende Problem nicht (wesentlich) beeinflussen.

Durch Abstraktion alles Unwesentlichen ist es also möglich, in der bunten Mannigfaltigkeit unserer Umwelt ein einfaches, aber zulässiges *allgemeines Modell* der Mechanik zu finden, das lediglich die mit Hilfe der Fundamentalgrößen erfaßbaren Eigenschaften der Materie sowie alle (denkbaren) Beziehungen zwischen diesen Fundamentalgrößen repräsentiert. Wir erhalten

die gesamte dreidimensionale, zeitabhängige, diskrete oder kontinuierliche Masseverteilung, m. a. W. das räumlich unbegrenzte zeitabhängige Massenpunktsystem oder Masse-Kontinuum.

2.3.2. Befreiungsaxiom und Befreiungsprozeß

Soll aus dem allgemeinen (oder komplexgebundenen) Modell ein beschränkter Bereich (also ein Objekt im Sinne von Abschnitt 1.5.) herausgelöst werden, so wird sich das mechanische Verhalten (z. B. der Bewegungszustand) des herausgelösten Objektes ändern, da der Einfluß der beseitigten Umgebung auf das Objekt fehlt. Das mechanische Verhalten des beschränkten Bereiches ist also durch das Herauslösen verfälscht worden. Diese Verfälschung kann man selbstverständlich verhindern, wenn man den Einfluß der beseitigten Umgebung auf das mechanische Verhalten des Objektes als *selbständig vorgestellte Größe* auf das herausgelöste Objekt einwirken läßt. Dieser selbständig vorgestellte Einfluß der Umgebung auf das Bewegungsverhalten des Objektes wird *Kraft* genannt und symbolisch als gebundener Vektor mit Angriffspunkt, Betrag, Richtung und Richtungssinn dargestellt. Er tritt, über das Volumen verteilt, als Volumenkraft oder, auf die Oberfläche einwirkend, als Flächenkraft in Erscheinung und wird in seiner Gesamtheit als (Kräfte-)Belegung bezeichnet.[1])

Diese Überlegungen fassen wir im *Befreiungsaxiom* zusammen:

Das Herauslösen eines Objektes aus dem allgemeinen Modell ist immer dann zulässig, wenn gleichzeitig jeder Einfluß der beseitigten Umgebung auf das mechanische Verhalten des Objektes durch eine selbständig vorgestellte, auf das Objekt einwirkende (Kräfte-)Belegung ersetzt wird.

Das Herauslösen und gleichzeitige Ersetzen des Umgebungseinflusses wird zusammenfassend als *Befreiung* bezeichnet und führt zu einem unverfälschten, sog. *speziellen (oder problemgebundenen) Modell*, das aus einem deformierbaren Objekt (also einer räumlich begrenzten, zeitabhängigen, insbes. deformierbaren

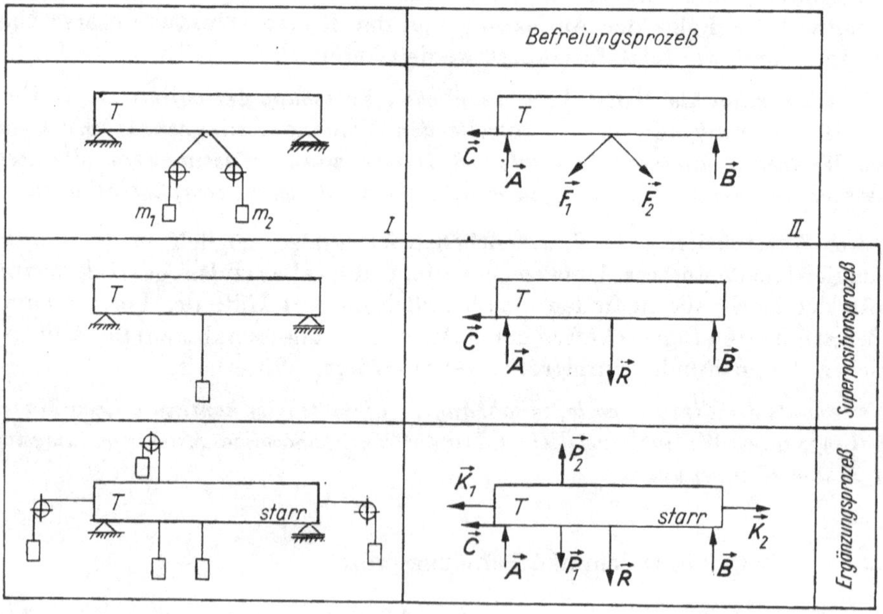

Bild 2.1. Modellbildung

[1]) Die in der Baumechanik wichtige Temperatureinwirkung der Umgebung kann man als skalare Temperaturverteilung über die Oberfläche des beschränkten Bereiches einführen.

Masseverteilung) und einer (Kräfte-)Belegung besteht. Der Vorgang, der zur Bildung derartiger spezieller Modelle führt, heißt *Befreiungsprozeß*.[1])

So dürfen z. B. in Bild 2.1 die Massen m_1 und m_2 nur dann entfernt werden, wenn gleichzeitig ihr Einfluß auf den Träger, also die Fadenkräfte $\boldsymbol{F}_1$ und $\boldsymbol{F}_2$ in das Modell aufgenommen werden. Die Modelle I und II sind demnach hinsichtlich ihrer mechanischen Aussage für das Objekt T gleichwertig: Der Einfluß der Massen m_1 und m_2 wird einmal (I) durch die jeweilige Masse selbst, das andere Mal (II) durch ihren *selbständig vorgestellten Einfluß auf den verbleibenden Träger*, d. h. durch die von ihr auf den Träger ausgeübte *Kraft* repräsentiert.

Das zu beschreibende Objekt (also z. B. der Träger in Bild 2.1) wird — so sagt man — von den Massen m_1 und m_2 *befreit*.

2.3.3. Idealisierungsaxiom und Idealisierungsprozeß

Bevor der in Bild 2.1 dargestellte Träger gefertigt werden darf, muß geprüft werden, ob das vorgesehene Material und die angegebenen geometrischen Abmessungen den Träger befähigen, die Massen m_1 und m_2 in der vorgeschriebenen Anordnung zu tragen. In einer Berechnung müssen seine Auflagerkräfte und Verformungen ermittelt, die Baustoffbeanspruchung geprüft und schließlich mit Hilfe weiterer Nachweise ein optimaler Materialeinsatz angestrebt werden. Das nach dem Befreiungsprozeß vorliegende spezielle Modell ist für diese einzelnen verschiedenartigen Untersuchungen noch zu komplex. Es hat Eigenschaften, die nicht für jedes Teilproblem erforderlich sind[2]), und

[1]) Der Begriff Befreiungsprozeß wurde in Anlehnung an die von Hamel eingeführte Bezeichnung „Befreiungsprinzip" gewählt, das unausgesprochen von Lagrange als Grundmethode in seiner „Mecanique analytique" benutzt worden ist (indem er aus der Menge „der eingeprägten Kräfte besondere hervorhebt"). Diese Namensgebung wurde von Hamel vorgenommen, um auch in der Bezeichnung die Korrelation zum Erstarrungsprinzip auszudrücken. Da damit jedoch kein prinzipielles Gesetz, sondern ein spezielles Vorgehen beschrieben wird, erscheint es richtiger, von einem Prozeß zu sprechen. (Hamel: „Über ein Prinzip der Befreiung bei Lagrange", Jahresbericht der Deutschen Mathematiker-Vereinigung, 25. Band, B. G. Teubner, 1917, S. 60 oder Hamel: Theoretische Mechanik, Springer-Verlag, Berlin, Göttingen, Heidelberg, 1949) Der Grundgedanke der „Befreiung" läßt sich zurückverfolgen bis zu Bacon of Verulam (1561—1626) der (als Zeitgenosse Shakespeares) den Terminus „dissecare naturam" (gewissermaßen als Arbeitsanleitung) prägte, indem er lehrte: Will man zu einer tieferen Einsicht gelangen, so muß man die Natur in Teile zerlegen. Bacon of Verulam erhielt die Anregung zu dieser Erkenntnis offensichtlich aus der Medizin: Die bereits sehr gut bebilderten sieben Bücher „De humani corporis fabrica" des A. Vesalius (1514—1564), der als Begründer der modernen Anatomie angesehen wird, werden ihm sicher bekannt gewesen sein.

[2]) So werden beispielsweise für die Ermittlung der Auflagerkräfte (statisch bestimmt gestützter Träger) die elastischen Eigenschaften des Trägers nicht benötigt (→ starrer Körper), während diese für die Berechnung der Durchbiegung desselben erforderlich sind (→ Hookescher Körper) und als Spannungs-Dehnungs-Beziehung ($\sigma = E \cdot \varepsilon$) in das Modell und damit in die Untersuchung eingehen.

drängt deshalb nach einer Vereinfachung, nach einer problemgebundenen Idealisierung, die bei Beachtung des folgenden *Idealisierungsaxioms* vorgenommen werden darf:

Die Idealisierung eines „speziellen Modells" ist immer dann zulässig, wenn die damit einhergehende Modellumbildung das zu untersuchende mechanische Verhalten desselben nicht oder nur innerhalb zulässiger Grenzen verfälscht.

Der Vorgang, der zur Bildung derartiger idealisierter spezieller Modelle führt, heißt *Idealisierungsprozeß*. Er erstreckt sich auf das physikalische Verhalten des Objektes und dessen Geometrie sowie auf die Belegung des speziellen Modells.

2.3.3.1. Physikalische Idealisierung des Objektes

2.3.3.1.1. Die Bildung starrer Modelle

Die Mechanik des Kontinuums wird besonders einfach, wenn das Kontinuum bei beliebigen Bewegungen stets sich selbst kongruent bleibt, wenn es also nicht deformierbar, sondern vielmehr starr ist (*Stereomechanik*). Nun sind aber die in der Natur vorhandenen oder technisch herstellbaren festen Kontinua niemals ideal starr, sondern eben mehr oder weniger elastisch oder auch plastisch deformierbar. Die verhältnismäßig einfache *Stereo*mechanik hätte also ein sehr beschränktes Anwendungsgebiet, wenn man nicht in besonderen

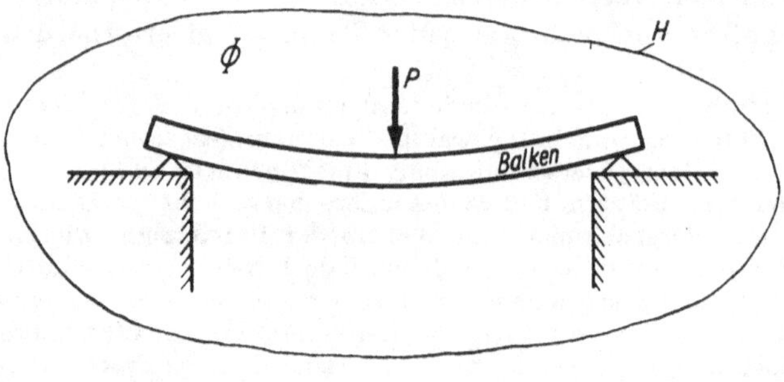

Bild 2.2. Erstarrungsprozeß

Fällen wiederum einen Eingriff in das spezielle Modell vornehmen würde. Kommt nämlich beispielsweise die unter dem Einfluß der Kräftebelegung vor sich gehende Deformation eines elastischen Kontinuums (z. B. die Durchbiegung eines Balkens; Bild 2.2) zum Stillstand, befindet sich also dasselbe wieder im Zustand der Ruhe, so ist es für die mechanische Beschreibung dieses, allerdings auch nur dieses Gleichgewichtszustandes völlig unerheblich, in welch hohem Grade das Kontinuum deformierbar, ja ob es überhaupt deformierbar oder vielleicht sogar starr ist, denn das Gleichgewicht eines deformierbaren Kontinuums wird durch dessen Erstarren nicht gestört.

Aus dieser Überlegung folgt das *Erstarrungsaxiom*:

Ein nicht-starres Kontinuum darf man immer dann „erstarren“ lassen, wenn alle zu ermittelnden mechanischen Größen unabhängig von seinem Formänderungsverhalten sind.

Der Umwandlungsvorgang, also das Erstarren eines nicht-starren Kontinuums, wird *Erstarrungsprozeß* genannt und führt zu dem sog. *starren Modell*, das aus einem starren Objekt (also einer räumlich begrenzten, zeitabhängigen, aber starren Masseverteilung) und einer (Kräfte-)Belegung besteht.

Da das Erstarren nichts anderes als die Unverformbarkeit der Volumenelemente erzwingt, und zwar unabhängig davon, ob deren Dichte sehr groß, gering oder sogar Null ist, kann man — zumindest gedanklich — auch die masselose räumliche Umgebung Φ des Kontinuums innerhalb der Hülle H, also auch solche Raumteile erstarren lassen, die gar nicht mit Masse belegt sind oder aber deren Masse während des Befreiungsprozesses aus dem Modell entfernt worden ist (Bild 2.2). Auch ein System freier Massenpunkte läßt sich in ein starres Kontinuum überführen, wenn man den ganzen Raumteil, in dem die Massenpunkte verteilt sind (also wiederum die gesamte masselose Umgebung der Massenpunkte innerhalb einer Hülle H) erstarren läßt.

Die Einleitung des Erstarrungsprozesses ist natürlich nur dann sinnvoll, wenn die Beschreibung des erstarrten Kontinuums mit Hilfe der Stereomechanik möglich ist.[1])

2.3.3.1.2. Die Bildung rheologischer Modelle

Für die Untersuchung der Deformation oder des Fließens homogener isotroper Körper unter dem Einfluß von Kräften, also für die Beschreibung rheologischer Prozesse, ist der starre Körper selbstverständlich ungeeignet. Man benötigt hierfür Modelle, die die Beziehungen zwischen Kraft und Verformung, Spannung und Fließgeschwindigkeit usw. anschaulich widerspiegeln. Beschränken wir uns auf die Beschreibung der Zusammenhänge zwischen Kraft (Spannung) und Verformung (Dehnung) in einer Richtung (z. B. in Richtung der Stabachse), also auf sog. einachsige Spannungszustände, so lassen sich die einfachsten rheologischen Gesetze durch Federn, Dämpfungszylinder, Reibeflächen und deren Kombination veranschaulichen.

Spannen wir einen Stahlstab in eine Zerreißmaschine und tragen an den beiden Enden Zugkräfte P ein, die wir — von $P = 0$ beginnend — bis zum Bruch des Stabes langsam steigern, so entstehen Spannungen σ im Stahlstab, die wir uns gleichmäßig über den Stahlstabquerschnitt F verteilt vorstellen können. Infolge dieser Spannungen $\sigma = \frac{P}{F}$ entstehen Dehnungen $\varepsilon = \frac{\Delta l}{l}$, die wir während des Versuches ebenfalls messen können. Tragen wir nun die jeder

[1]) Wenn also beispielsweise die Bedingungen für das Gleichgewicht zur Beschreibung ausreichen (wie bei statisch bestimmten Aufgaben).

Dehnung ε zugeordnete Spannung σ in einem Koordinatensystem (ε Abszisse, σ Ordinate) ein, so entsteht das sog. *Spannungs-Dehnungs-Diagramm* des Stahlstabes (Bild 2.3). Bis zur sog. *Proportionalitätsgrenze* sind die Spannungen σ im Stahlstab und dessen Dehnungen ε einander proportional, $\sigma = E\,\varepsilon$ (HOOKE 1660: ut tensio sic vis[1]); die Proportionalitätskonstante E wird *Elastizitätsmodul* genannt.

Wir erhalten für diesen Bereich ein lineares Spannungs-Dehnungs-Gesetz, das auch für jedes infinitesimale Volumenelement des Stabes gilt. Als einfachstes Modell eines derartigen sog. HOOKE*schen Körpers*, dessen Verformungen beim Auftreten endlicher Kräfte endlich bleiben und nach der Entlastung völlig verschwinden — also ideal elastisch sind — kann die *elastische Feder* benutzt werden (Bild 2.4).

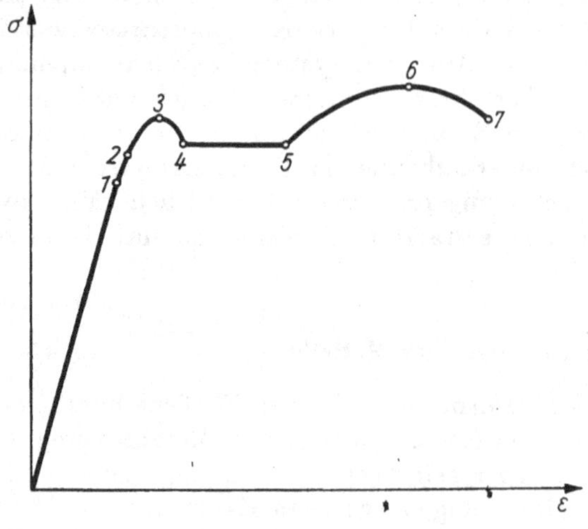

Bild 2.3. Spannungs-Dehnungs-Diagramm des Stahles; 1 — Proportionalitätsgrenze, 2 — Elastizitätsgrenze, 3 — obere Streckgrenze, 4 — untere Streckgrenze, 5 — Beginn der Verfestigung, 6 — Beginn der Einschnürung, 7 — Bruch

Erfährt ein Körper, der beim Aufbringen von Kräften zunächst keinerlei Formänderungen zeigt, plötzlich ohne jede weitere Laststeigerung Verformungen, die bei einer Entlastung nicht wieder zurückgehen, so spricht man von einem ideal-plastischen Verhalten, das sich sehr gut durch eine Reibefläche veranschaulichen läßt. Ein derart ideal-plastisches Kontinuum wird häufig ST. VENANT*scher Körper* genannt und durch eine Reibefläche veranschaulicht (Bild 2.4). Der weitere Ausbau der Grundlagen (Fließbedingungen) erfolgte vornehmlich durch LÉVY und VON MISES.

[1]) Lat.: „Wie die Spannung, so der Weg“.

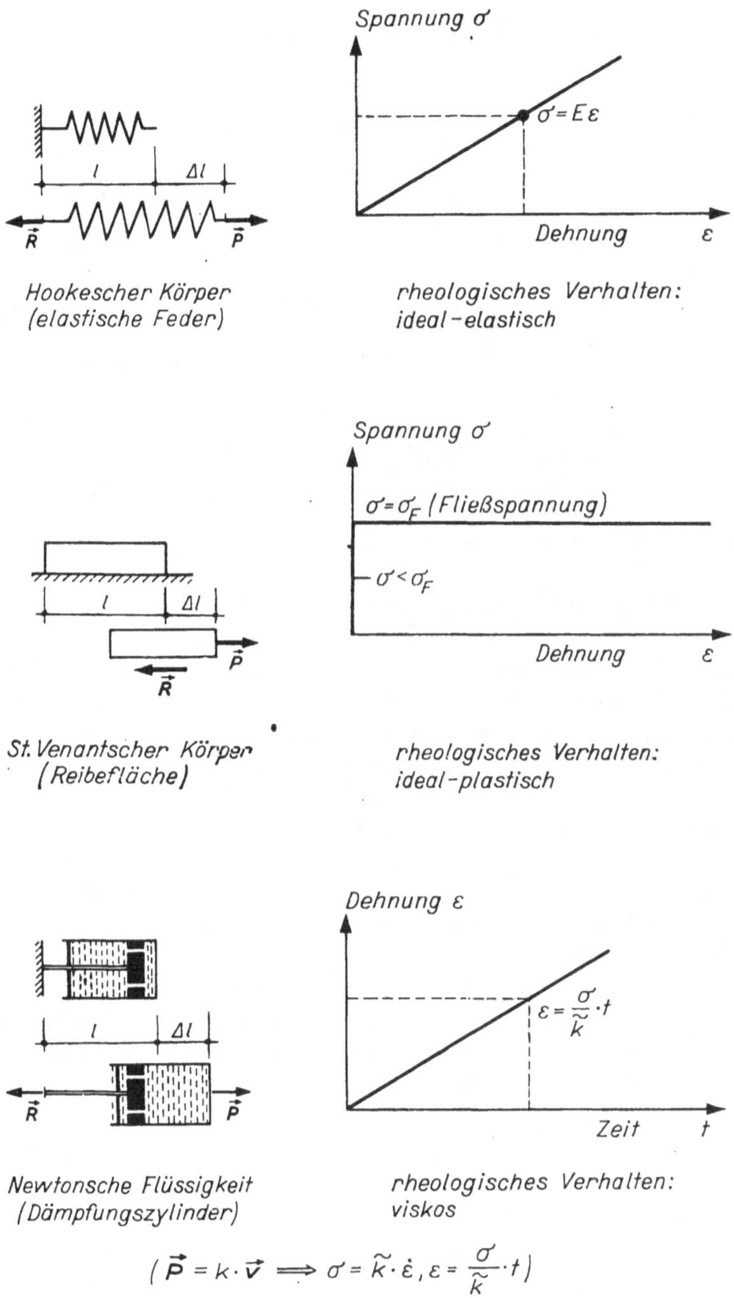

Bild 2.4. Der HOOKEsche Körper, der ST. VENANTsche Körper und die NEWTONsche Flüssigkeit

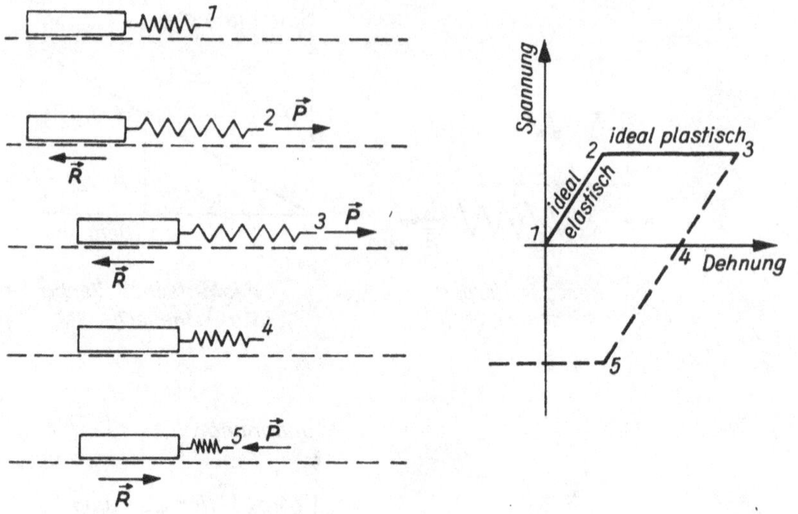

Bild 2.5. Der PRANDTL-Körper

Das Spannungs-Dehnungs-Diagramm des Stahles zeigt, daß zwar jede Spannungszunahme $\Delta\sigma$ eine Dehnungszunahme $\Delta\varepsilon$ bedingt, daß sich aber für jede Spannung, die kleiner als die Bruchspannung ist, nach dem Einstellen der zugeordneten Dehnung ein Gleichgewichtszustand einstellt, die Verformungsgeschwindigkeit also wieder Null wird. Alle Körper, die sich in dieser Weise nur unter dem Einfluß von Kräften verformen, deren Verformungsgeschwindigkeit also bei konstanter Belastung auf Null abklingt, nennt man *Festkörper*. Wird jedoch die Fließgeschwindigkeit schon unter der Einwirkung kleiner Kräfte nicht Null, bleibt sie vielmehr konstant, wachsen also die Deformationen beständig und unbegrenzt, besitzt demnach das Kontinuum nur einen sehr geringen Widerstand gegenüber Gestaltänderungen, so spricht man von *zähen* oder *viskosen Flüssigkeiten*.

Setzt man jedoch voraus, daß dieser Widerstand nicht existiert, daß zwischen den Teilchen der betrachteten Flüssigkeit keine Tangentialkräfte (keine Schubspannungen, keine inneren Reibungskräfte) wirken, die deren Relativbewegung entgegenwirken, so liegt — wenn diese außerdem absolut inkompressibel ist — eine *ideale Flüssigkeit* vor.

Die Theorie der idealen Flüssigkeiten wurde von EULER begründet, während NEWTON die ersten Ansätze für die Beschreibung der Bewegung zäher oder viskoser Flüssigkeiten fand. Aus diesem Grund nennt man die viskose Flüssigkeit[1]) auch eine *NEWTONsche Flüssigkeit*. Ihr rheologisches Modell ist der Dämpfungszylinder, der die Proportionalität k (innere Reibung) zwischen Kraft $\boldsymbol{P}$

[1]) Nämlich dann, wenn der Viskositätskoeffizient von Veränderungen der Spannung nicht beeinflußt wird und zeitunabhängig ist.

(bzw. Spannung) und Fließgeschwindigkeit $\boldsymbol{v}$ sehr anschaulich und experimentell leicht prüfbar widerspiegelt:

$$\boldsymbol{P} = k\,\boldsymbol{v}\,.$$

Diese Kraft $\boldsymbol{P}$ ist nicht nur zur Beschleunigung bis zur Endgeschwindigkeit $\boldsymbol{v}$ erforderlich, sondern auch zu deren Aufrechterhaltung. Die der Geschwindigkeitsrichtung entgegenwirkende Kraft $\boldsymbol{R}$, der Reibungswiderstand, ist der angreifenden Kraft $\boldsymbol{P}$ entgegengesetzt gleich. Die Summe der beiden Kräfte $\boldsymbol{P} + \boldsymbol{R}$ ist gleich Null, die Endgeschwindigkeit $\boldsymbol{v}$ konstant, und die Dehnung $\varepsilon = \frac{\Delta l}{l}$ nimmt linear zu.

Durch kombinierte Anordnung dieser Grundmodelle kann das rheologische Verhalten der technisch interessierenden Festkörper und Flüssigkeiten nach-

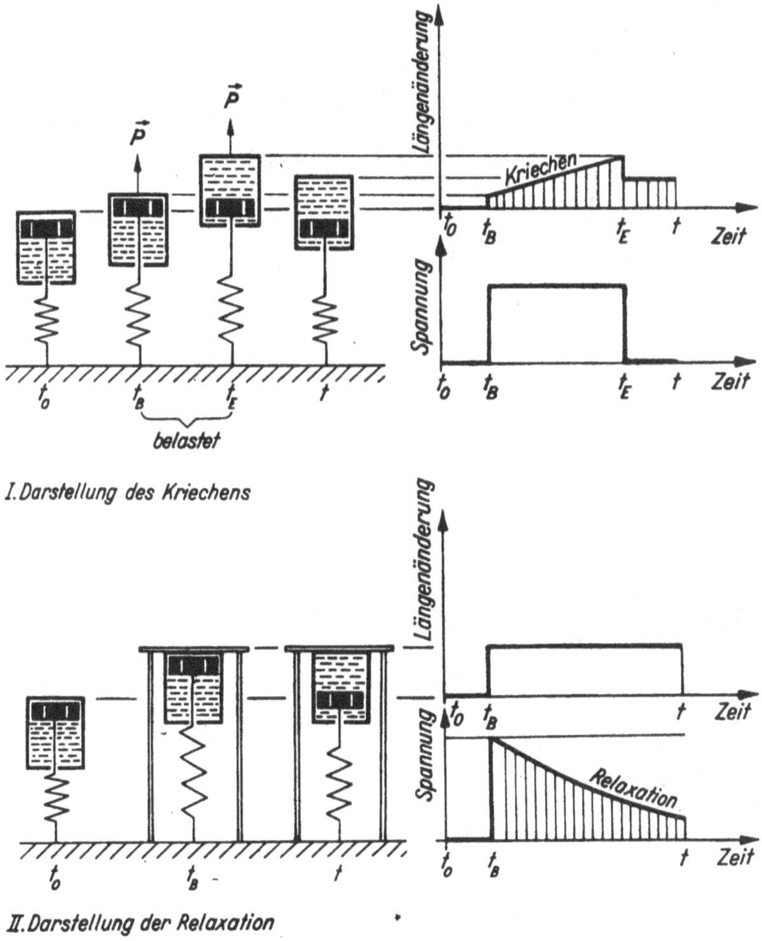

Bild 2.6. Der MAXWELL-Körper

geahmt werden. Ersetzen wir beispielsweise das Spannungs-Dehnungs-Diagramm des Stahles (Bild 2.3) durch den in Bild 2.5 dargestellten Linienzug, idealisieren wir den Stahl also als einen ideal-elastisch-plastischen Festkörper, so läßt sich dieses rheologische Verhalten durch den sog. PRANDTL-*Körper* veranschaulichen.

Der MAXWELL-*Körper* (Bild 2.6) führt uns das Kriechen und die Relaxation mancher Festkörper vor Augen. Bei einer plötzlichen Beanspruchung mit einer konstant gehaltenen Kraft $\boldsymbol{P}$ entsteht sofort eine Formänderung (die Feder dehnt sich: elastische Verformung), die mit der Zeit zunimmt (der Dämpfungszylinder „kriecht" unter der Einwirkung der Kraft langsam nach oben: bleibende Verformung). Diese unelastische, durch das Kriechen bedingte Formänderung bleibt bei einer plötzlichen Entlastung erhalten. Hält man dagegen eine Dehnung konstant, indem man mit Hilfe einer Kraft $\boldsymbol{P}$ eine elastische Verlängerung der Feder erzwingt und durch starre Stäbe eine Veränderung der Längenänderung unterbindet, so „kriecht" der Kolben im Dämpfungszylinder unter der Einwirkung der Federkraft langsam nach unten, so daß die Federkraft selbst und damit die Spannung im Körper mit der Zeit abnimmt. Dieser Vorgang wird *Relaxation* genannt.

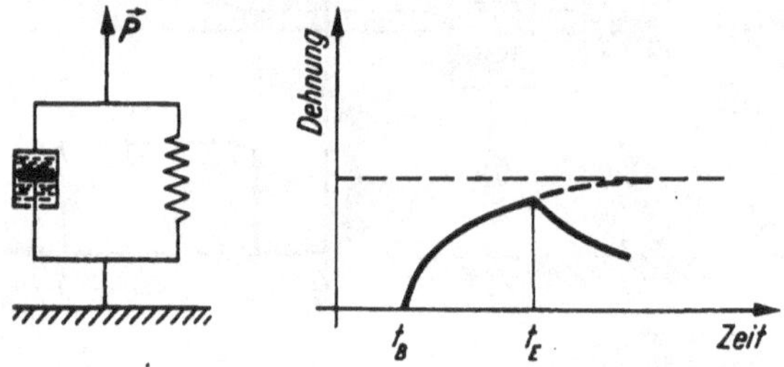

Bild 2.7. Der KELVIN-Körper

Bei manchen Festkörpern nimmt die Dehnung bei einer plötzlichen Belastung nur langsam mit der Zeit zu und geht nach plötzlicher Entlastung auch nur langsam wieder zurück. Diese Körper zeigen — wie man sagt — den *Effekt der elastischen Nachwirkung.* Die Verzögerung, mit der die Dehnung nach plötzlicher Be- oder Entlastung ihren endgültigen Wert erreicht, wird *Retardation* genannt. Das rheologische Modell dieser Kontinua ist der KELVIN-*Körper*, der in Bild 2.7 dargestellt ist.

In analoger Weise kann — wie schon gesagt wurde — das verschiedenartige rheologische Verhalten der Festkörper oder viskosen Flüssigkeiten durch eine geeignete Kopplung der Grundmodelle nachgeahmt werden. So entstehen z. B. BINGHAM-Körper, LETHERICH-Körper, JEFFREYS-Körper, BURGERS-Körper.[1])

[1]) FLÜGGE, „Handbuch der Physik", Band VI, Springer-Verlag, Berlin-Göttingen-Heidelberg. LONG, „Mechanics of solids and fluids", Prentice Hall, Inc., Englewood Cliffs, N.J. 1961. FREUDENTHAL, „Unelastisches Verhalten von Werkstoffen", VEB Verlag Technik, Berlin 1955.

Wie die Betrachtung der verschiedenartigen Modelle zeigt, läßt sich das rheologische Verhalten eines Kontinuums im eindimensionalen Fall beschreiben durch eine Beziehung zwischen Spannung und Dehnung:

Hookescher Körper: $\sigma = E\ \varepsilon$

- ε: Dehnung
- E: Elastizitätsmodul (Konstante)
- σ: Längsspannung

oder zwischen Spannung und Fließgeschwindigkeit:

Newtonsche Flüssigkeit: $\tau = K\ v$

- v: Fließgeschwindigkeit
- K: Viskositätsmodul
- τ: Schubspannung

Die Proportionalitätsfaktoren E und K lassen sich experimentell bestimmen. Soll nicht nur *eine* Verformungsrichtung beschrieben werden, wollen wir vielmehr — wie beispielsweise beim gezogenen Stab — auch die Verformungsrichtungen senkrecht zur Stabachse mit erfassen, so müssen wir auch das Spannungs-Dehnungs-Verhalten in diesen Richtungen experimentell untersuchen. Wir erhalten wiederum Konstanten (Querdehnungszahlen), die von der Richtung abhängen können.

Im allgemeinen wird ein Hookescher Körper nicht nur in einer Richtung, sondern in allen drei (z. B. kartesischen) Richtungen belastet und verformt sich natürlich auch in allen drei Richtungen, wobei die Elastizitätsmoduli und auch die Querdehnungszahlen dieser drei Richtungen beachtet werden müssen. Die Beschreibung erfolgt an einem infinitesimalen Volumenelement. Fassen wir in geeigneter Weise alle Spannungen zu einem Spannungstensor **S**, alle Verzerrungen (also die Dehnungen ε und die außerdem noch auftretenden Winkeländerungen, die sog. Gleitungen γ) zu einem Verzerrungstensor **V** und alle Konstanten zu einem Elastizitätstensor **E** zusammen, so lautet das rheologische Gesetz für den Hookeschen Körper

für den eindimensionalen Fall $\sigma = E\,\varepsilon$,

für den mehrdimensionalen Fall $\mathbf{S} = \mathbf{E}\,\mathbf{V}$.

Ganz allgemein gibt also das rheologische Gesetz eines Kontinuums eine Beziehung zwischen dem Spannungstensor und dem Verzerrungstensor (bzw. dem Tensor der Verformungsgeschwindigkeit) an.

Die Prüfung von Kristallen zeigt, daß die mechanischen Eigenschaften der meisten Stoffe von der Belastungsrichtung abhängen. Wenn jedoch die Dimen-

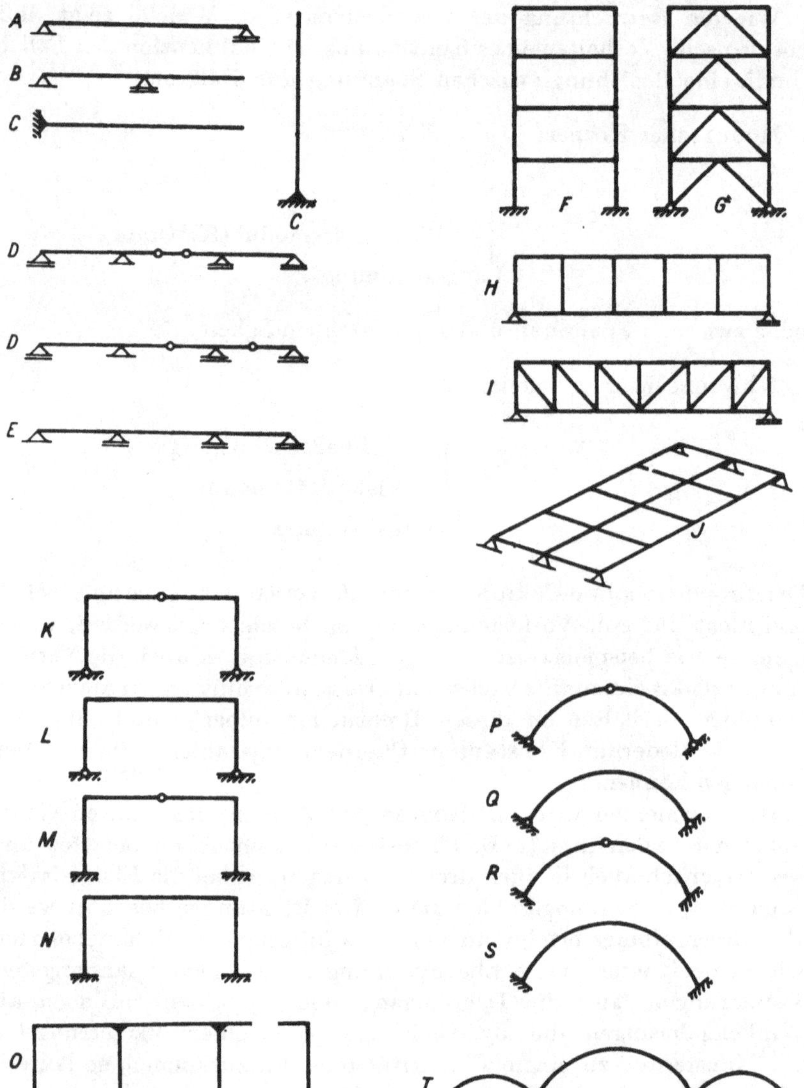

Bild 2.8. Statische Systeme I: Stabtragwerke
A – Träger (auf zwei Stützen), B – Träger auf zwei Stützen mit Kragarm C – eingespannter Träger (Kragträger), D – Gelenkträger, E – Durchlaufträger, F – Stockwerkrahmen, G – Fachwerkwand, H – Rahmenträger (auf zwei Stützen), I – Fachwerkträger (auf zwei Stützen), J – Trägerrost, K – Dreigelenkrahmen, L – Zweigelenkrahmen, M – Eingelenkrahmen, N – eingespannter Rahmen, O – Durchlaufrahmen, P – Dreigelenkbogen, Q – Zweigelenkbogen, R – Eingelenkbogen, S – eingespannter Bogen, T – Durchlaufbogen

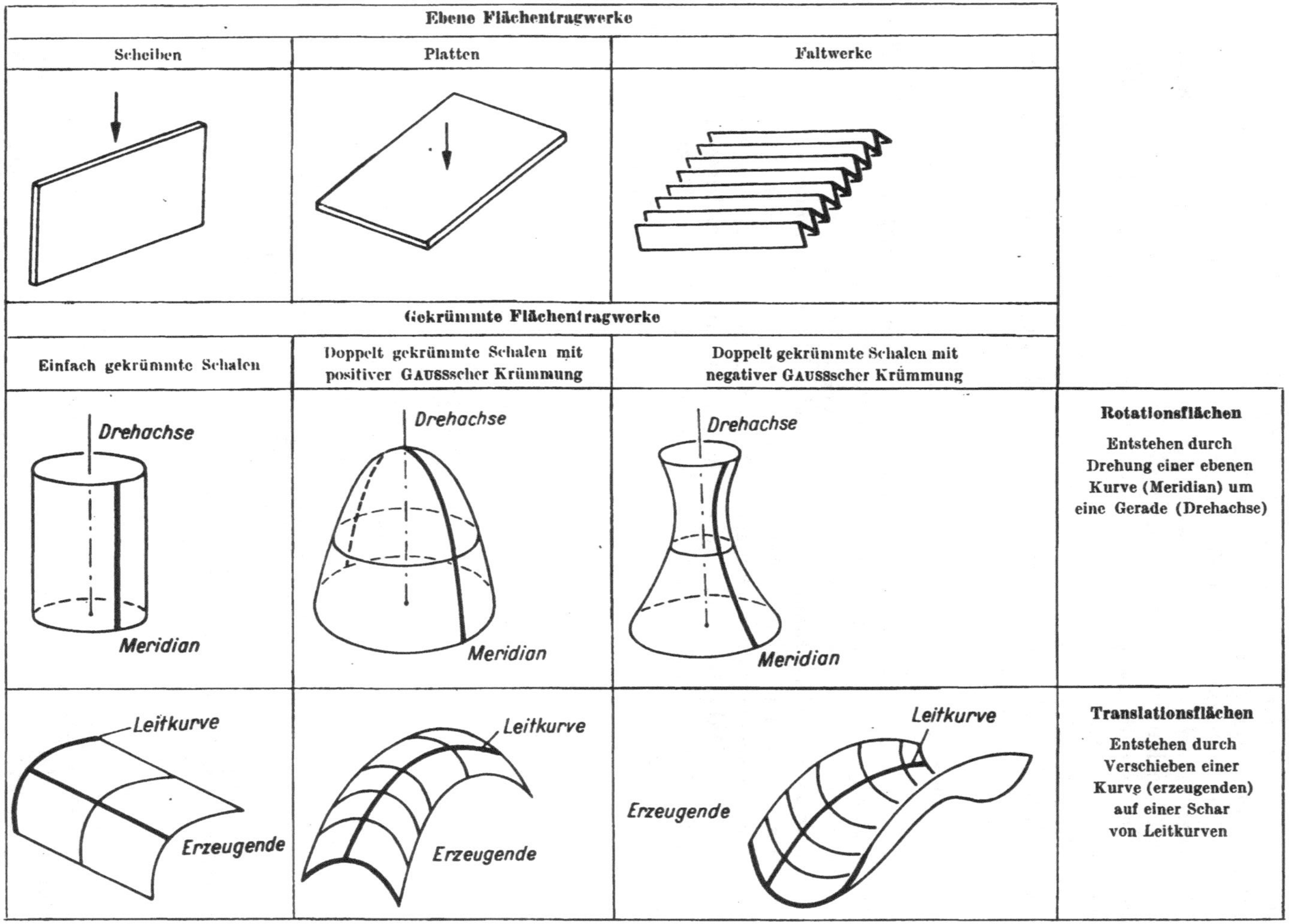

Bild 2.9. Statische Systeme II: Flächentragwerke

sionen der Kristalle sehr viel kleiner sind als das Prüfstück selbst und wenn darüber hinaus die Kristalle im Prüfstück „zufällig" verteilt sind, so sind die mechanischen Eigenschaften des Prüfstückes unabhängig von der Richtung. Derartige Stoffe nennt man *isotrop*. Sind jedoch die Kristalle durch bestimmte technische Verfahren (z. B. Kaltverformung des Stahles) ausgerichtet, so sind die mechanischen Eigenschaften von der Richtung abhängig, und der Festkörper heißt *anisotrop*.

Die Betrachtungen zeigen, daß nach der Befreiung das Objekt sowohl als starrer Körper als auch als ein (isotropes oder anisotropes) rheologisches Modell idealisiert werden kann.

2.3.3.2. Geometrische Idealisierung des Objektes

Werden die Objekte statisch belastet oder kann ihre Inanspruchnahme auf eine statische Beanspruchung zurückgeführt werden (Brücke, Kran), dann sprechen wir von einem Tragwerk, dessen geometrische Abmessungen eine gewisse Klassifizierung zulassen (Bild 2.8 und 2.9). Sind nämlich die Querschnittsabmessungen (Breite b und Höhe h) klein gegenüber der Tragwerkslänge l, so bezeichnen wir das Objekt als Stab und die aus Stäben bestehenden Tragwerke als Stabtragwerke. Ist dagegen nur die Höhe oder besser Dicke d klein gegenüber den beiden anderen Abmessungen (Breite b und Länge l), so liegt ein Flächentragwerk vor.

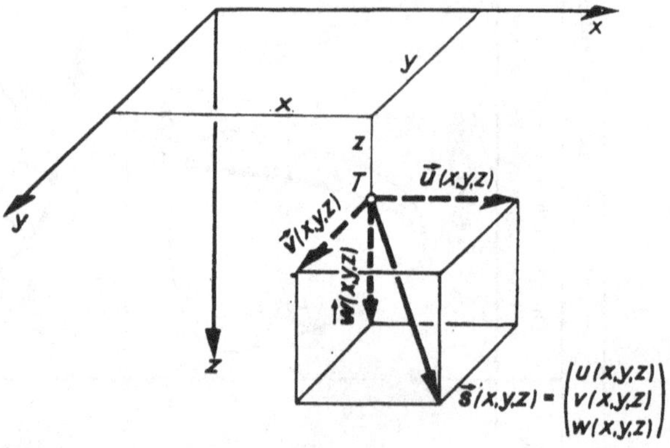

Bild 2.10. Der Verschiebungsvektor $s(x, y, z)$ und seine Komponenten $u(x, y\ z)$, $v(x, y, z)$, $w(x, y, z)$

Sowohl die Stabtragwerke wie die Flächentragwerke werden technisch aus verformbarem Material (Stahl, Beton) gefertigt. Soll nun der verformte Zustand beschrieben werden, so muß die Lageänderung $s(x, y, z)$ jedes Tragwerkspunktes T mit den Koordinaten (x, y, z) angegeben werden können, die

— da sie ein Vektor ist — drei Komponenten

$$\mathbf{s}(x, y, z) = \begin{pmatrix} u(x, y, z) \\ v(x, y, z) \\ w(x, y, z) \end{pmatrix}$$

hat (Bild 2.10). Sind also die drei Verschiebungen u, v, w in jedem Tragwerkspunkt bekannt, so kann der verformte Zustand eindeutig beschrieben werden.

Betrachten wir nun, um die nachfolgenden Vereinfachungen besser verstehen zu können, einen Stab, dessen Querschnitt symmetrisch zu derjenigen Ebene ausgebildet ist, in der die Belastungskräfte wirken. Er möge die Gestalt eines Rechteckes haben (Bild 2.11). Wenn man lediglich solche Verschiebungen w senkrecht zur Stabachse (also Durchbiegungen) zuläßt, die klein sind im Vergleich zur Stabhöhe h,

$$w(x, y, z) < h \ ,$$

und darüber hinaus annimmt, daß während der Verformung die Querschnitte desselben starr bleiben, sich also zwar verschieben und verdrehen, aber ihre Gestalt nicht ändern, so läßt sich die Beschreibung des verformten Tragwerkes wesentlich vereinfachen.

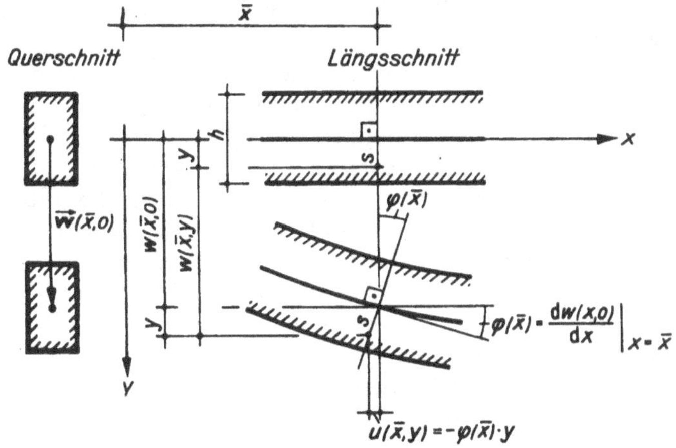

Bild 2.11. Biegung eines geraden Stabes. Da $w(x) < h$ sein soll (vergrößerte Darstellung!), ist der Winkel $\varphi(\bar{x})$ sehr klein und $s = \frac{y}{\cos\varphi} \approx \frac{y}{1} = y$, so daß $w(\bar{x}, 0) = w(\bar{x}, y)$ gilt.

In diesem Fall erfahren nämlich alle Punkte des starren Querschnittes senkrecht zur Stabachse die gleiche Durchbiegung w (bis auf Unterschiede, die von höherer Ordnung klein sind), so daß mit der Durchbiegung w der Stabachse die Durchbiegung w aller Tragwerkspunkte bekannt ist. Sind aber die Durchbiegungen aller Stabachsenpunkte, die in ihrer Gesamtheit die Biegelinie des Stabes bilden, bekannt, so können auch die Tangentenwinkel an die Biegelinie angegeben werden.

An der Stelle $x = \bar{x}$ ist beispielsweise die Neigung der Tangente an die Biegelinie

$$\tan \varphi(\bar{x}) = \varphi(\bar{x}) = \left.\frac{\mathrm{d}w(x)}{\mathrm{d}x}\right|_{x=\bar{x}} .$$

Mit $\varphi(\bar{x})$ ist aber auch in $\bar{x}$ die Neigung der Geraden (und damit des Querschnittes) senkrecht zur verformten Stabachse bekannt (Bild 2.11), so daß sich die horizontalen Verschiebungen $u(\bar{x}, y)$ des Stabquerschnittes an der Stelle $\bar{x}$ im Abstand y von der Stabachse zu

$$u(\bar{x}, y) = -\varphi(\bar{x})\, y$$

ergeben. Da mit der Biegelinie $w(x)$ der Stabachse die vertikalen Verschiebungen $w(x, y, z)$ aller Stabpunkte und mit den Biegewinkeln $\varphi(x) = w'(x)$ die horizontalen Verschiebungen $u(x, y, z)$ aller Stabpunkte angegeben werden können, ist es zulässig, die Formänderungsbetrachtung des Stabes auf die Stabachse (= geometrischer Ort aller Querschnittsschwerpunkte) zu beschränken und den Stab als Stabachse idealisiert darzustellen.

Diese Beschränkung auf die Stabachse führt in Verbindung mit den Symbolen für die Lagerungen und Verbindungen zu den sog. *statischen Systemen* der Stabtragwerke.

Die analogen Überlegungen gelten für die Flächentragwerke und führen zu einer Beschränkung auf die Formänderungsbeschreibung der Mittelflächen, die (in Verbindung mit den Randbedingungen für Lagerung und Übergänge) die statischen Systeme der Flächentragwerke repräsentieren.

Für die Berechnung derjenigen mechanischen Größen, die unabhängig sind von den rheologischen Eigenschaften des Tragwerkes, wird — wie in Abschnitt 2.3.3.1.1. ausgeführt — eine Idealisierung als starre Scheibe oder starrer Körper vorgenommen, die geometrisch beliebig begrenzt werden dürfen (vgl. Bild 2.2, Hülle H).

Die Schwingungsberechnung eines Tragwerkes fordert die Einführung „kinetischer Systeme", die wir im allgemeinen durch eine Koppelung der statischen Systeme mit den rheologischen Modellen (Federn, Dämpfungszylindern, Reibeflächen) erhalten. Soll beispielsweise die Schwingung eines Trägers, in dessen Mitte eine schwere Maschine mit der Masse m steht, unter dem Einfluß einer periodisch pulsierenden Erregerkraft $\boldsymbol{P}_E(t)$, beschrieben werden, so darf man die Maschine (da sie nur Translationsschwingungen ausführt) als Massenpunkt idealisieren. Die Schwingung wird durch die Elastizität des Trägers ermöglicht. Verläuft die Schwingung im elastischen Bereich, so läßt sich der Träger als Hookescher Körper idealisieren und durch dessen Modell (die Feder mit der Federkraft $\boldsymbol{P}_F = -c\, \boldsymbol{y}$) darstellen. Auf diese Weise entsteht der mit einer Feder verbundene Massenpunkt als (schwingungsfähiges) ungedämpftes kinetisches System (Bild 2.12, I). Wird die Schwingung (durch den Träger und dessen Auf-

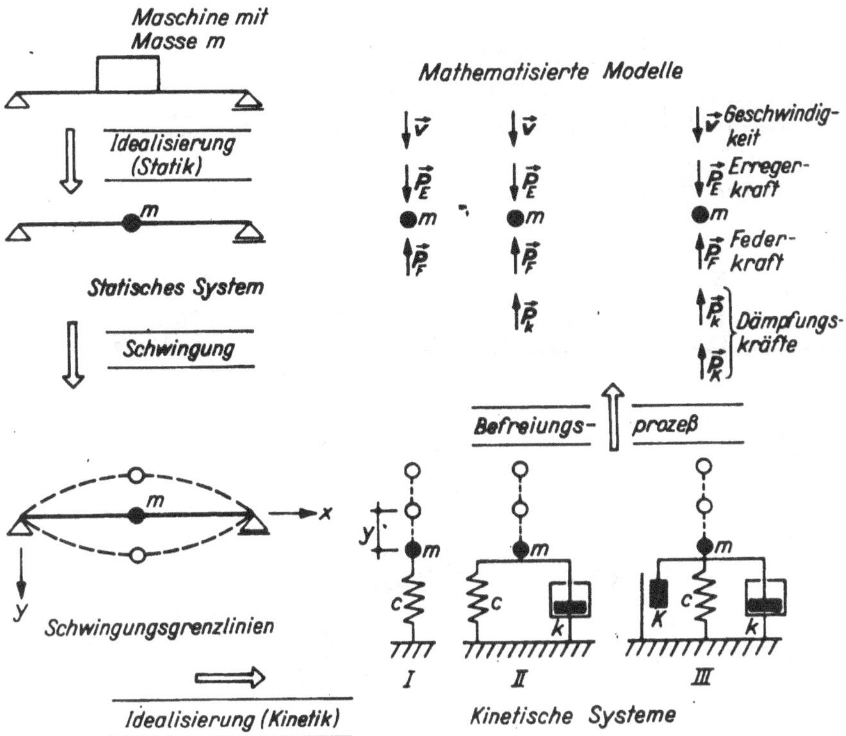

Bild 2.12. Kinetische Systeme

lagerung) gedämpft, so kann man die Dämpfungskraft durch einen Dämpfungszylinder (geschwindigkeitsproportionale Dämpfung $\boldsymbol{P}_k = -k\,\boldsymbol{v}$) und gegebenenfalls durch eine Reibefläche $\left(\text{konstante Dämpfung } \boldsymbol{P}_K = -K\,\frac{\boldsymbol{v}}{|\boldsymbol{v}|}\right)$ simulieren. In diesem Fall entstehen die kinetischen Systeme II und III von Bild 2.12. Die durch den Befreiungsprozeß sichtbar gemachten Kräfte $\boldsymbol{P}_E(t)$, $\boldsymbol{P}_F$, $\boldsymbol{P}_k$ und $\boldsymbol{P}_K$ greifen jeweils am Massenpunkt an.

2.3.3.3. Idealisierung der Belastung

Die Belastung eines Tragwerkes ändert sich mit der Zeit hinsichtlich der Lastintensität, der Lastverteilung und gegebenenfalls der Lastrichtung. Da nun das Tragwerk (Brücke, Fernsehturm usw.) alle möglichen Lastkombinationen sicher aufnehmen muß, wurden zur Erfassung der realen Belastung idealisierte Lastannahmen geschaffen und in den einschlägigen Bestimmungen[1])

[1]) Bezüglich der Lastannahmen vgl. z. B. TGL-Handbücher für das Bauwesen, Standards und Vorschriften für Berechnung und Konstruktion — Lastannahmen, Verlag für Bauwesen, Berlin.

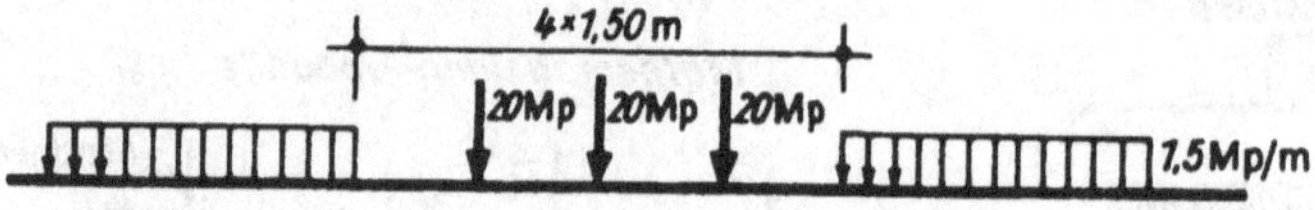

Lastenzug für die 3 m breite Hauptspur der Straßenbrücken-Klasse 60 (TGL 0-1072)

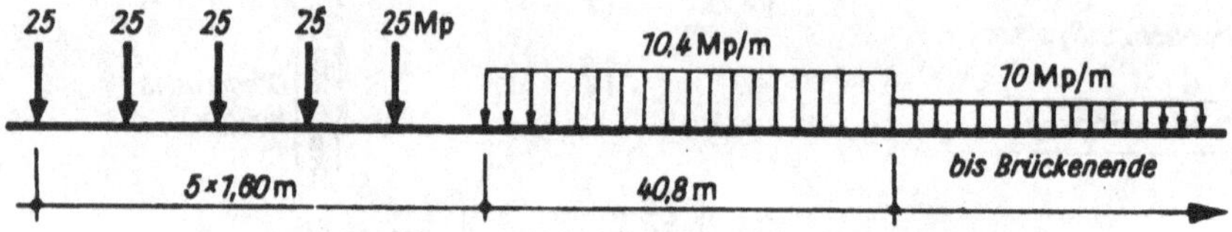

Verkehrslast je Gleis des Lastenzuges S_{10} (BE-DV 804)

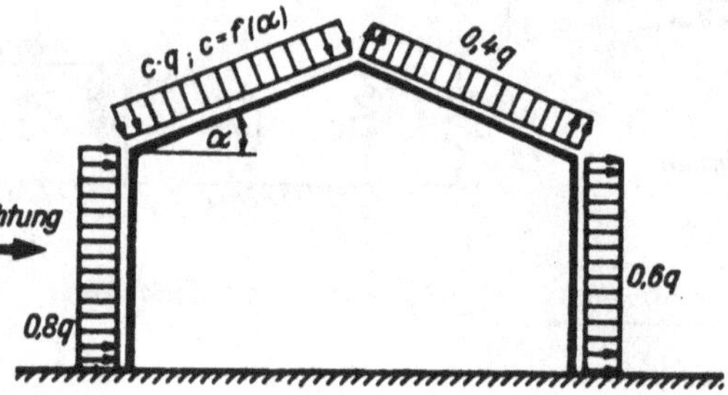

Windlast auf Gebäude nach TGL 20167 Blatt 1

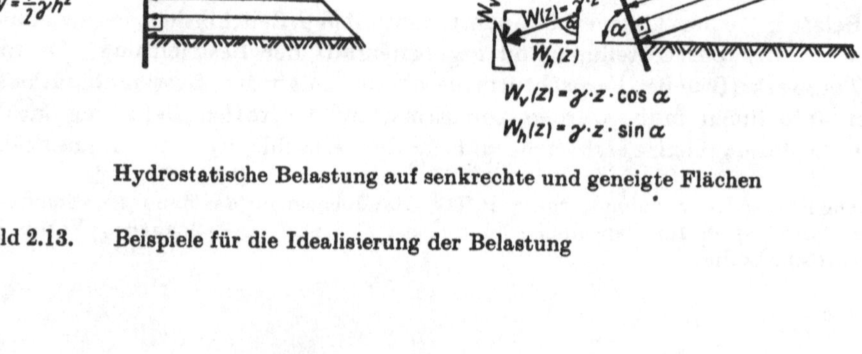

Hydrostatische Belastung auf senkrechte und geneigte Flächen

Bild 2.13. Beispiele für die Idealisierung der Belastung

festgelegt (Bild 2.13). So stützen sich die Berechnungen der Brückentragwerke auf idealisierte Fahrzeuge und Lastenzüge und berücksichtigen ein eventuelles Menschengedränge in Form einer gleichmäßig verteilten Flächenlast mit 300 kp/m². Zahlreiche Windmessungen führten zu Windbelastungsannahmen, die abhängig von der Form der Gebäude und deren Höhe sind; bei Türmen werden beispielsweise alle Windbeanspruchungen durch eine stückweise konstante Flächenlast ersetzt.

Die idealisierte, der Berechnung zugrunde gelegte Belastung stimmt also im Einzelfall mit der realen Belastung eines Tragwerkes nicht überein (vgl. Abschnitt 1.5.). Wenn aber der Ingenieur das mechanische Verhalten des Tragwerkes unter dem Einfluß der idealisierten Belastung kennt, ist er in der Lage, auf Grund der Abweichung der realen von der idealisierten Belastung die Tragfähigkeit des Tragwerkes auch für die reale Belastung abzuschätzen und — wie beispielsweise beim Transport extrem schwerer Lasten — Ausnahmebelastungen zuzulassen oder Sicherungsmaßnahmen einzuleiten.

2.3.4. Mathematisierungsaxiom und Mathematisierungsprozeß

Die Kraft als „selbständig vorgestellter Einfluß" auf das Bewegungsverhalten des Objektes hat einen Angriffspunkt, eine Richtung (Wirkungslinie), einen Richtungssinn und einen Betrag. Sie tritt — verteilt über das Volumen des Objektes — als Volumenkraftdichte[1]) (z. B. Wichte) oder —verteilt über dessen Oberfläche — als Flächenkraftdichte[2]) (Spannung, Pressung) in Erscheinung.

Ist das Objekt ein Massenpunktsystem, so hat jeder Massenpunkt in jedem Zeitpunkt eine bestimmte Lage und eine bestimmte Masse. Betrachtet man ein Zeitintervall, so läßt sich jedem Massenpunkt eine Geschwindigkeit, eine Beschleunigung sowie eine Wirkungsfähigkeit (die als Impuls bzw. als potentielle und kinetische Energie angeschrieben werden kann) zuordnen.

Als Kontinuum idealisiert, kommt dem Objekt ebenfalls eine Masse zu, die aber kontinuierlich über dessen Volumen verteilt ist und deshalb zunächst als (Massen-)Dichte in Erscheinung tritt. Neben dieser Massen-Dichte hat natürlich jeder Punkt des Kontinuums auch eine Geschwindigkeit sowie eine Beschleunigung und damit natürlich auch eine Dichte der Wirkungsfähigkeit (also eine Impulsdichte oder Energiedichte), und neben einer Translation oder Rotation kann das Kontinuum auch eine Deformation erfahren: die (Volumen-) Elemente des Kontinuums verformen sich, und diese Verformung verläuft in der Zeit, so daß wir auch (zeitveränderliche) Verformungsgeschwindigkeiten beobachten können.

Alle diese verbal beschreibbaren mechanischen Größen und Vorgänge müssen objektiviert (und schließlich quantifiziert) werden, wenn sie vergleichbar und

[1]) auch Volumenkraft
[2]) auch Flächenkraft

wissenschaftlich-technisch anwendbar werden sollen. Dies erreichen wir durch die mathematische Abbildung oder Mathematisierung, die durch das folgende Axiom zugelassen wird:

Eine mechanische Größe darf immer dann in eine mathematische Größe ab gebildet werden, wenn die mathematische Größe genau die Merkmale hat, durch die die mechanische Größe bestimmt ist.

Nach Festlegung einer Maßeinheit und Vereinbarung einer Meßvorschrift (die die Merkmale der zu messenden Objekte erfaßt — wie z. B. deren Additivität) lassen sich viele Größen durch nur eine einzige Zahl, die sog. „Maßzahl", eindeutig beschreiben. Neben der Zeit (Zifferblatt), der Temperatur (Thermometerskala), der Länge (Maßstab) oder dem Winkel (Gradeinteilung des Einheitskreises) kann auch die Masse (Waage) durch eine Zahl gekennzeichnet werden, die dann dem Massenpunkt oder dem Kontinuum zugeordnet wird. Größen, die auf diese Weise durch eine Zahl (einer Skala) beschrieben werden, nennen wir *Skalare*.

Die Kräfte haben dagegen außer ihrer Maßzahl, die ihren Betrag kennzeichnet, (und natürlich ihrer Maßeinheit) auch noch eine Richtung (Wirkungslinie) und einen Richtungssinn. Zu ihrer eindeutigen Beschreibung brauchen wir also neben dem Punkt, in dem die Kraft angreift, also neben den Punktkoordinaten genau drei Angaben. Derartige Größen lassen sich in einen *Vektor* abbilden. Man wählt als Angaben häufig die drei Koordinaten des Vektors bezüglich einer Basis, die orthogonal ($\boldsymbol{e}_1, \boldsymbol{e}_2, \boldsymbol{e}_3$) oder schiefwinklig ($\boldsymbol{e}_1^*, \boldsymbol{e}_2^*, \boldsymbol{e}_3^*$) sein kann. Der gleiche Vektor läßt sich dann in der

orthogonalen Basis und schiefwinkligen Basis

$$\boldsymbol{b} \underset{\boldsymbol{e}_1, \boldsymbol{e}_2, \boldsymbol{e}_3}{=} \begin{pmatrix} b_1 \\ b_2 \\ b_3 \end{pmatrix} \qquad \boldsymbol{b} \underset{\boldsymbol{e}_1^*, \boldsymbol{e}_2^*, \boldsymbol{e}_3^*}{=} \begin{pmatrix} b_1^* \\ b_2^* \\ b_3^* \end{pmatrix}$$

angeben. Hierbei ist im allgemeinen $b_i \neq b_i^*$ $(i = 1, 2, 3)$. Analoge Überlegungen gelten für alle gerichteten mechanischen Größen wie Geschwindigkeiten, Beschleunigungen, Impulse, Impulsableitungen usw. Multiplizieren wir diese Vektoren vektoriell mit einem Ortsvektor, so entstehen wiederum Vektoren, die Momente repräsentieren. Mit $\boldsymbol{r} \times \boldsymbol{P} = \boldsymbol{M}_P$ erhält man das Moment $\boldsymbol{M}_P$ einer Kraft $\boldsymbol{P}$, während das Moment $\boldsymbol{M}_\omega$ einer Winkelgeschwindigkeit $\boldsymbol{\omega}$ die Bahngeschwindigkeit $\boldsymbol{v}$ ist, also $\boldsymbol{\omega} \times \boldsymbol{r} = \boldsymbol{M}_\omega = \boldsymbol{v}$ ergibt.

Wollen wir schließlich den Verformungszustand in einem Punkt Q eines Körpers bestimmen, so können wir z. B. einen infinitesimalen Quader im Kontinuum betrachten und dessen Kanten (die vor der Formänderung parallel zu den orthogonalen Koordinatenachsen mit den Basisvektoren $\boldsymbol{e}_1, \boldsymbol{e}_2, \boldsymbol{e}_3$ verlaufen und sich in Q schneiden sollen) vor und nach der Verformung vergleichen. Wir stellen zu diesem Zweck die drei ursprünglich orthogonalen Kanten als Vektoren dar ($\boldsymbol{a}_1, \boldsymbol{a}_2, \boldsymbol{a}_3$) und fassen diese als orthogonale Komponenten der Raumdiagonalen $\boldsymbol{a}$ des Quaders auf: $\boldsymbol{a} = \boldsymbol{a}_1 + \boldsymbol{a}_2 + \boldsymbol{a}_3$. Während der Deformation geht der Quader in ein Parallelepiped über. Die drei orthogonalen Kantenvektoren $\boldsymbol{a}_1$, $\boldsymbol{a}_2$ und $\boldsymbol{a}_3$ verändern damit ihre Richtung und ihre Länge und werden zu schiefwinkligen Komponenten $\boldsymbol{b}_1^*$, $\boldsymbol{b}_2^*$, $\boldsymbol{b}_3^*$ des Raumdiagonalenvektors $\boldsymbol{b}$ des Parallelepipeds. Dieser Raumdiagonalenvektor des Parallelepipeds kann nun — wie jeder Vektor — in verschiedenen Koordinatensystemen, also bezüglich beliebiger Basen, dargestellt werden, so z. B. in der schiefwinkligen Basis $\boldsymbol{e}_1^*, \boldsymbol{e}_2^*, \boldsymbol{e}_3^*$ (in die die ursprünglich orthogonale Basis $\boldsymbol{e}_1, \boldsymbol{e}_2, \boldsymbol{e}_3$ infolge der Formänderung übergegangen ist), und zwar als vektorielle Summe der schiefwinkligen Komponenten

$$\boldsymbol{b} = \boldsymbol{b}_1^* + \boldsymbol{b}_2^* + \boldsymbol{b}_3^* = b_1^* \cdot \boldsymbol{e}_1^* + b_2^* \cdot \boldsymbol{e}_2^* + b_3^* \cdot \boldsymbol{e}_3^* \underset{\boldsymbol{e}_1^*,\, \boldsymbol{e}_2^*,\, \boldsymbol{e}_3^*}{=} \begin{pmatrix} b_1^* \\ b_2^* \\ b_3^* \end{pmatrix}.$$

Natürlich läßt sich dieser Raumdiagonalenvektor des Parallelepipeds auch im orthogonalen Koordinatensystem mit der Basis $\boldsymbol{e}_1, \boldsymbol{e}_2, \boldsymbol{e}_3$ ausdrücken. Die orthogonalen Koordinaten ergeben sich durch Projektion dieses Vektors auf die

Tafel 2.1. **Beschreibung der Verformung**

$$\boldsymbol{a} = \boldsymbol{a}_1 + \boldsymbol{a}_2 + \boldsymbol{a}_3 = a_1\,\boldsymbol{e}_1 + a_2\,\boldsymbol{e}_2 + a_3\,\boldsymbol{e}_3 = \begin{pmatrix} a_1 \\ a_2 \\ a_3 \end{pmatrix}$$

Deformation

$$\boldsymbol{b}_3^* = a_3\,\beta_{31}\,\boldsymbol{e}_1 + a_3\,\beta_{32}\,\boldsymbol{e}_2 + a_3\,\beta_{33}\,\boldsymbol{e}_3 = a_3 \begin{pmatrix} \beta_{31} \\ \beta_{32} \\ \beta_{33} \end{pmatrix}$$

$$\boldsymbol{b}_2^* = a_2\,\beta_{21}\,\boldsymbol{e}_1 + a_2\,\beta_{22}\,\boldsymbol{e}_2 + a_2\,\beta_{23}\,\boldsymbol{e}_3 = a_2 \begin{pmatrix} \beta_{21} \\ \beta_{22} \\ \beta_{23} \end{pmatrix}$$

$$\boldsymbol{b}_1^* = a_1\,\beta_{11}\,\boldsymbol{e}_1 + a_1\,\beta_{12}\,\boldsymbol{e}_2 + a_1\,\beta_{13}\,\boldsymbol{e}_3 = a_1 \begin{pmatrix} \beta_{11} \\ \beta_{12} \\ \beta_{13} \end{pmatrix}$$

$$\boldsymbol{b} = \boldsymbol{b}_1^* + \boldsymbol{b}_2^* + \boldsymbol{b}_3^* = a_1 \begin{pmatrix} \beta_{11} \\ \beta_{12} \\ \beta_{13} \end{pmatrix} + a_2 \begin{pmatrix} \beta_{21} \\ \beta_{22} \\ \beta_{23} \end{pmatrix} + a_3 \begin{pmatrix} \beta_{31} \\ \beta_{32} \\ \beta_{33} \end{pmatrix}$$

$$\boldsymbol{b} = \boldsymbol{b}_1 + \boldsymbol{b}_2 + \boldsymbol{b}_3 = \underbrace{\begin{pmatrix} b_1 \\ b_2 \\ b_3 \end{pmatrix}}_{\to\, = \boldsymbol{b}} = \underbrace{\begin{pmatrix} \beta_{11} & \beta_{21} & \beta_{31} \\ \beta_{12} & \beta_{22} & \beta_{32} \\ \beta_{13} & \beta_{23} & \beta_{33} \end{pmatrix}}_{\to\, =: \mathbf{B}} \underbrace{\begin{pmatrix} a_1 \\ a_2 \\ a_3 \end{pmatrix}}_{\to\, = \boldsymbol{a}}$$

symbolisch: $\boldsymbol{b} = \mathbf{B} \cdot \boldsymbol{a}$

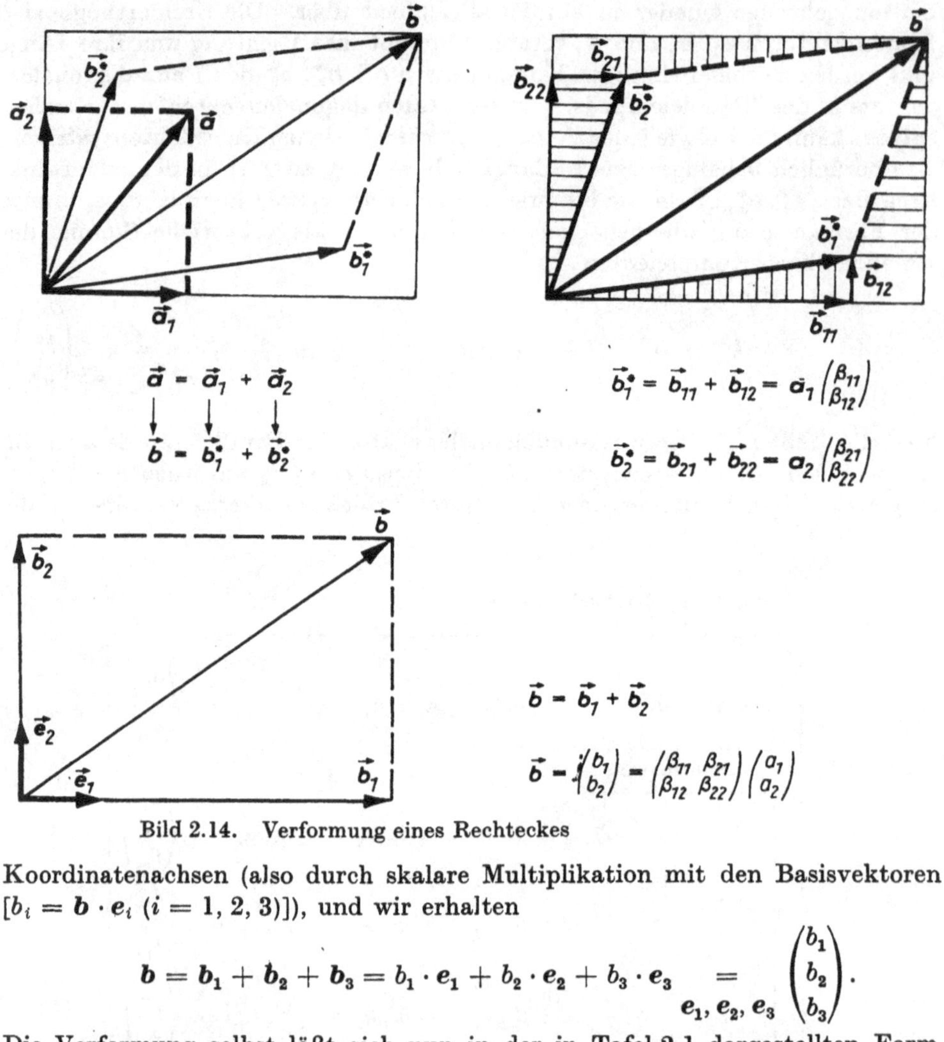

Bild 2.14. Verformung eines Rechteckes

Koordinatenachsen (also durch skalare Multiplikation mit den Basisvektoren $[b_i = \boldsymbol{b} \cdot \boldsymbol{e}_i \ (i = 1, 2, 3)]$), und wir erhalten

$$\boldsymbol{b} = \boldsymbol{b}_1 + \boldsymbol{b}_2 + \boldsymbol{b}_3 = b_1 \cdot \boldsymbol{e}_1 + b_2 \cdot \boldsymbol{e}_2 + b_3 \cdot \boldsymbol{e}_3 \underset{\boldsymbol{e}_1, \boldsymbol{e}_2, \boldsymbol{e}_3}{=} \begin{pmatrix} b_1 \\ b_2 \\ b_3 \end{pmatrix}.$$

Die Verformung selbst läßt sich nun in der in Tafel 2.1 dargestellten Form beschreiben. Für $a_3 = 0$ und $b_3 = 0$ ergibt sich der ebene Fall (Bild 2.14). Wird die schiefwinklige Komponente $\boldsymbol{b}_i^*$ im orthogonalen Koordinatensystem angegeben, so ergibt sie sich als Linearkombination der Basisvektoren zu

$$\boldsymbol{b}_i^* = \tilde{\beta}_{i1}\, \boldsymbol{e}_1 + \tilde{\beta}_{i2}\, \boldsymbol{e}_2 + \tilde{\beta}_{i3}\, \boldsymbol{e}_3$$

oder mit $\tilde{\beta}_{ik} = a_i \cdot \beta_{ik}$ auch zu

$$\boldsymbol{b}_i^* = a_i\, (\beta_{i1}\, \boldsymbol{e}_1 + \beta_{i2}\, \boldsymbol{e}_2 + \beta_{i3}\, \boldsymbol{e}_3)\,.$$

Das mathematische Gebilde $\mathbf{B}$ mit den neun Zahlen β_{ik} $(i = 1, 2, 3 \mid k = 1, 2, 3)$ heißt *Dyade*. Es hat, ebenso wie der Vektor, gegenüber Koordinatentransformationen gewisse Invarianzeigenschaften, die technisch bedeutungsvoll sind. Wir erkennen aus diesen Überlegungen, daß zur Beschreibung des Formänderungszustandes des Kontinuums in einem Punkt (da die Koordinaten a_i beliebig gewählt werden können, läßt sich die Verdrehung und Dehnung jedes durch Q gehenden Geradenabschnittes beschreiben) genau neun Zahlenangaben (neben den Punktkoordinaten und der Maßeinheit) erforderlich sind, die in diesem speziellen Falle die Verformungsdyade bilden. Neben der den Formänderungszustand beschreibenden Dyade sind vor allem die Spannungsdyade, die Flächenträgheitsdyade und die Massenträgheitsdyade für die praktische Anwendung bedeutungsvoll.

Da nun Skalare, Vektoren und Dyaden als Bilder mechanischer Größen gemeinsame Merkmale (Additivität, Homogenität: Linearität) besitzen, hat man ihnen den gemeinsamen Namen *Tensoren* gegeben. Genauer nennt man die Skalare: *Tensoren 0. Stufe*, die Vektoren: *Tensoren 1. Stufe* und die Dyaden: *Tensoren 2. Stufe*. Bezeichnen wir nun die gleichzeitig vorgestellte Gesamtheit mehrerer gleichartiger Größen dann, wenn sie diskret verteilt sind, als *System* und dann, wenn sie kontinuierlich verteilt sind, als *Feld*, so repräsentieren sich sowohl das Objekt als auch die Belegung nach ihrer Mathematisierung als eine aus Systemen und Feldern bestehende *Tensormenge*.

2.4. Die Modellumformung

Das mathematisierte Modell besteht aus zwei Teilen: dem mathematisierten Objekt und der mathematisierten Belegung. Beide treten uns als eine Menge von Feldern und Systemen entgegen, deren Elemente Tensoren sind.

Das mathematisierte *Kontinuum* kann aus Skalarfeldern (Massen-Dichtefeld, Temperaturfeld), aus Vektorfeldern (infinitesimales Verschiebungsfeld, Geschwindigkeits-, Beschleunigungs-, Impulsdichtefeld) und aus Tensorfeldern bestehen, während das mathematisierte *Massenpunktsystem* aus Skalar- und Vektorsystemen und die mathematisierte *Belegung* aus Vektorfeldern (Wichtefeld, Spannungsfeld, Oberflächenpressung) zusammengesetzt ist.

2.4.1. Modifizierungsaxiom und Modifizierungsprozeß

Die Vielzahl dieser mathematischen Größen drängt verständlicherweise nach einer Zusammenfassung, nach einer gleichwertigen Darstellung durch weniger und übersichtlicher angeordnete Größen, nach einer Umformung des mathematisierten Modells. Natürlich darf durch diese Umformung (auf Grund der Gültigkeit des Fundamentalpostulates) das mechanische Verhalten des Objektes in dieser Beschreibung nicht verfälscht werden. Es sind also (in diesem Rahmen) nur solche Operationen (wie Addition, Multiplikation mit einer Zahl usw.) zugelassen, die im Sinne der Mechanik interpretiert werden können und die (oder deren Resultate) einer experimentellen Prüfung zugänglich sind.

Soll beispielsweise die Schwerpunktbeschleunigung $\boldsymbol{b}_s$ des in Bild 2.15 dargestellten, unter der Einwirkung der Kräfte $\boldsymbol{P}_{a1}$ und $\boldsymbol{P}_{a2}$ stehenden Kontinuums K mit der Dichte $\mu(\boldsymbol{r})$ begründet werden, so ist dies offenbar nur möglich, wenn das vorliegende mathematisierte Modell — ohne Verfälschung seines mechanischen Verhaltens — so umgeformt werden darf, daß eine kausale Beziehung zwischen Wirkung (Schwerpunktbeschleunigung) und Ursache (Kräftebelegung) angegeben werden kann. In Bild 2.15 wird man die Masse m des Kontinuums durch Integration der Dichte μ über dessen Volumen V ermitteln und dem Schwerpunkt s zuordnen, die Kräfte $\boldsymbol{P}_{a1}$ und $\boldsymbol{P}_{a2}$ zur Resultierenden $\boldsymbol{R}_a$ zusammenfassen, diese in den Schwerpunkt verschieben ($\boldsymbol{R}_a \to \boldsymbol{R}_s$, da in unserem Beispiel s auf der Wirkungslinie von $\boldsymbol{R}_a$ liegt) und daraufhin das NEWTONsche Prinzip

$$\boldsymbol{R}_s = m_s \cdot \boldsymbol{b}_s$$

anschreiben. Das Beispiel soll vor Augen führen, daß vor der Anwendung eines Prinzips das mathematisierte Modell im allgemeinen noch in geeigneter Weise umgeformt werden muß.

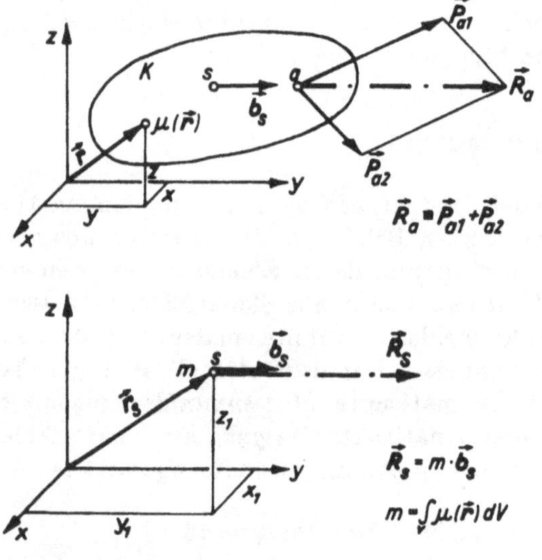

Bild 2.15. Zur Modellumformung

Neben der Umformung ist es aber auch häufig sinnvoll oder gar notwendig, gewisse kleine Einflüsse aus dem Modell herauszunehmen oder — wie wir auch sagen — zu vernachlässigen, wenn diese kleinen Größen das Ergebnis nicht (wesentlich) beeinflussen, ihre weitere Berücksichtigung aber zu einer umfangreicheren, unübersichtlicheren und manchmal mit den zur Verfügung stehenden Mitteln numerisch gar nicht zu bewältigenden Theorie führen würde.

Diese Umformungen und Vernachlässigungen fassen wir zusammen unter dem Begriff der „*Modifizierung*", die durch das folgende Modifizierungsaxiom zugelassen wird:

Die Modifizierung eines mathematisierten Modells ist immer dann zulässig, wenn die damit einhergehende Modellumbildung das zu untersuchende mechanische Verhalten desselben nicht oder nur innerhalb zulässiger Grenzen verfälscht.

Der Umbildungsvorgang wird „*Modifizierungsprozeß*“, das entstehende Modell „*modifiziertes Modell*“ genannt. Da die häufigsten Modifizierungen äquivalente Umformungen sind, wird das modifizierte Modell dann, wenn es ausschließlich durch äquivalente Umformungen entstanden ist, häufig auch als „äquivalentes Modell“ bezeichnet.

Das nach dem Mathematisierungsprozeß vorliegende mathematisierte Modell besteht aus Systemen und Feldern von Tensoren. Es muß also zunächst nach zulässigen Umformungen dieser Tensormengen gesucht werden. (Die Vernachlässigungen werden später jeweils bei den speziellen Problemen erörtert.)

2.4.2. Die Umformung von Skalarmengen

Die Skalare sind durch Maßeinheit und Maßzahl eindeutig bestimmt. Skalare der gleichen Art (z. B. Massen) unterscheiden sich demnach nur durch die Maßzahlen, also durch reelle Zahlen. Für die Umformung der Maßzahlen sind demnach die für die reellen Zahlen in der Algebra erklärten Verknüpfungen zulässig (aber nicht in jedem Fall sinnvoll).

Besteht das Objekt beispielsweise aus fünf Massenpunkten mit den Massen m_i ($i = 1, \ldots, 5$), so ist es in vielen Fällen erforderlich, die Gesamtmasse m durch Addition der fünf Maßzahlen zu ermitteln:

$$m = m_1 + m_2 + m_3 + m_4 + m_5 \,.$$

Eine Multiplikation (z. B. $m_1\, m_2\, m_5$) oder die Division (z. B. $m_1 : m_4$) einiger Maßzahlen wird aber, obwohl sie mathematisch zulässig ist, häufig keinen mechanischen Sinn haben.

2.4.3. Die Umformung von Vektormengen

Die Vektoren werden durch Betrag (Maßeinheit und Maßzahl), Richtung und Richtungssinn eindeutig bestimmt. Für die Verknüpfung derartiger Vektoren untereinander und mit Skalaren (bzw. Zahlen) haben Hamilton[1]) und Grassmann[2]) die auf der geometrischen Anschauung und physikalischen Erfahrung aufbauende Vektoralgebra geschaffen.

Die Vektoraddition fußt auf den Axiomen von Stevin und Galilei und wird zur Überlagerung von Kräften, Verschiebungen usw. benutzt; das skalare Produkt zweier Vektoren dient z. B. zur Berechnung der Arbeit einer Kraft

[1]) Sir William Roman Hamilton (1805–1865), „Lectures on Quaternions“, Abhandlungen 1853.

[2]) Hermann Grassmann (1809–1877), „Ausdehnungslehre“, Leipzig 1844.

längs eines Weges, der Projektion einer Strecke auf eine mit ihr in einer Ebene liegende Richtung oder des Winkels zwischen zwei sich schneidenden Geraden. Das vektorielle Produkt benutzen wir zur Flächenberechnung und zur Beschreibung infinitesimaler Drehbewegungen, das Spatprodukt schließlich zur Ermittlung des Volumens eines Parallelepipeds.

Die Vektoren dieser Vektoralgebra sind jedoch freie, d. h. nicht an einen bestimmten Punkt des Raumes gebundene Vektoren, während die Vektoren in der Mechanik als mathematische Bilder gerichteter Größen im allgemeinen einem bestimmten Punkt (die Kraft z. B. ihrem Angriffspunkt) zugeordnet sind. Vor der Benutzung der in der HAMILTON-GRASSMANNschen Vektoralgebra erklärten Verknüpfungen muß deshalb überprüft werden, ob deren Anwendung zur Lösung mechanischer Probleme zulässig ist.

2.4.3.1. Das STEVINsche Axiom

Wenn ein Körper mit dem Gewicht $\boldsymbol{G}$ schweben (sich im Gleichgewicht befinden) soll, dann wird man z. B. über einen Faden eine dem Gewicht entgegengesetzt wirkende, aber seinem Betrag nach gleiche Kraft $\boldsymbol{F}$ anbringen müssen. Die Erfahrung lehrt nun, daß man den Körper z. B. auch mittels zweier Fadenkräfte schweben lassen kann, wobei allerdings die Beträge der Fadenkräfte $\boldsymbol{F}_1$ und $\boldsymbol{F}_2$ (die sich mit der Federwaage prüfen lassen) je nach der Neigung der Fäden größer, gleich oder auch kleiner sein werden als $|\boldsymbol{G}|$ (Bild 2.16).

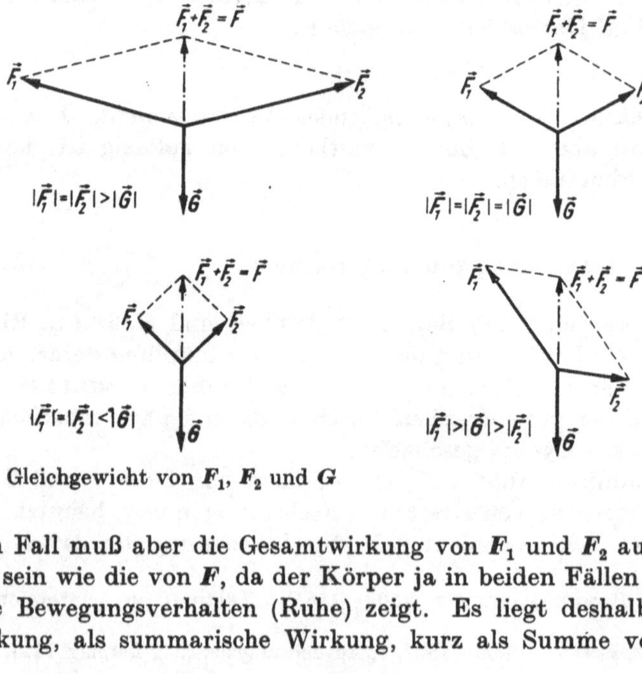

Bild 2.16. Gleichgewicht von $\boldsymbol{F}_1$, $\boldsymbol{F}_2$ und $\boldsymbol{G}$

In jedem Fall muß aber die Gesamtwirkung von $\boldsymbol{F}_1$ und $\boldsymbol{F}_2$ auf den Körper die gleiche sein wie die von $\boldsymbol{F}$, da der Körper ja in beiden Fällen schwebt, also das gleiche Bewegungsverhalten (Ruhe) zeigt. Es liegt deshalb nahe, $\boldsymbol{F}$ als Gesamtwirkung, als summarische Wirkung, kurz als Summe von $\boldsymbol{F}_1$ und $\boldsymbol{F}_2$

aufzufassen,

$$\boldsymbol{F} = \boldsymbol{F}_1 + \boldsymbol{F}_2 ,$$

und die Addition geometrisch so vorzunehmen, daß die experimentellen Messungen von $\boldsymbol{F}$, $\boldsymbol{F}_1$ und $\boldsymbol{F}_2$ in jedem Fall bestätigt werden. Dies ist genau dann der Fall, wenn $\boldsymbol{F}_1$ und $\boldsymbol{F}_2$ die Seiten eines Parallelogrammes bilden und der Summenvektor $\boldsymbol{F} = \boldsymbol{F}_1 + \boldsymbol{F}_2$ gleich der Diagonalen des von den beiden Vektoren $\boldsymbol{F}_1$ und $\boldsymbol{F}_2$ aufgespannten Parallelogrammes ist (*Parallelogrammgesetz*). Diese Eigenschaft der Kräfte wurde bereits von SIMON STEVIN erkannt, bei der Untersuchung von schiefen Ebenen und Seilzügen benutzt und (für die Zerlegung einer Kraft nach zwei aufeinander senkrecht stehenden Richtungen) in seinem berühmten Buch „Hyponmemata mathematica" (Leiden 1608) der Fachwelt mitgeteilt. Dieses STEVINsche Axiom gilt, wie sich experimentell (z. B. durch die Ablenkung einer in einer Flüssigkeit sinkenden Eisenkugel durch einen seitlich angebrachten Magneten) zeigen läßt, auch für bewegte Körper und sagt aus:

Zwei Kräfte dürfen immer dann nach dem Parallelogrammgesetz zusammengefaßt werden, wenn sie gleichzeitig am gleichen Punkt angreifen,

und zwar deshalb, weil die Summe der mechanischen Wirkungen der Einzelkräfte (also z. B. die Verschiebungen, Durchbiegungen oder Beschleunigungen des gemeinsamen Angriffspunktes) in allen bekannten Fällen gleich der Wirkung der nach diesem Gesetz ermittelten resultierenden Kraft ist. Umgekehrt darf ganz analog eine Kraft $\boldsymbol{F}$ nach zwei Richtungen zerlegt werden ($\boldsymbol{F} \Rightarrow \boldsymbol{F}_1, \boldsymbol{F}_2$).

2.4.3.2. Das GALILEIsche Axiom

GALILEO GALILEI beobachtete die gleichförmige Verschiebung eines Körpers K von A nach C auf einem Wagen W, der sich gleichzeitig ebenfalls gleichförmig bewegte, bis A über B' zu liegen kam (Bild 2.17). Nach abgelaufener Bewegung kam K nicht – wie bei ruhendem W – über C' zu stehen, sondern über D'. Die geradlinige, auf die unverschiebliche Unterlage projizierte Bewegung $\overrightarrow{A'D'}$ des Körpers K ist also aus den zwei Teilbewegungen $\overrightarrow{A'B'}$ und $\overrightarrow{A'C'}$ zusammengesetzt, und man kann schreiben

$$\overrightarrow{A'B'} + \overrightarrow{A'C'} \doteq \overrightarrow{A'D'} .$$

GALILEI fand also auf experimentellem Wege das nachfolgende Axiom:

Zwei Verschiebungen (und deren Ableitungen nach der Zeit) dürfen immer dann nach dem Parallelogrammgesetz zusammengefaßt werden, wenn sie gleichzeitig der gleiche Punkt erfährt.

Erfährt der Körper K diese Verschiebung $\boldsymbol{x}$ und $\boldsymbol{y}$ – wie im Beispiel – gleichzeitig, so legt er den Weg $\boldsymbol{s} = \boldsymbol{x} + \boldsymbol{y} = \overrightarrow{A'D'}$ von der Länge

$$s = \sqrt{|\boldsymbol{x}|^2 + |\boldsymbol{y}|^2}$$

zurück. Erfährt er sie jedoch zeitlich nacheinander ($A' \to B' \to D'$), so hat der von ihm zurückgelegte Weg die Länge

$$s = |\boldsymbol{x}| + |\boldsymbol{y}| = |\overrightarrow{A'B'}| + |\overrightarrow{B'D'}| .$$

Das *zeitliche Nacheinander* der Teilbewegungen erfordert also bei der Berechnung der Weglänge die Addition der Weglängen im Sinn der Zahlenrechnung, deren Gleichzeitigkeit dagegen die vektorielle Addition der Verschiebungsvektoren und Berechnung der Länge der Resultierenden.

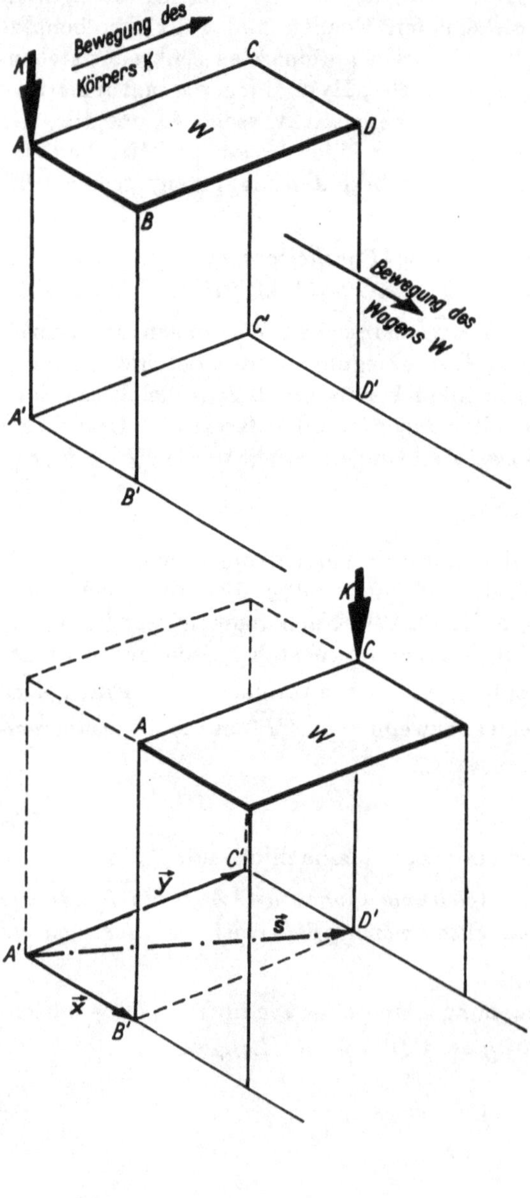

Bild 2.17.
Zusammensetzung zweier gleichzeitig erfolgender Bewegungen

Ebenso wie die Verschiebung darf man auch die Geschwindigkeit und die Beschleunigung vektoriell zerlegen. Aber auch der Impuls $m\,\boldsymbol{v}$ eines Massenpunktes und dessen Ableitung

$$\frac{\mathrm{d}}{\mathrm{d}t}(m\,\boldsymbol{v}) = m\,\boldsymbol{b}$$

können im Raum durch drei und in der Ebene durch zwei Komponenten ersetzt werden.

2.4.3.3. Superpositionsaxiom und Superpositionsprozeß

Das GALILEIsche Axiom wird oft auch *Axiom von der Unabhängigkeit zweier gleichzeitiger Bewegungen eines Punktes* genannt. Ebenso darf das STEVINsche Axiom als *Axiom von der Unabhängigkeit der Wirkungen mehrerer gleichzeitig am gleichen Punkt angreifender Kräfte* bezeichnet werden. Denn aus der Tatsache, daß beispielsweise die Kraft $\boldsymbol{F}_1$ ($\boldsymbol{F}_2$) dann, wenn sie am Massenpunkt m allein angreift, diesem die Beschleunigung $\boldsymbol{b}_1$ ($\boldsymbol{b}_2$) erteilt, folgt noch nicht notwendig, daß sie dies auch in Gegenwart anderer Kräfte tut. Für den Massenpunkt m folgt demnach aus

$$\{\boldsymbol{F}_1, \boldsymbol{F}_2 = 0\} \to \boldsymbol{b}_1\,, \quad \text{also} \quad \boldsymbol{F}_1 = m\,\boldsymbol{b}_1\,,$$

und

$$\{\boldsymbol{F}_1 = 0, \boldsymbol{F}_2\} \to \boldsymbol{b}_2\,, \quad \text{also} \quad \boldsymbol{F}_2 = m\,\boldsymbol{b}_2\,,$$

erst dann

$$\begin{array}{ccc} \underbrace{\{\boldsymbol{F}_1, \boldsymbol{F}_2\}} & \to & \underbrace{\{\boldsymbol{b}_1, \boldsymbol{b}_2\}} \\ \downarrow & & \downarrow \\ \boldsymbol{F}_1 + \boldsymbol{F}_2 = \boldsymbol{R} & \to & \boldsymbol{b} = \boldsymbol{b}_1 + \boldsymbol{b}_2\,, \end{array}$$

also

$$\boldsymbol{F}_1 + \boldsymbol{F}_2 = \boldsymbol{R} = m\,\boldsymbol{b} = m\,\boldsymbol{b}_1 + m\,\boldsymbol{b}_2\,,$$

wenn die Wirkung $m\,\boldsymbol{b}_i$ der Kraft $\boldsymbol{F}_i$ unabhängig von der Existenz anderer Kräfte eintritt.

Auf Grund dieser Unabhängigkeit ist die Wirkung W einer Summe von Vektoren $\boldsymbol{V}$ gleich der Summe der Wirkungen der einzelnen Vektoren und die Wirkung eines λ-fachen Vektors gleich der λ-fachen Wirkung des Vektors selbst, also

$$\begin{aligned} W(\boldsymbol{V}_1 + \boldsymbol{V}_2 + \cdots + \boldsymbol{V}_n) &= W(\boldsymbol{V}_1) + W(\boldsymbol{V}_2) + \cdots + W(\boldsymbol{V}_n)\,, \\ W(\lambda\,\boldsymbol{V}) &= \lambda\,W(\boldsymbol{V})\,. \end{aligned}$$

Das STEVINsche Axiom bezieht sich auf Kräfte, das GALILEIsche dagegen auf Verschiebungen, Geschwindigkeiten und Beschleunigungen. In beiden Axiomen werden gleiche Aussagen über die Unabhängigkeit und über die Zusammensetzung bzw. Zerlegung der als Vektoren darstellbaren mechanischen Größen (Kraft, Verschiebung usw.) mit Hilfe des Parallelogrammgesetzes gemacht. Diese Aussagen lassen sich in einem Axiom zusammenfassen. Wenn wir künftig

1. die Zusammensetzung gleichartiger gleichzeitig dem gleichen Punkt zugeordneter Vektoren nach dem Parallelogrammgesetz,
2. die Zerlegung eines einem Punkt zugeordneten Vektors in zwei Komponenten nach dem Parallelogrammgesetz,
3. die zulässigen Überlagerungen aufgrund der vorausgesetzten Unabhängigkeit der Vektoren,

kurz als *Superposition* und den Vorgang selbst als *Superpositionsprozeß* bezeichnen, können wir dieses neue Axiom *Superpositionsaxiom* nennen und wie folgt formulieren:

Gleichartige als Vektoren darstellbare mechanische Größen dürfen immer dann superponiert werden, wenn sie gleichzeitig dem gleichen Punkt zugeordnet sind.

Wenn aber $\boldsymbol{V}$ die Wirkung $W(\boldsymbol{V})$ bedingt ($\boldsymbol{V} \to W(\boldsymbol{V})$ ①) und $\{\boldsymbol{V}_1, \boldsymbol{V}_2\}$ die Wirkung $W(\boldsymbol{V}_1, \boldsymbol{V}_2)$ verursacht ($\{\boldsymbol{V}_1, \boldsymbol{V}_2\} \to W(\boldsymbol{V}_1, \boldsymbol{V}_2)$ ②)[1]) und ferner die beiden Wirkungen identisch sind ($W(\boldsymbol{V}) \equiv W(\boldsymbol{V}_1, \boldsymbol{V}_2)$ ③), so daß die Wirkungen und damit die diese bedingenden Ursachen ($\boldsymbol{V}$; $\{\boldsymbol{V}_1, \boldsymbol{V}_2\}$) — ohne das Fundamentalpostulat zu verletzen — ausgetauscht werden dürfen, so heißen diese Ursachen ($\boldsymbol{V}$; $\{\boldsymbol{V}_1, \boldsymbol{V}_2\}$) gleichwertig oder — um diese Gleichwertigkeit besonders zu kennzeichnen — äquivalent ($\boldsymbol{V} \Leftrightarrow \{\boldsymbol{V}_1, \boldsymbol{V}_2\}$ ④). Man schreibt symbolisch:

$$\begin{array}{ccc} & ④ & \\ \boldsymbol{V} & \Leftrightarrow & \{\boldsymbol{V}_1, \boldsymbol{V}_2\} \\ ①\downarrow & & \downarrow ② \\ W(\boldsymbol{V}) & \equiv & W(\boldsymbol{V}_1, \boldsymbol{V}_2) \\ & ③ & \end{array}$$

Man kann also äquivalente Kräftesysteme (Bild 2.16)

$$\boldsymbol{F} \Leftrightarrow \{\boldsymbol{V}_1, \boldsymbol{V}_2\}$$

und äquivalente Bewegungen (Bild 2.17)

$$\boldsymbol{s} \Leftrightarrow \{\boldsymbol{x}, \boldsymbol{y}\}$$

unterscheiden.

2.4.3.4. Ergänzungsaxiom und Ergänzungsprozeß

Ist der Träger in Bild 2.1 starr, so darf er beispielsweise durch die Kräfte $\boldsymbol{P}_1$ und $\boldsymbol{P}_2$ oder auch $\boldsymbol{K}_1$ und $\boldsymbol{K}_2$ dann belastet werden, wenn diese jeweils gleiche Beträge ($|\boldsymbol{P}_1| = |\boldsymbol{P}_2|$, $|\boldsymbol{K}_1| = |\boldsymbol{K}_2|$), dieselbe Wirkungslinie und entgegengesetzten Richtungssinn haben, da ein Körper durch derartige Kräfte nicht bewegt, sondern ausschließlich gedehnt oder gestaucht werden kann, was bei einem

[1]) Wir wollen hier als „Wirkung" einer Kraft die durch die Kraft bedingte Beschleunigung, als „Wirkung" (Ergebnis) der Verschiebung eines Punktes die durch diese Verschiebung bedingte Endlage des Punktes usw. ansehen.

starren Körper aber definitionsgemäß unmöglich ist. Diese Paare $\{\boldsymbol{P}_1, \boldsymbol{P}_2\}$ und $\{\boldsymbol{K}_1, \boldsymbol{K}_2\}$ dürfen also bei der Untersuchung aus dem starren Modell entfernt oder — wenn es notwendig sein sollte — ohne Verfälschung des mechanischen Verhaltens hinzugefügt werden.

Diese Aussage läßt sich auch auf die kinematischen Größen (Verschiebung, Geschwindigkeit usw.) erweitern; denn es ist offensichtlich unmöglich, daß sich ein starrer Körper dann verschiebt, wenn zwei seiner Punkte L und R gleichzeitig eine Verschiebung gleichen Betrages in Richtung der Geraden $\overline{LR}$, aber mit entgegengesetztem Richtungssinn ausführen sollen (Bild 2.18). Diese Verschiebungen $\boldsymbol{s}_L$ und $\boldsymbol{s}_R$ heben sich (für $\boldsymbol{s}_L = -\boldsymbol{s}_R$) auf und können aus dem starren Modell entfernt oder auch hinzugefügt werden.

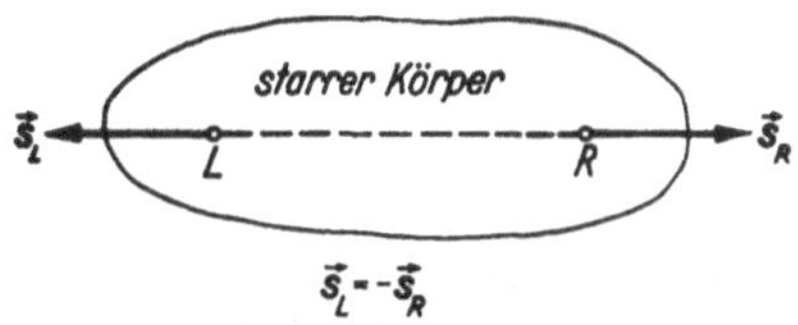

Bild 2.18. Ergänzungspaar, bestehend aus zwei Verschiebungsvektoren $\{\boldsymbol{s}_L, \boldsymbol{s}_R\} \Leftrightarrow \boldsymbol{0}$ (Verschiebung des starren Körpers gleich Null)

Diese Erkenntnis wird im *Ergänzungsaxiom* zusammengefaßt:

Zwei gleichartige, als Vektoren darstellbare mechanische Größen mit gleichem Betrag, derselben Wirkungslinie, aber entgegengesetztem Richtungssinn dürfen immer dann ergänzt (also hinzugefügt oder entfernt) werden, wenn der Erstarrungsprozeß durchgeführt worden ist.

Der Vorgang selbst wird *Ergänzungsprozeß* genannt. Die beiden mechanischen Größen, die ergänzt werden dürfen, heißen Ergänzungspaar (oder auch Aufhebungspaar, da sie sich in ihren Wirkungen aufheben).

Die Wirkung $W(E)$ eines Ergänzungspaares E auf das mechanische Verhalten des vorliegenden starren Modells ist offenbar identisch mit der Wirkung $W(\boldsymbol{0})$ des Nullvektors $\boldsymbol{0}$, nämlich gleich Null.

Wenn aber das Ergänzungspaar E die Wirkung $W(E)$ bedingt $(E \to W(E))$ und der Nullvektor $\boldsymbol{0}$ die Wirkung $W(\boldsymbol{0})$ verursacht $(\boldsymbol{0} \to W(\boldsymbol{0}))$ und ferner die beiden Wirkungen identisch sind $(W(E) \equiv W(\boldsymbol{0}))$, so daß die Wirkungen und damit die diese bedingenden Ursachen E und $\boldsymbol{0}$ — ohne das Fundamentalpostulat zu verletzen — ausgetauscht werden dürfen, so heißen die Ursachen E und $\boldsymbol{0}$ gleichwertig oder — um diese Gleichwertigkeit besonders zu kennzeichnen — äquivalent $(E \Leftrightarrow \boldsymbol{0})$. Man schreibt symbolisch:

$$\begin{array}{ccc} & ④ & \\ E & \Leftrightarrow & \boldsymbol{0} \\ ①\downarrow & & \downarrow② \\ W(E) & \equiv & W(\boldsymbol{0}) \\ & ③ & \end{array}$$

Für die angeführten Beispiele gilt also

$$\{\boldsymbol{P}_1, \boldsymbol{P}_2\} \Leftrightarrow \boldsymbol{0}\,,$$
$$\{\boldsymbol{K}_1, \boldsymbol{K}_2\} \Leftrightarrow \boldsymbol{0}\,,$$
$$\{\boldsymbol{s}_L, \boldsymbol{s}_R\} \Leftrightarrow \boldsymbol{0}\,.$$

2.4.3.5. Äquivalente Vektormengen

Zwei Mengen (M_1, M_2) gleichartiger Vektoren sind genau dann äquivalent, wenn ihre mechanischen „Wirkungen" identisch sind $(W(M_1) \equiv W(M_2))$, also symbolisch:

$$\begin{array}{ccc} M_1 & \Leftrightarrow & M_2 \\ \downarrow & & \downarrow \\ W(M_1) & \equiv & W(M_2) \end{array}$$

Demnach heißen zwei Mengen von Kraftvektoren äquivalent, wenn beide, auf dasselbe spezielle Modell einwirkend, denselben Beschleunigungszustand hervorrufen, während zwei Mengen von Verschiebungsvektoren ganz analog dann äquivalent genannt werden, wenn beide, demselben speziellen Modell aufgezwungen, dieses aus der gleichen Anfangslage in die gleiche Endlage bewegen.

Wir können mit dieser Äquivalenzauffassung im mathematischen Modell Kräftesysteme mit der gleichen Wirkung austauschen; wir dürfen auch z. B. eine wirkliche Bewegung durch mögliche Bewegungen ersetzen, wenn diese möglichen Bewegungen und die wirkliche Bewegung dasselbe Objekt aus derselben Anfangslage in dieselbe Endlage überführen (wenn die mögliche Bewegung also der wirklichen äquivalent ist und wenn der Ablauf der wirklichen Bewegung, der von dem der ihr äquivalenten Bewegung sehr verschieden sein kann, nicht interessiert).

Im Rahmen der Mechanik ist es natürlich nur dann sinnvoll, von einer Äquivalenz zweier Vektormengen zu sprechen, wenn die Identität ihrer „Wirkungen" auch experimentell gesichert ist. In Abschnitt 2.4.2.4. wurde sehr ausführlich dargelegt, daß das Fundamentalpostulat durch die Anwendung des Superpositionsprozesses und des Ergänzungsprozesses nicht verletzt wird, also die zu beschreibenden mechanischen „Wirkungen" nicht verändert werden.

Diese axiomatisch begründete Überlegung wird als besonders wichtiger Lehrsatz, als *Äquivalenztheorem*, formuliert:

Zwei Vektormengen sind immer dann äquivalent, wenn sie mit Hilfe des Superpositions- oder Ergänzungsprozesses ineinander übergeführt werden können.

Durch beliebig häufig wiederholte Anwendung des Superpositions- und bzw. oder des Ergänzungsprozesses kann also ein mathematisiertes Modell in äquivalente Modelle umgewandelt werden.

2.4.3.6. Reduktionsprozeß und Disduktionsprozeß

Wird die beliebig häufig wiederholte Anwendung des Superpositions- und Ergänzungsprozesses mit dem Ziel durchgeführt, eine vorgegebene Vektormenge (z. B. ein aus 400 parallelen Kräften bestehendes Kräftesystem) durch das einfachste ihr äquivalente System (im Beispiel die Resultierende) zu ersetzen, es auf die einfachste Form „zurückzuführen", so nennt man den ganzen Vorgang *Reduktionsprozeß* (lat. reducere: zurückführen). Soll dagegen mit Hilfe des Superpositions- und Ergänzungsprozesses ein einfaches System (z. B. die obige Resultierende) durch Vektoren in bestimmten Richtungen ersetzt werden, soll es nach bestimmten Richtungen — wie man analog sagen könnte — „auseinandergeführt" werden, so wollen wir den ganzen Vorgang *Disduktionsprozeß* (lat. disducere: auseinanderführen) nennen. Diese beiden Prozesse, der Reduktionsprozeß und der Disduktionsprozeß, haben eine außerordentliche Bedeutung für die praktische Anwendung, da mit ihrer Hilfe die Vektorverteilung eines vorliegenden mathematischen Modells derart äquivalent umgeformt werden kann, daß die Anwendung des entsprechenden mechanischen Prinzips (z. B. des Gleichgewichtsprinzips bei einer statischen Aufgabe) möglich wird.

2.4.4. Die Umformung von Dyadenmengen

Die Dyaden sind — wie in Abschnitt 2.3.4. angedeutet wurde — durch eine Maßeinheit und genau 9 Zahlen, die häufig in quadratischer Form als (3,3)-Matrix angeordnet werden, eindeutig bestimmt.

Die Verknüpfungen derartiger Dyaden untereinander (z. B. Addition) oder aber mit Vektoren bzw. Skalaren werden in der Tensoralgebra erklärt.

Für die technische Anwendung ist die sog. *Hauptachsentransformation* einer Dyade von besonderer Bedeutung.

2.5. Modellverknüpfung

2.5.1. Problem — Modell — Prinzip

Ein Körper K wird mit einer konstanten Kraft $\boldsymbol{H}$ gehoben und dabei beschleunigt (Bild 2.19). Soll nun z. B. die Frage geklärt werden, wie groß die Beschleunigung infolge der vorgegebenen Kraft $\boldsymbol{H}$ ist, so wird man für die Begründung der Beschleunigung des Körpers das Newtonsche Prinzip anwenden, nach dem die zeitliche Impulsänderung der im Schwerpunkt vereinigt gedachten Masse gleich ist der Resultierenden der im Schwerpunkt angreifenden Kräfte.

Um aber dieses Prinzip anwenden zu können, muß man nach dem Mathematisierungsprozeß im mathematisierten Modell die Seilkraft $\boldsymbol{H}$ auf ihrer Wirkungslinie in den Schwerpunkt verschieben und hier die beiden gleichzeitig und in

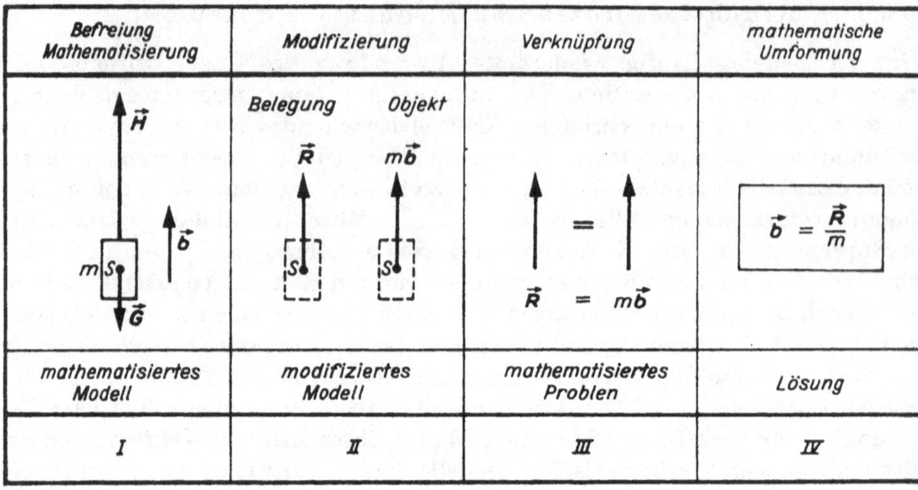

Bild 2.19. **Beispiel zur Lösung eines mechanischen Problems**

einem gemeinsamen Punkt s angreifenden Kräfte $\boldsymbol{H}$ und $\boldsymbol{G}$ addieren. Es entsteht ein äquivalentes Modell, in dem nur die beiden Vektoren $\boldsymbol{R}$ und $m\,\boldsymbol{b}$ auftreten. Diese beiden Vektoren dürfen nun auf Grund der Gültigkeit des NEWTONschen Prinzips miteinander verglichen, also zu der Gleichung

$$\boldsymbol{R} = m\,\boldsymbol{b}$$

verknüpft werden.

Man erkennt aus diesem einfachen Beispiel, daß nach der Formulierung des speziellen mechanischen Problems (im Beispiel: Begründung der geradlinigen Bewegung eines Körpers) das mathematisierte Modell gebildet und äquivalent so umgeformt wird (Superpositionsprozeß), daß die Verknüpfung des äquivalenten Objektes mit der äquivalenten Belegung anhand des entsprechenden Prinzips (im Beispiel $\boldsymbol{R} = m\,\boldsymbol{b}$) vorgenommen werden kann. Die Bildung äquivalenter Modelle erfolgt also stets im Hinblick auf das anzuwendende Prinzip.

2.5.2. Verknüpfungsaxiom und Verknüpfungsprozeß

Verallgemeinern wir dieses Beispiel, so erhalten wir das folgende Verknüpfungsaxiom:

Die Verknüpfung des (modifizierten) Objektes und der (modifizierten) Belegung ist dann und nur dann zulässig, wenn die entstehende Aussage (Gleichung) durch ein axiomatisch begründetes Prinzip der Mechanik gesichert ist.

Die Anwendung dieses Axiomes, also den Verknüpfungsvorgang selbst, nennen wir Verknüpfungsprozeß.

2.5.3. Das mathematische Problem und seine Lösung

Während des Verknüpfungsprozesses wenden wir also die Prinzipien der Mechanik auf das vorliegende modifizierte Modell an und erhalten auf diese Weise eine oder mehrere Gleichungen. Diese Gleichungen repräsentieren das mathematische Problem, also die mathematische Formulierung des zu beschreibenden mechanischen Problems — oder — wie man auch sagt — das dem mechanischen Problem zugeordnete mathematische Problem.

Die mathematische Lösung (im Beispiel Bild 2.19: die explizite Angabe des Vektors $\boldsymbol{b}$) erhalten wir mit Hilfe rein mathematischer Umformungen.

2.5.4. Die Lösung des mechanischen Problems

Die mechanische Interpretation der mathematischen Lösung (Vektor $\boldsymbol{b}$: Beschleunigung des Körpers K) führt schließlich zur Lösung des mechanischen Problems, genauer: zur Lösung der mechanischen *Aufgabe*, da der Algorithmus zur Lösung des Problems bekannt ist.

2.6. Zusammenfassung

Nach der Problemdefinition beginnt man unter Beachtung des Fundamentalpostulates mit der Modellbildung (Tafel 2.2, S. 94).

Der Abstraktionsprozeß führt zum komplexgebundenen, der Befreiungsprozeß zum problemgebundenen, der Idealisierungsprozeß schließlich zum idealisierten Modell. Das problemgebundene und idealisierte Modell besteht aus zwei Teilen, aus Objekt und Belegung, die vorerst getrennt beschrieben werden müssen. Diese notwendige Beschreibung erfolgt mit der Sprache der Mathematik und fordert deshalb die mathematische Abbildung der mechanischen Größen in Objekt und Belegung. Da nun die mathematischen Bilder der mechanischen Größen Tensoren 0., 1., 2. (und gegebenenfalls auch höherer) Stufe sind, die diskret oder auch kontinuierlich verteilt sein können, besteht das mathematisierte Modell ausschließlich aus Systemen und Feldern von Tensoren 0., 1., 2. und gegebenenfalls höherer Stufe.

Die Beschreibung und Umformung des mathematisierten Objektes und der mathematisierten Belegung ist also nichts anderes als die Beschreibung und Umformung von Tensormengen, die durch die Tensoralgebra und Tensoranalysis beherrscht wird. Sie hat die Aufgabe, ein einfacheres, übersichtliches, modifiziertes Objekt und eine einfachere, übersichtliche, modifizierte Belegung (kurz: ein modifiziertes Modell) zu finden. Derartige Modifizierungen werden beispielsweise durch Addition oder Mittelwertbildung in Skalarsystemen, durch Integration von Skalarfeldern, durch Anwendung des Superpositions- und Ergänzungsprozesses auf Vektormengen oder durch die Hauptachsentransfor-

Tafel 2.2. **Modellbildung — Modellumformung — Modellverknüpfung**

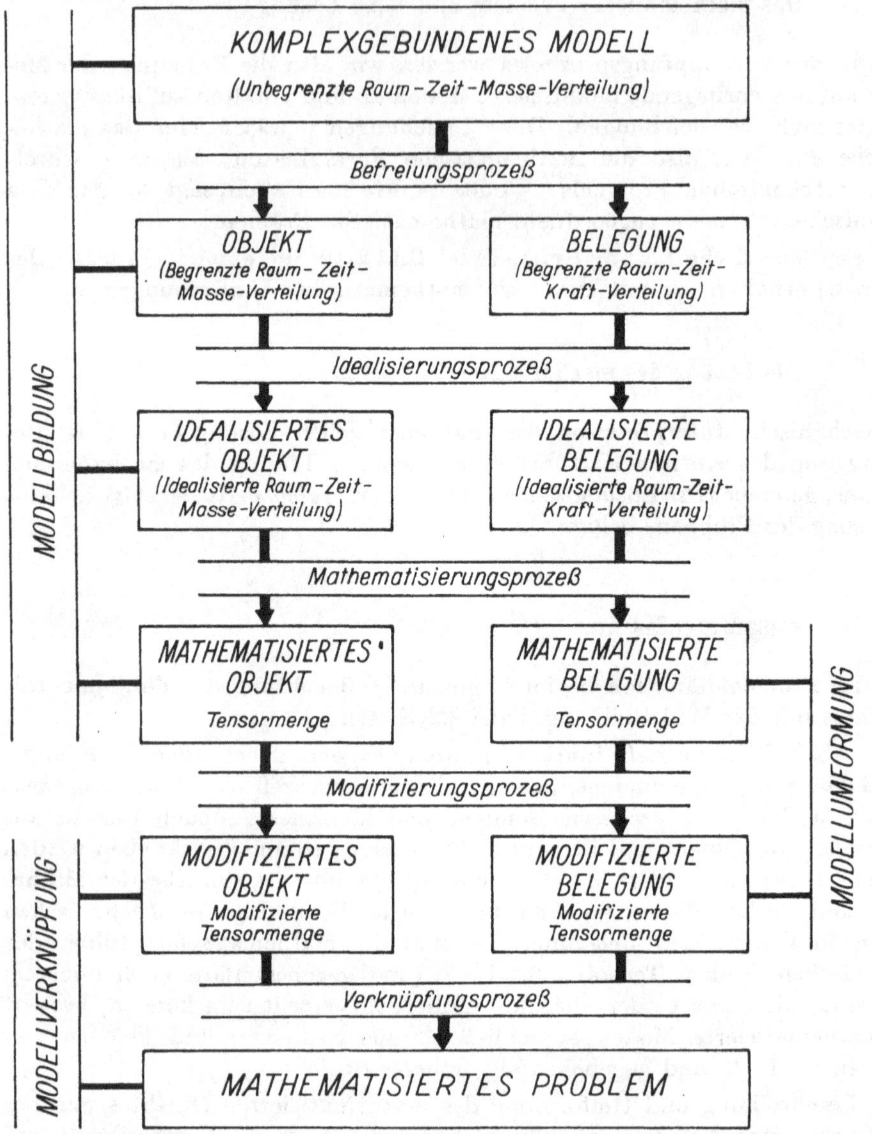

mation bei Dyaden erreicht. Sie haben das Ziel, eine kausale Verknüpfung des modifizierten Objektes und der modifizierten Belegung zu ermöglichen, also den sog. Verknüpfungsprozeß durchführen zu können.

Diese Verknüpfung besteht in einem Vergleich des modifizierten Objektes mit der modifizierten Belegung auf der Grundlage eines axiomatisch begründeten Prinzips (Bild 2.19) und führt zu einer Gleichung oder einem System von Gleichungen; also zu dem mathematischen Problem, das dem zu beschreibenden mechanischen Problem zugeordnet ist. Da die Unbekannten dieses mathematischen Problems zugleich die Unbekannten des mechanischen Problems sind, finden wir mit der Lösung des mathematischen Problems zugleich die Lösung des mechanischen Problems, indem wir die mathematische Lösung mechanisch interpretieren.

Es soll nicht unerwähnt bleiben, daß diese stark schematisierte Darstellung gewählt wurde, um einen Überblick zu geben. Selbstverständlich lassen sich die einzelnen Prozesse und ihre Reihenfolge bei praktischen Aufgaben nicht immer in dieser Form trennen; mit dem Befreiungsprozeß geht beispielsweise stets der Mathematisierungsprozeß und meist auch der Idealisierungsprozeß einher. Richtungsweisend war das Ziel, in einem plakativen Leitbild die notwendigen Prozesse des Lösungsweges in sinnvoller Folge darzustellen.

Die gefundene Lösung des mechanischen Problems fließt als Information im technischen Bereich über die Projektierung (Konstruktionsprozeß, Erschließungsprozeß) in die Produktion (Produktionsvorbereitung, materielle Produktion), wird dort materialisiert und unserer Umwelt wieder zugeführt. Während der Probebelastung und während der Nutzung — denken wir nur an eine Brücke oder einen Kran — muß sich schließlich die Richtigkeit der ermittelten Lösung bestätigen (Prüfung des Wahrheitsgehaltes).

In der Geschichte der Ingenieurkunst finden wir, neben glanzvollen Bestätigungen unserer Berechnungen, so manche Katastrophen aufgezeichnet: Deiche und Talsperren brachen, Brücken und Kühltürme wurden zerstört, Türme stellten sich schief oder stürzten in sich zusammen. Einige leben mit ihren menschlichen Tragödien in der Literatur weiter, andere sind legendär geworden, zahlreiche kleinere Irrtümer bleiben mit ihrem Leid, das sie brachten, nur einem kleinen Kreis bekannt (und gingen in die statistischen Jahrbücher ein). Sie alle weisen uns daraufhin, daß das reale physikalische Verhalten des Objektes und die erwarteten Einflüsse in unserem idealisierten Modell nicht richtig widergespiegelt wurden oder daß unzulässige, das Fundamentalpostulat verletzende Vereinfachungen des mechanischen Verhaltens in der Beschreibung vorgenommen worden sind.

Die Automatisierung der Bauprozesse fordert in steigendem Maße die Durchführung von Mehrkranmontagen mit ihren gefährlichen, oft unvermeidlichen Schwerpunktverlagerungen und Schrägseilzügen. Das Streben nach einer ökonomischen Verwendung der Baustoffe (insbes. der Metalle) zwingt zum Leichtbau und damit zur Produktion von Bauteilen und Tragwerken, die durch ihre filigrane Struktur sehr leicht instabil oder zu Schwingungen angeregt werden können. Leichte, dünnwandige Flächentragwerke überdachen als Faltwerke oder Schalen große Räume, als Bogenstaumauern halten sie riesigen Wasserdrücken stand oder speichern als Behälter Wasser, technische Flüssigkeiten und Schüttgüter, kühne Brücken führen den Verkehr über tiefe Täler oder breite Ströme, Hochhäuser ermöglichen eine hochgradige Nutzung des kostbaren Bodens in unseren Stadtzentren. Von Tag zu Tag werden aber mit dieser progressiven Entwicklung die Facharbeiter und Monteure in der materiellen Produktion und die Menschen als Nutzer unserer modernen Leichtbauten mehr gefährdet, wenn wir nicht in gleichem Maße der Kräfteumlagerung während der Bauprozesse und der Kräfteerfassung und Weiterleitung in unseren modernen Bauwerken auch unter extremen Bedingungen zunehmende Aufmerksamkeit schenken. (Diese extremen Bedingungen können sowohl durch extreme Belegungen wie Sturm, Springflut, Hochwasser, Schnee, Erdbeben, wachsende Verkehrs-

lasten als auch durch die Konstruktion leichter Tragwerke, also durch sparsamen Materialeinsatz oder die Verwendung neuartiger Baustoffe — wie Schaumbeton, Plaste usw. — gegeben sein.)

Diese Beispiele zeigen, daß der Studierende neben den Bemühungen um die Lösung einzelner, im Komplex der Fachdisziplin enthaltener spezieller Probleme stets versuchen muß, die Zusammenhänge mit all ihren Konsequenzen in der Praxis zu erkennen, damit er sich immer wieder der hohen Verantwortung bewußt wird, die er als künftiger Ingenieur zu tragen hat.

3. Die mathematische Beschreibung des Modells

In diesem Abschnitt werden die zu erwartenden mathematischen Bilder der mechanischen Größen: Skalare, Vektoren und Dyaden, also Tensoren 0., 1. und 2. Stufe behandelt und die Möglichkeiten ihrer Verteilung im Anschauungsraum als Bündel, System und Feld beschrieben. Um besonders herauszustellen, daß alle diese Größen Tensoren sind, werden die Tensoren 2. Stufe nicht — wie üblich — Tensoren genannt, sondern in der klassischen Form als Dyaden bezeichnet.

3.1. Die mathematischen Bilder der mechanischen Größen

Nach der Durchführung des Befreiungsprozesses liegt eine unter der Einwirkung von Kräften stehende Konfiguration freier Massenpunkte bzw. freier oder gebundener Kontinua vor, wobei die Bindung durch Berührung (einseitige Bindung) oder Verbindung (zweiseitige Bindung, z. B. Gelenk) bedingt sein kann. Die mechanischen Größen dieses speziellen Modells werden durch den Mathematisierungsprozeß in Skalare, Vektoren und Dyaden abgebildet, so daß Objekt und Belegung als Tensormengen in Erscheinung treten, die in dem vom Objekt eingenommenen Raumteil vorliegen.

Betrachten wir zunächst ein Massenpunktsystem. Es besteht aus einer bestimmten Anzahl von Punkten J ($J = A, \ldots, N$) in einer bestimmten geometrischen Zuordnung, denen jeweils eine bestimmte Masse m_J als ungerichtete Größe (Skalar) aufgeprägt ist, an denen Einzelkräfte als gerichtete Größen (Vektoren) angreifen und die zu einem festgelegten Zeitpunkt t unter anderem eine bestimmte Geschwindigkeit $\boldsymbol{v}_J$ ebenfalls als gerichtete Größe (als Vektor) besitzen. Das betrachtete Massenpunktsystem besteht also aus einer diskreten Verteilung von Punkten, einem sog. *leeren System,* sowie einem oder mehreren Skalar- und/oder Vektorsystemen.

Das Kontinuum nimmt dagegen einen geometrisch festbegrenzten Teil (beschränkten Bereich) unseres Anschauungsraumes (Raumteil) ein. Über den ganzen Raumteil verteilt beschreibt die Dichte als skalare Ortsfunktion die Masseverteilung im Kontinuum, repräsentieren die Oberflächen- und Volumenkräfte als vektorielle Ortsfunktionen die Einwirkung von außen, kennzeichnen die Geschwindigkeitsvektoren als vektorielle Ortsfunktion den Geschwindigkeitszustand des Kontinuums zur Zeit t.

Die Verformbarkeit wird durch gemessene Materialbeiwerte angegeben, die in vielen Fällen unabhängig von der Richtung (Isotropie des Materials) und konstant sind. Die Verformung selbst aber kann in jedem Punkt des Kontinuums durch die Verformung eines Quaders, durch die Änderung der drei Kanten desselben angegeben werden, die sich in diesem Punkt schneiden, also durch eine sog. Dyade.

Das betrachtete Kontinuum besteht also aus einer kontinuierlichen Verteilung von Punkten, einem sog. *leeren Feld*, sowie einem oder mehreren Skalar- und/oder Vektor- und/oder Dyadenfeldern.

Selbstverständlich sind (wie bereits angedeutet) im Modell mitunter auch noch andere Größen vorhanden, wie z. B. Temperaturen (Skalare), Verschiebungen, Beschleunigungen, Impulse (Vektoren) oder Spannungszustände in einem Kontinuum (Dyaden), immer aber sind es Skalare, Vektoren oder Dyaden, also Tensoren.

Wenn aber nach der Beseitigung alles Unwesentlichen das für die Behandlung aller mechanischen Probleme brauchbare Modell aus Tensoren besteht, werden alle mechanischen Zustände und Vorgänge mathematisch durch Tensoroperationen (Verknüpfung von Skalaren, Vektoren, Dyaden) beschrieben. Die genaue Kenntnis der Elemente dieses Modells, also der Skalare, Vektoren und Dyaden und die Beherrschung der möglichen Verknüpfungen werden damit zur notwendigen Voraussetzung für die erfolgreiche Lösung mechanischer Aufgaben.

Die Behandlung der abstrakten Größen Skalar, Vektor, Dyade anstelle der anschaulichen Größen, wie z. B. Masse, Kraft, Verformung, hat aber auch noch einen zweiten Grund. Ein Vergleich der Grundgrößen der Bewegungsgeometrie, Kinematik, Massenkinematik und Kräftegeometrie zeigt, daß diese Grundgrößen Vektoren sind und demzufolge für jedes dieser Teilgebiete die gleichen Lehrsätze und Beziehungen gelten müssen. Es erscheint deshalb sinnvoll, die all diesen Teilgebieten gemeinsamen Gesetze und Verfahren eben für den all diese Größen repräsentierenden Vektor herzuleiten.

3.2. Die Modellelemente

Die Orientierung des mit den mathematischen Bildern (Skalar, Vektor, ...) der mechanischen Größen (Masse, Kraft, ...) ausgestatteten Anschauungsraumes erfolgt durch ein gewähltes Koordinatensystem natürlich möglichst zweckmäßig, aber im Prinzip durchaus willkürlich, und — so kann man sich das jedenfalls vorstellen — stets *nach* dem Aufbau des mathematisierten Modells, *nach* der Abbildung der zu beschreibenden mechanischen Größen durch mathematische Gebilde.

Die mathematischen Gebilde, also die Elemente des Modells, die in dem jeweiligen Koordinatensystem z. B. mit Hilfe der analytischen Geometrie beschrieben werden, sind sowohl hinsichtlich ihrer Entstehung als auch ihrer physikalischen Eigenschaften vollständig unabhängig von dem nur für die Beschreibung erforderlichen Koordinatensystem, obgleich sich die Koordinaten der Modellelemente beim Übergang von einem Koordinatensystem (z. B. $\boldsymbol{i}, \boldsymbol{j}, \boldsymbol{k}$ oder $\boldsymbol{e}_1, \boldsymbol{e}_2, \boldsymbol{e}_3$) zu einem anderen (z. B. $\boldsymbol{i}^*, \boldsymbol{j}^*, \boldsymbol{k}^*$ oder $\boldsymbol{e}_1^*, \boldsymbol{e}_2^*, \boldsymbol{e}_3^*$) entsprechend ändern werden. Die mechanischen Größen (z. B. die Kraft) sowie die mechanischen Vorgänge (z. B. die Verformung) und natürlich auch deren mathematische Bilder sind — wie man sagt — in bezug auf Koordinatentransformationen ($\boldsymbol{i}, \boldsymbol{j}, \boldsymbol{k} \to \boldsymbol{i}^*, \boldsymbol{j}^*, \boldsymbol{k}^*$ oder $\boldsymbol{e}_1, \boldsymbol{e}_2, \boldsymbol{e}_3 \to \boldsymbol{e}_1^*, \boldsymbol{e}_2^*, \boldsymbol{e}_3^*$) invariant.

Die anschaulich-geometrische Darstellung der Tensoren (z. B. der Pfeil für den Vektor) bereitet schon beim Tensor 2. Stufe (Tensorfläche) große Schwierigkeiten und ist bei Tensoren höherer Stufe überhaupt unmöglich. Aus diesem Grunde ging man zur analytischen Darstellung in Koordinaten über. Die Tensorkoordinaten sind aber an das jeweilige Koordinatensystem gebunden, ändern sich beim Übergang von einer Basis zur anderen und lassen demnach die Invarianz des Tensors gegenüber beliebigen Koordinatentransformationen nicht mehr (wie z. B. der Vektorpfeil) unmittelbar ablesen. Wie man die Invarianz des Tensors auch mittels seiner Koordinaten (vor und nach einer Koordinatentransformation) erkennen kann, soll im folgenden gezeigt werden.

3.2.1. Skalar (Tensor 0. Stufe)

3.2.1.1. Darstellung skalarer mechanischer Größen

Ist einem im Anschauungsraum festen Punkt $P = P(x, y, z) = P^*(x^*, y^*, z^*) = P^*$ eine nichtorientierte, also bereits durch Maßzahl $\{a\}$ und Maßeinheit $[a]$ eindeutig beschriebene mechanische Größe $a = \{a\}\,[a]$ zugeordnet (also z. B. die Temperatur $t = 7{,}85$ °C), so braucht man, da die Maßeinheit $[a]$ (z. B. °C) für den ganzen betrachteten Bereich des Anschauungsraumes gilt, den Punkt P nur mit der Maßzahl $\{a\}$ (z. B. 7,85) zu belegen.

Eine mechanische Größe, die sich in dieser Weise durch einen mit einer Maßzahl belegten Punkt repräsentieren läßt, nennt man einen *Skalar*. Daneben gibt es mechanische Größen, wie z. B. Längen, Flächen, Volumina, Winkel, die sich durch Maßzahl und Maßeinheit eindeutig beschreiben lassen, also Skalare sind, aber keinem Punkt zugeordnet werden können.

3.2.1.2. Anzahl der Skalarkoordinaten

Zur Beschreibung eines Skalars wird im dreidimensionalen Anschauungsraum genau $3^0 = 1$ Zahlenangabe (1 Koordinate), nämlich die Maßzahl, erforderlich. Im n-dimensionalen Raum ist das $n^0 = 1$ Koordinate. (Der Exponent 0 erklärt die Bezeichnung „Tensor 0. Stufe".)

3.2.1.3. Die Invarianz des Skalars bei Koordinatentransformationen

Weder die Maßzahl noch die Maßeinheit des Skalars, die irgendeinem Punkt des Raumes zugeordnet ist, ändert sich, wenn man den Skalar in verschiedenen

Koordinatensystemen beschreibt. Man erkennt die Invarianz des Skalars gegen beliebige Koordinatentransformationen unmittelbar. Es sind keine (also 0) Umformungen nötig, um diese Invariante I_a des Skalars a zu erhalten (deshalb Bezeichnung von a als Tensor 0. Stufe),

$$I_a = a = a^* = I_a^* .$$

3.2.1.4. Mathematische Definition des Skalars

Ein Skalar ist in einem beliebigen Koordinatensystem durch eine ($3^0 = 1, n^0 = 1$) Koordinate (Maßzahl) bestimmt, die sich beim Übergang zu einem neuen Koordinatensystem nicht ändert.

3.2.2. Vektor (Tensor 1. Stufe)

3.2.2.1. Darstellung vektorieller mechanischer Größen

Wird für die Beschreibung einer einem bestimmten Punkt des Anschauungsraumes zugeordneten mechanischen Größe – so z. B. der Kraft oder der Beschleunigung – neben der Maßzahl (Betrag) die Angabe von Richtung und Richtungssinn erforderlich, so kann man diese durch ein geordnetes Punktpaar $\overrightarrow{PQ} = \overrightarrow{P^*Q^*}$ oder eine orientierte Strecke (einen Pfeil) im Raum repräsentieren.

Eine physikalische Größe, die sich in dieser Weise durch eine orientierte Strecke vollständig beschreiben läßt, nennt man einen *Vektor* (Tensor 1. Stufe).

3.2.2.2. Die Anzahl der Vektorkoordinaten

Im n-dimensionalen Raum wird der Vektor durch $n^1 = n$ Koordinaten eindeutig festgelegt. Im 3dimensionalen Raum sind dies $3^1 = 3$ Koordinaten (Exponent 1: Tensor 1. Stufe), und zwar:

im Koordinatensystem $\mathbf{e}_1, \mathbf{e}_2, \mathbf{e}_3$	im Koordinatensystem $\mathbf{e}_1^*, \mathbf{e}_2^*, \mathbf{e}_3^*$
$\mathbf{a} = \overrightarrow{PQ}$ $\mathbf{a} = a_1 \mathbf{e}_1 + a_2 \mathbf{e}_2 + a_3 \mathbf{e}_3$ $\mathbf{a} = \begin{pmatrix} a_1 \\ a_2 \\ a_3 \end{pmatrix}$	$\mathbf{a}^* = \overrightarrow{P^*Q^*}$ $\mathbf{a}^* = a_1^* \mathbf{e}_1^* + a_2^* \mathbf{e}_2^* + a_3^* \mathbf{e}_3^*$ $\mathbf{a}^* = \begin{pmatrix} a_1^* \\ a_2^* \\ a_3^* \end{pmatrix}$

Beim Übergang von einem Koordinatensystem $(\mathbf{e}_1, \mathbf{e}_2, \mathbf{e}_3)$ in ein anderes $(\mathbf{e}_1^*, \mathbf{e}_2^*, \mathbf{e}_3^*)$ ändern sich die 3 Koordinaten $(a_\nu \to a_\nu^* | \nu = 1, 2, 3)$, und zwar derart, daß die jedem Koordinatensystem zugeordneten Koordinaten stets den gleichen Vektor, stets die gleiche, gegenüber Koordinatentransformationen invariante, orientierte Strecke $\overrightarrow{PQ} = \boldsymbol{a} = \boldsymbol{a}^* = \overrightarrow{P^*Q^*}$ beschreiben.[1])

3.2.2.3. Die Invarianz des Vektors bei Koordinatentransformationen

Ist im Anschauungsraum einem festen Punkt, der im Koordinatensystem

	$\boldsymbol{e}_1, \boldsymbol{e}_2, \boldsymbol{e}_3$	$\boldsymbol{e}_1^*, \boldsymbol{e}_2^*, \boldsymbol{e}_3^*$
mit		
	P	P^*

bezeichnet sein möge, ein Vektor (z. B. eine Kraft)

$\boldsymbol{a} = a_1 \boldsymbol{e}_1 + a_2 \boldsymbol{e}_2 + a_3 \boldsymbol{e}_3$,	$\boldsymbol{a}^* = a_1^* \boldsymbol{e}_1^* + a_2^* \boldsymbol{e}_2^* + a_3^* \boldsymbol{e}_3^*$,
$\boldsymbol{a} = \begin{pmatrix} a_1 \\ a_2 \\ a_3 \end{pmatrix}$	$\boldsymbol{a}^* = \begin{pmatrix} a_1^* \\ a_2^* \\ a_3^* \end{pmatrix}$

sowie eine beliebige durch den Punkt gehende Gerade mit dem Einheitsvektor

$\boldsymbol{g} = g_1 \boldsymbol{e}_1 + g_2 \boldsymbol{e}_2 + g_3 \boldsymbol{e}_3$,	$\boldsymbol{g}^* = g_1^* \boldsymbol{e}_1^* + g_2^* \boldsymbol{e}_2^* + g_3^* \boldsymbol{e}_3^*$,
$\boldsymbol{g} = \begin{pmatrix} g_1 \\ g_2 \\ g_3 \end{pmatrix}$	$\boldsymbol{g}^* = \begin{pmatrix} g_1^* \\ g_2^* \\ g_3^* \end{pmatrix}$

zugeordnet, so werden die Koordinaten der Vektoren $\boldsymbol{a}$ und $\boldsymbol{g}$ in den beiden Koordinatensystemen zwar verschieden sein ($a_\nu \neq a_\nu^*$, $g_\nu \neq g_\nu^* \mid \nu = 1, 2, 3$), sie werden aber in beiden Koordinatensystemen die (von dem nur für die Beschreibung erforderlichen Koordinatensystem unabhängigen, also) im Raum festen Vektoren $\boldsymbol{a} = \boldsymbol{a}^*$ und $\boldsymbol{g} = \boldsymbol{g}^*$ beschreiben.

Um diese Invarianz des Vektors $\boldsymbol{a}$ gegenüber der Koordinatentransformation $\boldsymbol{e}_\nu \to \boldsymbol{e}_\nu^*$, die infolge der ungleichen Koordinaten $a_\nu \neq a_\nu^*$ nicht unmittelbar erkannt werden kann, deutlicher werden zu lassen, projizieren wir ihn in beiden Koordinatensystemen (also sowohl $\boldsymbol{a}$ als auch $\boldsymbol{a}^*$) auf die beliebige, aber gleiche Gerade mit den gleichen Einheitsvektoren $\boldsymbol{g} = \boldsymbol{g}^*$:

$$\boldsymbol{a} \cdot \boldsymbol{g} = a_1 g_1 + a_2 g_2 + a_3 g_3 \overset{!}{=} a_1^* g_1^* + a_2^* g_2^* + a_3^* g_3^* = \boldsymbol{a}^* \cdot \boldsymbol{g}^* .$$

[1]) Bei der Darstellung eines Vektors $\boldsymbol{a}$ bzw. $\boldsymbol{a}^*$ als einspaltige Matrix beachte man, daß diese eine Abkürzung für $\boldsymbol{a} = \sum_{\nu=1}^{3} a_\nu \boldsymbol{e}_\nu$ bzw. $\boldsymbol{a}^* = \sum_{\nu=1}^{3} a_\nu^* \boldsymbol{e}_\nu^*$ ist und man deshalb aus

$$\boldsymbol{a} = \begin{pmatrix} a_1 \\ a_2 \\ a_3 \end{pmatrix}, \quad \boldsymbol{a}^* = \begin{pmatrix} a_1^* \\ a_2^* \\ a_3^* \end{pmatrix} \quad \text{und} \quad \boldsymbol{a} \equiv \boldsymbol{a}^*$$

nicht auf $a_\nu = a_\nu^*$ (für $\nu = 1, 2, 3$) schließen darf.

Diese Projektionen sind Längen, nichtorientierte Strecken, also Skalare, Maßzahlen, Zahlen, die sich beim Übergang von einem Koordinatensystem zum anderen selbstverständlich nicht ändern können. Diese Skalare müssen notwendigerweise gleich, also invariant sein, wenn die Koordinatentripel

$$\begin{pmatrix} a_1 \\ a_2 \\ a_3 \end{pmatrix} \quad \text{bzw.} \quad \begin{pmatrix} a_1^* \\ a_2^* \\ a_3^* \end{pmatrix}$$

in den beiden Koordinatensystemen den gleichen Vektor (also $\boldsymbol{a} \equiv \boldsymbol{a}^*$) beschreiben.

Es ist also genau „1" Umformung (in der nachfolgenden Formel mit $\uparrow$ gekennzeichnet) erforderlich, um die Invariante I_a des Vektors $\boldsymbol{a}$ zu erhalten (deshalb Bezeichnung von $\boldsymbol{a}$ als Tensor 1. Stufe):

$$I_a = \boldsymbol{a} \underset{\uparrow}{\cdot} \boldsymbol{g} \overset{!}{=} \boldsymbol{a}^* \underset{\uparrow}{\cdot} \boldsymbol{g}^* = I_{a^*}\,.$$

Notwendig und zugleich hinreichend für die Identität der Vektoren ($\boldsymbol{a} \equiv \boldsymbol{a}^*$), d. h. für die Invarianz der Vektoren bezüglich der Koordinatentransformation $\boldsymbol{e}_\nu \to \boldsymbol{e}_\nu^*$, ist die Gleichheit

$$\boldsymbol{a} \cdot \boldsymbol{g}_\mu = \boldsymbol{a}^* \cdot \boldsymbol{g}_\mu^*$$

für drei Richtungen $\boldsymbol{g}_\mu$ ($\mu = 1, 2, 3$), die nicht in einer Ebene liegen dürfen (3^1 Bedingungen).

3.2.2.4. Mathematische Definition des Vektors

Ein (freier) Vektor $\boldsymbol{a}$ ist in einem kartesischen, rechtwinkligen Rechtssystem $\boldsymbol{e}_1, \boldsymbol{e}_2, \boldsymbol{e}_3$ durch $3^1 = 3$ Koordinaten a_ν (im n-dimensionalen Raum durch $n^1 = n$ Koordinaten) bestimmt, die sich beim Übergang zu einem neuen Koordinatensystem $\boldsymbol{e}_1^*, \boldsymbol{e}_2^*, \boldsymbol{e}_3^*$ derart ändern ($a_\nu \to a_\nu^*$), daß mit $\boldsymbol{a} := (a_\nu)$, $\boldsymbol{a}^* := (a_\nu^*)$, wobei $\nu = 1, 2, 3$,

$$\boldsymbol{a} \cdot \boldsymbol{g} = \boldsymbol{a}^* \cdot \boldsymbol{g}^*$$

für jede durch $\boldsymbol{g} = \boldsymbol{g}^*$ gegebene Richtung gilt.

3.2.3. Dyade (Tensor 2. Stufe)

3.2.3.1. Darstellung dyadischer mechanischer Größen

3.2.3.1.1. Die Bewegungen eines Volumenelementes

Sollen wir die Bewegungen eines elastischen Balkens infolge einer Belastung beschreiben, so bereitet das gewisse Schwierigkeiten, weil im allgemeinen alle (oder nahezu alle) Punkte des Balkens Verschiebungen erfahren, die voneinander verschieden sind. Wir beschränken uns deshalb zunächst auf die Beobachtung eines kleinen Balkenausschnittes, indem wir im unverformten Balken ein quaderförmiges Volumenelement mit den Eckpunkten P, A, B, C, D, E, F, G markieren (Bild 3.1), dessen Kanten $\overline{PA}$, $\overline{PB}$ und $\overline{PC}$ parallel zu einem raumfesten Koordinatensystem $\boldsymbol{e}_1$, $\boldsymbol{e}_2$, $\boldsymbol{e}_3$ verlaufen sollen. Infolge der Belastung bewegt sich dieses Volumenelement und erfährt dabei im allgemeinsten Fall

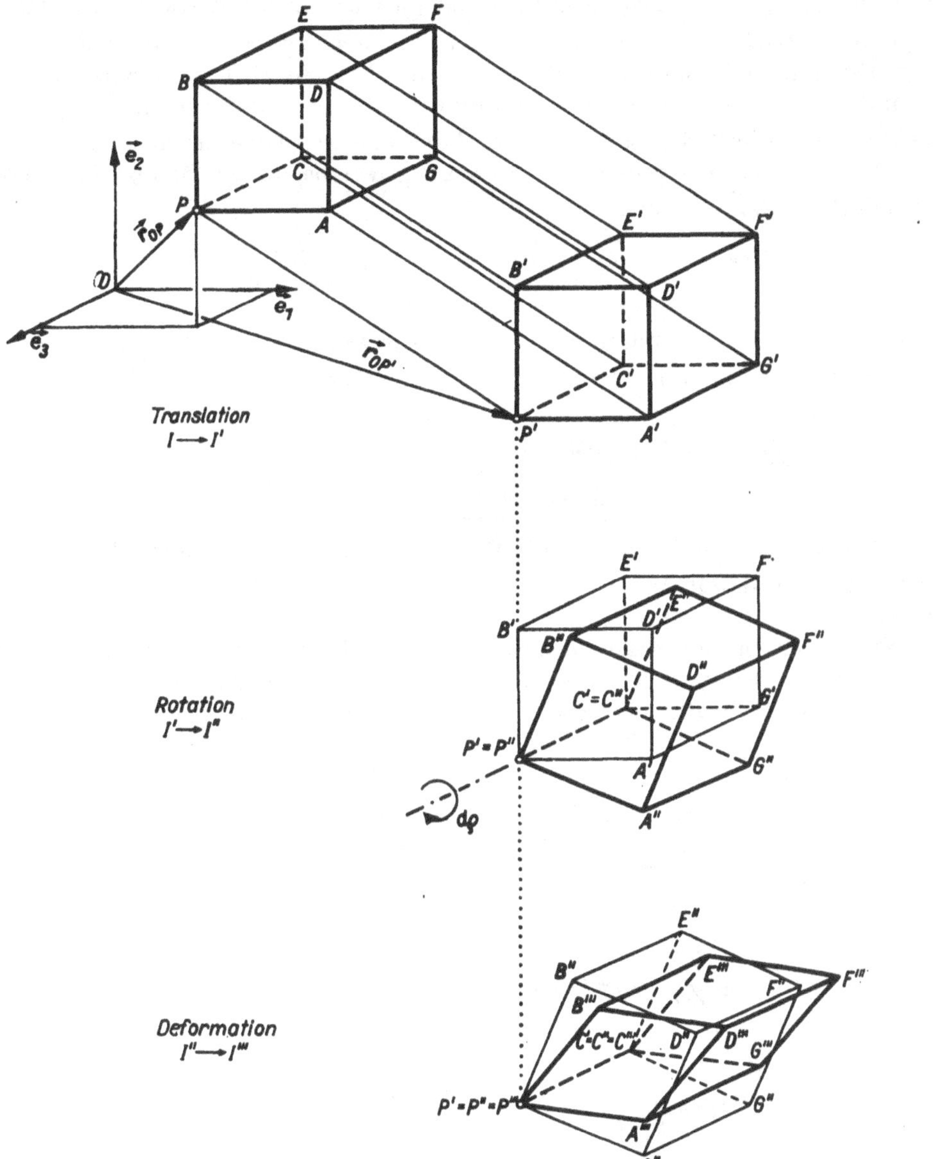

Bild 3.1. Räumliche Darstellung der Translation, Rotation und Deformation eines Volumenelementes

eine Verschiebung (Translation), eine Verdrehung (Rotation) und eine Verformung (Deformation).

Während der Verschiebung bleibt die quaderförmige Gestalt des Volumenelementes erhalten; alle Eckpunkte J ($J = P, A, B, C, D, E, F, G$) verschieben sich um den gleichen Betrag $|\overrightarrow{JJ'}|$ in der gleichen Richtung (es ist also $|\overrightarrow{PP'}| = |\overrightarrow{AA'}| = |\overrightarrow{BB'}| = \cdots = |\overrightarrow{GG'}|$). Auch bei der Verdrehung $J' \to J''$ verformt sich unser Volumenelement noch nicht. Erst die Deformation ändert die Gestalt des (verschobenen und verdrehten) Quaders ($J'' \to J'''$). Die Ortsvektoren $\overrightarrow{OJ}$, durch die die Eckpunkte J des Volumenelementes in einem raumfesten Koordinatensystem fixiert werden, gehen bei dieser Bewegung in die Ortsvektoren $\overrightarrow{OJ'''}$ über:

$$\overrightarrow{OJ} \to \overrightarrow{OJ'''} = \overrightarrow{OJ} + \underset{\substack{\uparrow \\ \text{Translation}}}{\overrightarrow{JJ'}} + \underset{\substack{\uparrow \\ \text{Rotation}}}{\overrightarrow{J'J''}} + \underset{\substack{\uparrow \\ \text{Deformation}}}{\overrightarrow{J''J'''}}$$

Da $\overrightarrow{OJ} = \overrightarrow{OP} + \overrightarrow{PJ}$ und infolge der Parallelverschiebung $\overrightarrow{PJ} = \overrightarrow{P'J'}$ sowie $\overrightarrow{JJ'} = \overrightarrow{PP'}$ für alle J ist, kann man diese Eckpunktsvektoren $\overrightarrow{OJ'''}$ auch wie folgt anschreiben:

$$\overrightarrow{OJ'''} = \overrightarrow{OP} + \underset{\substack{\uparrow \\ \text{Translation}}}{\overrightarrow{PP'}} + \boxed{\overrightarrow{P'J'} + \underset{\substack{\uparrow \\ \text{Rotation}}}{\overrightarrow{J'J''}} + \underset{\substack{\uparrow \\ \text{Deformation}}}{\overrightarrow{J''J'''}}}$$

Die Translation, die ja eine für alle Punkte J gleiche Verschiebung $\overrightarrow{JJ'} = \overrightarrow{PP'}$ bedingt, kann damit durch die Verschiebung $\overrightarrow{PP'}$ des Punktes P beschrieben werden.

Wir klammern sie deshalb im folgenden aus und betrachten die Rotation und Deformation des parallel verschobenen Quaders mit den Eckpunkten J' ($J' = P', A', \ldots, G'$). Während der Gestaltänderung werden sich die Kanten

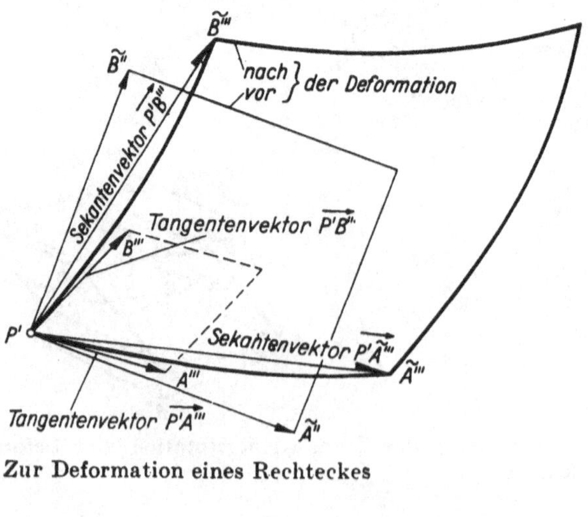

Bild 3.2. Zur Deformation eines Rechteckes

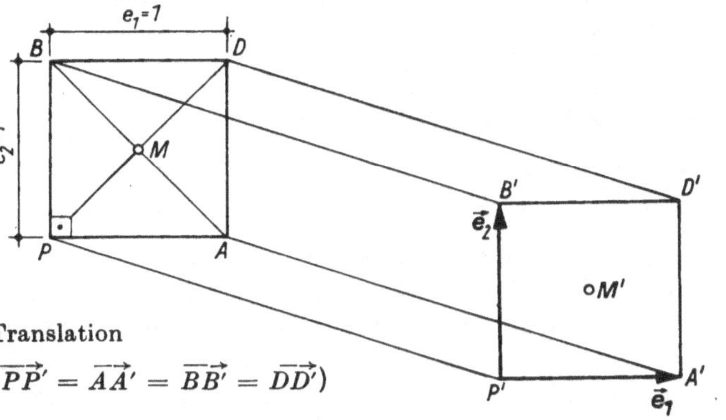

Translation
$(\overrightarrow{PP'} = \overrightarrow{AA'} = \overrightarrow{BB'} = \overrightarrow{DD'})$

Rotation
(um Winkel $d\varrho$)

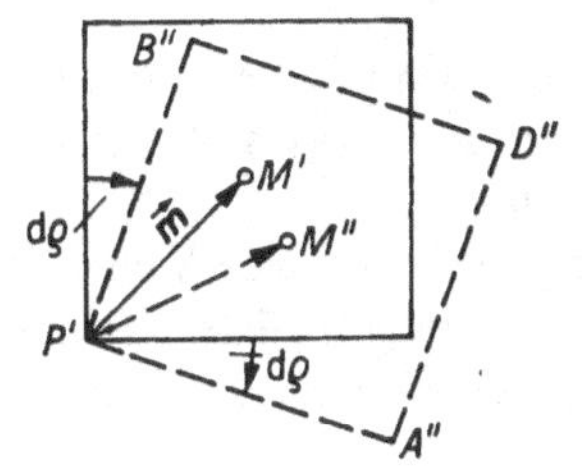

Deformation

(Kantenverlängerung dv_{11}, dv_{22}

Winkeländerung

$\frac{\pi}{2} - \varphi = d\delta_{12} + d\delta_{21}$)

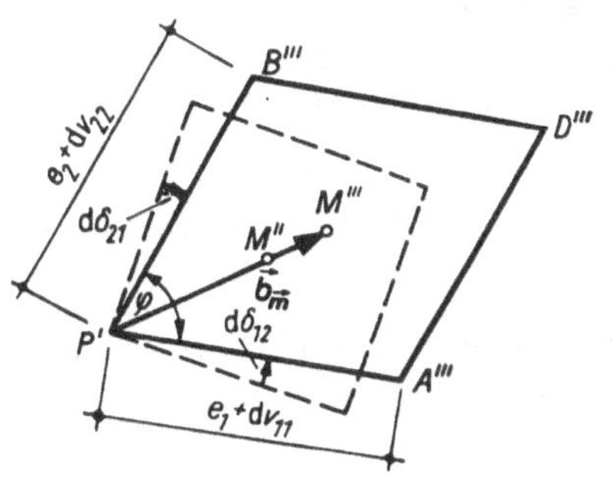

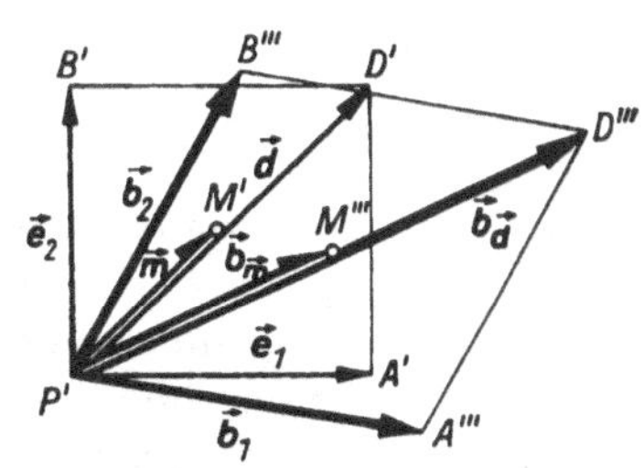

Bild 3.3.
Darstellung der Translation, Rotation und Deformation eines Quadrates

des Quaders deformieren. Sie werden ihre Länge ändern, sich gegenseitig verdrehen (wobei die paarweise Orthogonalität der Kanten verlorengeht) und sich krümmen. Ist das Volumenelement ΔV groß ($J \to \tilde{J}$), so werden also die Kantenvektoren (z. B. $\overrightarrow{P'\tilde{A}''}$ und $\overrightarrow{P'\tilde{B}''}$ in Bild 3.2) zu Sekantenvektoren ($\overrightarrow{P'\tilde{A}'''}$ und $\overrightarrow{P'\tilde{B}'''}$). Mit $\Delta V \to 0$ gehen jedoch diese Sekantenvektoren in Tangentenvektoren über ($\overrightarrow{P'\tilde{A}'''} \to \overrightarrow{P'A'''}, \overrightarrow{P'\tilde{B}'''} \to \overrightarrow{P'B'''}$), so daß für hinreichend kleine Volumenelemente ($\tilde{J} \to J$) die Krümmung außer acht bleiben darf. Gleichzeitig werden mit $\Delta V \to 0$ die gegenüberliegenden Begrenzungsflächen des Volumenelementes ΔV eben und parallel, die verformten Begrenzungsflächen selbst gehen in Parallelogramme über, und das verformte Volumenelement nimmt die Gestalt eines Parallelepipeds an (vgl. Bild 3.1). Lediglich der übersichtlicheren Darstellung wegen wollen wir im folgenden einen Einheitswürfel betrachten (Bild 3.3) und annehmen, daß die Bewegungen aller Flächen des infinitesimalen Einheitswürfels, die parallel zu der von den Einheitsvektoren e_1 und e_2 aufgespannten Ebene (der sog. *1—2*-Ebene) liegen, gleich sind, d. h.,

a) die Translation aller Punkte erfolgt parallel zur *1—2*-Ebene;
b) die Rotation des Volumenelementes erfolgt um eine Achse senkrecht zur *1—2*-Ebene;
c) die Deformation des Volumenelementes läßt sich durch Kantenverlängerungen (dv_{11}, dv_{22}) und Richtungsänderungen ($d\delta_{12}$, $d\delta_{21}$) der Kanten parallel zur *1—2*-Ebene kennzeichnen.

In diesem Fall genügt für die Beschreibung aller Bewegungen des Volumenelementes die Bewegung einer Fläche parallel zur *1—2*-Ebene. Die Erweiterung auf den allgemeinen Fall ist nach der Betrachtung dieses Sonderfalles ohne Schwierigkeiten durchführbar.

3.2.3.1.2. Die Auffassung der Rotation und Deformation als lineare Abbildung. Der Affinor

Bei der Rotation eines infinitesimalen Würfels und dessen Deformation (in ein Parallelepiped) nehmen die ursprünglichen Eckpunkte eine neue Lage ein, z. B.

$$P' \to P', \quad A' \to A''', \quad B' \to B''', \quad D' \to D''',$$

gerade Linien gehen in gerade Linien über, z. B.

$$\overrightarrow{P'A'} \to \overrightarrow{P'A'''}, \quad \overrightarrow{P'B'} \to \overrightarrow{P'B'''}, \quad \overrightarrow{P'D'} \to \overrightarrow{P'D'''},$$

und ebene Flächen bleiben während der Rotation und der Deformation eben. Zur Beschreibung eines solchen Überganges kann also die Vektorrechnung benutzt werden, indem man die Geraden als Vektoren auffaßt und verlangt, daß jedem Vektor vor der Bewegung (Ausgangsvektor) genau ein Vektor nach Abschluß der Bewegung (Endvektor) umkehrbar eindeutig zugeordnet ist.

Diese Zuordnung oder besser Überführung wird *Abbildung* genannt und durch einen Operator (z. B. $B(\boldsymbol{a})$, d. h. Bild von $\boldsymbol{a}$) gekennzeichnet. Die Ausgangsvektoren (z. B. $\boldsymbol{a}$) werden in die Endvektoren (z. B. $\boldsymbol{b}_a$) übergeführt oder — wie man sagt — abgebildet, weshalb die Ausgangsvektoren auch *Originalvektoren* und die Endvektoren *Bildvektoren* oder *Bilder der Originalvektoren* (kurz: *Bilder*) heißen. Symbolisch schreibt man

$$\boldsymbol{b}_a = B(\boldsymbol{a})$$

und sagt damit: Der Vektor $\boldsymbol{b}_a$ ist das Bild des Vektors $\boldsymbol{a}$. Originalvektor und Bildvektor sind natürlich — ihrer physikalischen Bedeutung entsprechend — gegenüber Koordinatentransformationen invariant. Für unsere vereinfachte, ebene Rotation und Deformation des infinitesimalen Volumenelementes gilt demnach

$$\begin{aligned}
\overrightarrow{P'A'''} &= \boldsymbol{b}_1 = B(\boldsymbol{e}_1) = B(\overrightarrow{P'A'}) \,, \\
\overrightarrow{P'B'''} &= \boldsymbol{b}_2 = B(\boldsymbol{e}_2) = B(\overrightarrow{P'B'}) \,, \\
\overrightarrow{P'D'''} &= \boldsymbol{b}_d = B(\boldsymbol{d}) = B(\overrightarrow{P'D'}) \,, \\
\overrightarrow{P'M'''} &= \boldsymbol{b}_m = B(\boldsymbol{m}) = B(\overrightarrow{P'M'}) \,.
\end{aligned}$$

Um die Eigenschaften dieser Abbildung etwas näher kennenzulernen, betrachten wir den Diagonalvektor $\boldsymbol{d}$ und den Mittelpunktsvektor $\boldsymbol{m}$ sowie deren Bilder $\boldsymbol{b}_d$ und $\boldsymbol{b}_m$. Nach Bild 3.3 gilt

$$\begin{array}{ll}
\text{für das Quadrat} & \boldsymbol{d} = \boldsymbol{e}_1 + \boldsymbol{e}_2 \,, \\
 & \downarrow \quad \downarrow \quad \downarrow \\
\text{für den Rhombus} & \boldsymbol{b}_d = \boldsymbol{b}_1 + \boldsymbol{b}_2 \,.
\end{array}$$

Nun ist aber $\boldsymbol{b}_d = B(\boldsymbol{d})$, $\boldsymbol{b}_1 = B(\boldsymbol{e}_1)$ und $\boldsymbol{b}_2 = B(\boldsymbol{e}_2)$. Demnach kann man schreiben:

$$B(\boldsymbol{e}_1 + \boldsymbol{e}_2) = B(\boldsymbol{d}) = \boldsymbol{b}_d = \boldsymbol{b}_1 + \boldsymbol{b}_2 = B(\boldsymbol{e}_1) + B(\boldsymbol{e}_2) \,.$$

Für zwei beliebige in P' angeheftete Originalvektoren $\boldsymbol{a}_1$ und $\boldsymbol{a}_2$ gilt ganz analog

$$B(\boldsymbol{a}_1 + \boldsymbol{a}_2) = B(\boldsymbol{a}_1) + B(\boldsymbol{a}_2) \qquad (*)$$

oder in Worten:

Das Bild der Summe ist gleich der Summe der Bilder.

Diese Eigenschaft einer Abbildung heißt *Additivität.*

Aus Bild 3.3 folgt außerdem

$$\begin{array}{ll}
\text{für das Quadrat} & \boldsymbol{m} = \frac{1}{2}\boldsymbol{d} \\
 & \downarrow \qquad \downarrow \\
\text{und den Rhombus} & \boldsymbol{b}_m = \frac{1}{2}\boldsymbol{b}_d \,.
\end{array}$$

Wegen $\boldsymbol{b}_m = B(\boldsymbol{m})$ und $\boldsymbol{b}_d = B(\boldsymbol{d})$ gilt also auch die Beziehung

$$B\left(\frac{1}{2}\boldsymbol{d}\right) = B(\boldsymbol{m}) = \boldsymbol{b}_m = \frac{1}{2}\boldsymbol{b}_d = \frac{1}{2}B(\boldsymbol{d}) \,.$$

Allgemein gilt

$$B(\lambda\, \boldsymbol{a}) = \lambda\, B(\boldsymbol{a}) \qquad (**)$$

oder in Worten:

Das Bild des λ-fachen Originalvektors ist gleich dem λ-fachen Bild des Originalvektors.

Diese Eigenschaft der Abbildung heißt *Homogenität.*

Die Additivität und Homogenität kennzeichnen (sind notwendige und zugleich hinreichende Bedingungen für) die sog. *Linearität* einer mathematischen Operation. Die die Rotation $(J' \to J'' \mid J = P, A, B, C)$ eines infinitesimalen Volumenelementes und dessen Deformation $(J'' \to J''')$ beschreibende Abbildung ist also, solange sie sich auf hinreichend kleine Bewegungen beschränkt, additiv und homogen und gehört damit zu den linearen Abbildungen. Sie bildet einen Punkt in einen Punkt, eine Gerade in eine Gerade und eine Ebene in eine Ebene ab und wird deshalb auch *affine Abbildung* genannt. So wird beispielsweise jeder in P' angreifende Vektor $\boldsymbol{a}$ in den Vektor $\boldsymbol{b}_a = B(\boldsymbol{a})$ abgebildet. Da man $\boldsymbol{a}$ als Diagonalvektor eines infinitesimalen

Rechteckes	Quaders

mit den Kantenvektoren

$\boldsymbol{a}_1 = a_1 \cdot \boldsymbol{e}_1\,,$ $\boldsymbol{a}_2 = a_2 \cdot \boldsymbol{e}_2$	$\boldsymbol{a}_1 = a_1 \cdot \boldsymbol{e}_1\,,$ $\boldsymbol{a}_2 = a_2 \cdot \boldsymbol{e}_2\,,$ $\boldsymbol{a}_3 = a_3 \cdot \boldsymbol{e}_3$

auffassen kann, gilt wegen der Linearität der Abbildung analog (*) und (**):

$\begin{array}{ccccccccc} \boldsymbol{a} & = & \boldsymbol{a}_1 & + & \boldsymbol{a}_2 & = & a_1 \boldsymbol{e}_1 & + & a_2 \boldsymbol{e}_2\,, \\ \downarrow & & \downarrow & & \downarrow & & \downarrow & & \downarrow \\ \boldsymbol{b}_a & = & \boldsymbol{b}_{a_1} & + & \boldsymbol{b}_{a_2} & = & a_1 \boldsymbol{b}_1 & + & a_2 \boldsymbol{b}_2\,. \end{array}$	$\begin{array}{ccccccccccccc} \boldsymbol{a} & = & \boldsymbol{a}_1 & + & \boldsymbol{a}_2 & + & \boldsymbol{a}_3 & = & a_1 \boldsymbol{e}_1 & + & a_2 \boldsymbol{e}_2 & + & a_3 \boldsymbol{e}_3\,, \\ \downarrow & & \downarrow & & \downarrow & & \downarrow & & \downarrow & & \downarrow & & \downarrow \\ \boldsymbol{b}_a & = & \boldsymbol{b}_{a_1} & + & \boldsymbol{b}_{a_2} & + & \boldsymbol{b}_{a_3} & = & a_1 \boldsymbol{b}_1 & + & a_2 \boldsymbol{b}_2 & + & a_3 \boldsymbol{b}_3\,. \end{array}$

Führt man nun die Bilder $\boldsymbol{b}_i$ der Basisvektoren $\boldsymbol{e}_i$ $(i = 1, 2, 3)$ als Linearkombinationen dieser Basisvektoren (mit den Koordinaten β_{ik}) selbst ein,

$\boldsymbol{b}_1 = \beta_{11} \boldsymbol{e}_1 + \beta_{12} \boldsymbol{e}_2\,,$ $\boldsymbol{b}_2 = \beta_{21} \boldsymbol{e}_1 + \beta_{22} \boldsymbol{e}_2\,,$	$\boldsymbol{b}_1 = \beta_{11} \boldsymbol{e}_1 + \beta_{12} \boldsymbol{e}_2 + \beta_{13} \boldsymbol{e}_3\,,$ $\boldsymbol{b}_2 = \beta_{21} \boldsymbol{e}_1 + \beta_{22} \boldsymbol{e}_2 + \beta_{23} \boldsymbol{e}_3\,,$ $\boldsymbol{b}_3 = \beta_{31} \boldsymbol{e}_1 + \beta_{32} \boldsymbol{e}_2 + \beta_{33} \boldsymbol{e}_3\,,$

so kann man den Bildvektor $\boldsymbol{b}_a$ wie folgt umformen:

$\boldsymbol{b}_a = a_1 \boldsymbol{b}_1 + a_2 \boldsymbol{b}_2\,,$	$\boldsymbol{b}_a = a_1 \boldsymbol{b}_1 + a_2 \boldsymbol{b}_2 + a_3 \boldsymbol{b}_3\,,$
$\begin{aligned} \boldsymbol{b}_a = {} & a_1 (\beta_{11} \boldsymbol{e}_1 + \beta_{12} \boldsymbol{e}_2) \\ & + a_2 (\beta_{21} \boldsymbol{e}_1 + \beta_{22} \boldsymbol{e}_2)\,, \end{aligned}$	$\begin{aligned} \boldsymbol{b}_a = {} & a_1 (\beta_{11} \boldsymbol{e}_1 + \beta_{12} \boldsymbol{e}_2 + \beta_{13} \boldsymbol{e}_3) \\ & + a_2 (\beta_{21} \boldsymbol{e}_1 + \beta_{22} \boldsymbol{e}_2 + \beta_{23} \boldsymbol{e}_3) \\ & + a_3 (\beta_{31} \boldsymbol{e}_1 + \beta_{32} \boldsymbol{e}_2 + \beta_{33} \boldsymbol{e}_3)\,, \end{aligned}$
$\begin{aligned} \boldsymbol{b}_a = {} & (a_1 \beta_{11} + a_2 \beta_{21})\, \boldsymbol{e}_1 \\ & + (a_1 \beta_{12} + a_2 \beta_{22})\, \boldsymbol{e}_2\,, \end{aligned}$	$\begin{aligned} \boldsymbol{b}_a = {} & (a_1 \beta_{11} + a_2 \beta_{21} + a_3 \beta_{31})\, \boldsymbol{e}_1 \\ & + (a_1 \beta_{12} + a_2 \beta_{22} + a_3 \beta_{32})\, \boldsymbol{e}_2 \\ & + (a_1 \beta_{13} + a_2 \beta_{23} + a_3 \beta_{33})\, \boldsymbol{e}_3\,. \end{aligned}$

Mit

$$\boldsymbol{b}_a = \begin{pmatrix} \beta_{11} & \beta_{21} \\ \beta_{12} & \beta_{22} \end{pmatrix} \begin{pmatrix} a_1 \\ a_2 \end{pmatrix}$$

und

$$\mathbf{B} := \begin{pmatrix} \beta_{11} & \beta_{21} \\ \beta_{12} & \beta_{22} \end{pmatrix}$$

folgt

$$\boldsymbol{b}_a = \mathbf{B}\,\boldsymbol{a}\,.$$

$$\boldsymbol{b}_a = \begin{pmatrix} \beta_{11} & \beta_{21} & \beta_{31} \\ \beta_{12} & \beta_{22} & \beta_{32} \\ \beta_{13} & \beta_{23} & \beta_{33} \end{pmatrix} \begin{pmatrix} a_1 \\ a_2 \\ a_3 \end{pmatrix}.$$

$$\boldsymbol{b}_1 = B(\boldsymbol{e}_1) \qquad \boldsymbol{b}_2 = B(\boldsymbol{e}_2) \qquad \boldsymbol{b}_3 = B(\boldsymbol{e}_3)$$

$$\mathbf{B}$$

$$\boldsymbol{b}_a = \mathbf{B}\,\boldsymbol{a}\,. \qquad (***)$$

Der Operator **B** wird, da er eine affine Abbildung bedingt, oft *Affinor* genannt.

Diese Gleichungen (***) gelten für alle infinitesimalen Vektoren $\boldsymbol{a}$ mit dem Angriffspunkt P'. Deshalb kann man für jeden dieser Vektoren $\boldsymbol{a}$ das zugeordnete Bild $\boldsymbol{b}_a$ finden, d. h., man kann für jeden durch den Punkt P' gehenden Vektor $\boldsymbol{a}$ angeben, um welchen Winkel er verdreht und um welchen Betrag er verlängert wird.

Die Gleichungen (***) beschreiben also das verformte Kontinuum oder besser die Überführung des unverformten Kontinuums in das verformte Kontinuum in der Umgebung des Punktes P'. Der Abbildungsoperator (Affinor) **B** ordnet jedem Vektor $\boldsymbol{a}$ den zugehörigen Bildvektor $\boldsymbol{b}_a$ zu, bildet $\boldsymbol{a}$ affin auf $\boldsymbol{b}_a$ ab und beherrscht — wie man sagt — die Rotation und Deformation in der Umgebung des Punktes P'. Da dieser Abbildungsoperator *zwei* Vektoren einander eindeutig zuordnet, nennt man ihn auch *Dyade*.

3.2.3.1.3. Die Verschiebungsdyade[1])

Die Rotation und Deformation einer hinreichend kleinen Umgebung von P' wird also durch den Affinor beherrscht, der im folgenden genauer betrachtet werden soll. Dabei wollen wir — wie bisher — die in der *1*—*2*-Ebene darstellbare vereinfachte ebene Bewegung verfolgen und den allgemeineren dreidimensionalen Fall analog anschreiben.

Soll der beliebige in P' angreifende infinitesimale Vektor $\mathrm{d}\boldsymbol{x}$ in den Vektor $\mathrm{d}\boldsymbol{k} = B(\mathrm{d}\boldsymbol{x})$ affin abgebildet werden, so fassen wir $\mathrm{d}\boldsymbol{x}$ als Diagonalvektor eines infinitesimalen

[1]) Die „Verschiebung“ der einzelnen Punkte bei Rotation und Deformation darf nicht verwechselt werden mit dem Begriff „Verschiebung“ zur Kennzeichnung der Translation eines Körpers. Aus dem Zusammenhang ist stets ersichtlich, in welchem Sinne der Begriff verwendet wird.

Rechteckes

mit den Kantenvektoren

$$\mathrm{d}\boldsymbol{x}_1 = \mathrm{d}x_1 \cdot \boldsymbol{e}_1\,,$$
$$\mathrm{d}\boldsymbol{x}_2 = \mathrm{d}x_2 \cdot \boldsymbol{e}_2$$

auf und erhalten

$$\begin{array}{ccccc} \mathrm{d}\boldsymbol{x} & = & \mathrm{d}\boldsymbol{x}_1 & + & \mathrm{d}\boldsymbol{x}_2 \\ \downarrow & & \downarrow & & \downarrow \\ B(\mathrm{d}\boldsymbol{x}) & = & B(\mathrm{d}\boldsymbol{x}_1) & + & B(\mathrm{d}\boldsymbol{x}_2) \\ \| & & \| & & \| \\ \mathrm{d}\boldsymbol{k} & = & \mathrm{d}\boldsymbol{k}_1 & + & \mathrm{d}\boldsymbol{k}_2\,. \end{array}$$

Quaders

$$\mathrm{d}\boldsymbol{x}_1 = \mathrm{d}x_1 \cdot \boldsymbol{e}_1\,,$$
$$\mathrm{d}\boldsymbol{x}_2 = \mathrm{d}x_2 \cdot \boldsymbol{e}_2\,,$$
$$\mathrm{d}\boldsymbol{x}_3 = \mathrm{d}x_3 \cdot \boldsymbol{e}_3$$

$$\begin{array}{ccccccc} \mathrm{d}\boldsymbol{x} & = & \mathrm{d}\boldsymbol{x}_1 & + & \mathrm{d}\boldsymbol{x}_2 & + & \mathrm{d}\boldsymbol{x}_3 \\ \downarrow & & \downarrow & & \downarrow & & \downarrow \\ B(\mathrm{d}\boldsymbol{x}) & = & B(\mathrm{d}\boldsymbol{x}_1) & + & B(\mathrm{d}\boldsymbol{x}_2) & + & B(\mathrm{d}\boldsymbol{x}_3) \\ \| & & \| & & \| & & \| \\ \mathrm{d}\boldsymbol{k} & = & \mathrm{d}\boldsymbol{k}_1 & + & \mathrm{d}\boldsymbol{k}_2 & + & \mathrm{d}\boldsymbol{k}_3\,. \end{array}$$

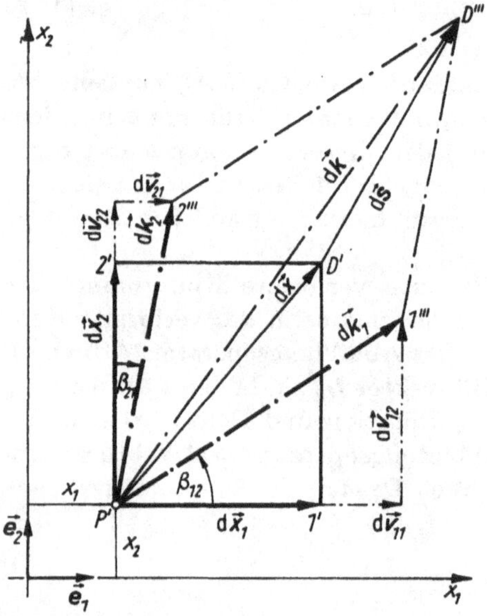

Bild 3.4.
Zur Herleitung der Verschiebungsdyade für hinreichend kleine Verschiebungen gilt

$$\frac{\mathrm{d}k_1}{\mathrm{d}x_1} \approx \frac{\mathrm{d}x_1 + \mathrm{d}v_{11}}{\mathrm{d}x_1} = 1 + \frac{\mathrm{d}v_{11}}{\mathrm{d}x_1} =: 1 + \varepsilon_{11} =: \beta_{11}\,,$$

$$\frac{\mathrm{d}k_2}{\mathrm{d}x_2} \approx \frac{\mathrm{d}x_2 + \mathrm{d}v_{22}}{\mathrm{d}x_2} = 1 + \frac{\mathrm{d}v_{22}}{\mathrm{d}x_2} =: 1 + \varepsilon_{22} =: \beta_{22}\,,$$

$$\frac{\mathrm{d}v_{12}}{\mathrm{d}x_1 + \mathrm{d}v_{11}} = \tan\beta_{12} = \frac{\dfrac{\mathrm{d}v_{12}}{\mathrm{d}x_1}}{1 + \varepsilon_{11}} \approx \frac{\mathrm{d}v_{12}}{\mathrm{d}x_1} =: \beta_{12}\,,$$

$$\frac{\mathrm{d}v_{21}}{\mathrm{d}x_2 + \mathrm{d}v_{22}} = \tan\beta_{21} = \frac{\dfrac{\mathrm{d}v_{21}}{\mathrm{d}x_2}}{1 + \varepsilon_{22}} \approx \frac{\mathrm{d}v_{21}}{\mathrm{d}x_2} =: \beta_{21}\,,$$

$$\frac{\mathrm{d}v_{12}}{\mathrm{d}x_1} + \frac{\mathrm{d}v_{21}}{\mathrm{d}x_2} = \beta_{12} + \beta_{21} =: \gamma_{12}$$

Dem Bild 3.4 entnehmen wir die Bilder der Kantenvektoren:

$$\mathrm{d}\boldsymbol{k}_1 = (\mathrm{d}x_1 + \mathrm{d}v_{11})\,\boldsymbol{e}_1 + \mathrm{d}v_{12}\cdot\boldsymbol{e}_2$$
$$\mathrm{d}\boldsymbol{k}_2 = \mathrm{d}v_{21}\cdot\boldsymbol{e}_1 + (\mathrm{d}x_2 + \mathrm{d}v_{22})\,\boldsymbol{e}_2$$

$$\mathrm{d}\boldsymbol{k}_1 = (\mathrm{d}x_1 + \mathrm{d}v_{11})\,\boldsymbol{e}_1 + \mathrm{d}v_{12}\,\boldsymbol{e}_2 + \mathrm{d}v_{13}\,\boldsymbol{e}_3$$
$$\mathrm{d}\boldsymbol{k}_2 = \mathrm{d}v_{21}\,\boldsymbol{e}_1 + (\mathrm{d}x_2 + \mathrm{d}v_{22})\,\boldsymbol{e}_2 + \mathrm{d}v_{23}\,\boldsymbol{e}_3$$
$$\mathrm{d}\boldsymbol{k}_3 = \mathrm{d}v_{31}\,\boldsymbol{e}_1 + \mathrm{d}v_{32}\,\boldsymbol{e}_2 + (\mathrm{d}x_3 + \mathrm{d}v_{33})\,\boldsymbol{e}_3$$

$$\mathrm{d}\boldsymbol{k}_1 = \mathrm{d}x_1\left\{\left(1 + \frac{\mathrm{d}v_{11}}{\mathrm{d}x_1}\right)\boldsymbol{e}_1 + \frac{\mathrm{d}v_{12}}{\mathrm{d}x_1}\boldsymbol{e}_2\right\}$$
$$\mathrm{d}\boldsymbol{k}_2 = \mathrm{d}x_2\left\{\frac{\mathrm{d}v_{21}}{\mathrm{d}x_2}\boldsymbol{e}_1 + \left(1 + \frac{\mathrm{d}v_{22}}{\mathrm{d}x_2}\right)\boldsymbol{e}_2\right\}$$

$$\mathrm{d}\boldsymbol{k}_1 = \mathrm{d}x_1\left\{\left(1 + \frac{\mathrm{d}v_{11}}{\mathrm{d}x_1}\right)\boldsymbol{e}_1 + \frac{\mathrm{d}v_{12}}{\mathrm{d}x_1}\boldsymbol{e}_2 + \frac{\mathrm{d}v_{13}}{\mathrm{d}x_1}\boldsymbol{e}_3\right\}$$
$$\mathrm{d}\boldsymbol{k}_2 = \mathrm{d}x_2\left\{\frac{\mathrm{d}v_{21}}{\mathrm{d}x_2}\boldsymbol{e}_1 + \left(1 + \frac{\mathrm{d}v_{22}}{\mathrm{d}x_2}\right)\boldsymbol{e}_2 + \frac{\mathrm{d}v_{23}}{\mathrm{d}x_2}\boldsymbol{e}_3\right\}$$
$$\mathrm{d}\boldsymbol{k}_3 = \mathrm{d}x_3\left\{\frac{\mathrm{d}v_{31}}{\mathrm{d}x_3}\boldsymbol{e}_1 + \frac{\mathrm{d}v_{32}}{\mathrm{d}x_3}\boldsymbol{e}_2 + \left(1 + \frac{\mathrm{d}v_{33}}{\mathrm{d}x_3}\right)\boldsymbol{e}_3\right\}$$

Das Bild des Diagonalvektors erhalten wir damit zu:

$$\begin{aligned}\mathrm{d}\boldsymbol{k} = {} & \mathrm{d}x_1\left\{\left(1 + \frac{\mathrm{d}v_{11}}{\mathrm{d}x_1}\right)\boldsymbol{e}_1 + \frac{\mathrm{d}v_{12}}{\mathrm{d}x_1}\boldsymbol{e}_2\right\}\\ & + \mathrm{d}x_2\left\{\frac{\mathrm{d}v_{21}}{\mathrm{d}x_2}\boldsymbol{e}_1 + \left(1 + \frac{\mathrm{d}v_{22}}{\mathrm{d}x_2}\right)\boldsymbol{e}_2\right\}\end{aligned}$$

$$\begin{aligned}\mathrm{d}\boldsymbol{k} = {} & \mathrm{d}x_1\left\{\left(1 + \frac{\mathrm{d}v_{11}}{\mathrm{d}x_1}\right)\boldsymbol{e}_1 + \frac{\mathrm{d}v_{12}}{\mathrm{d}x_1}\boldsymbol{e}_2 + \frac{\mathrm{d}v_{13}}{\mathrm{d}x_1}\boldsymbol{e}_3\right\}\\ & + \mathrm{d}x_2\left\{\frac{\mathrm{d}v_{21}}{\mathrm{d}x_2}\boldsymbol{e}_1 + \left(1 + \frac{\mathrm{d}v_{22}}{\mathrm{d}x_2}\right)\boldsymbol{e}_2 + \frac{\mathrm{d}v_{23}}{\mathrm{d}x_2}\boldsymbol{e}_3\right\}\\ & + \mathrm{d}x_3\left\{\frac{\mathrm{d}v_{31}}{\mathrm{d}x_3}\boldsymbol{e}_1 + \frac{\mathrm{d}v_{32}}{\mathrm{d}x_3}\boldsymbol{e}_2 + \left(1 + \frac{\mathrm{d}v_{33}}{\mathrm{d}x_3}\right)\boldsymbol{e}_3\right\}\end{aligned}$$

$$\begin{aligned}\mathrm{d}\boldsymbol{k} = {} & \left\{\left(1 + \frac{\mathrm{d}v_{11}}{\mathrm{d}x_1}\right)\mathrm{d}x_1 + \frac{\mathrm{d}v_{21}}{\mathrm{d}x_2}\mathrm{d}x_2\right\}\boldsymbol{e}_1\\ & + \left\{\frac{\mathrm{d}v_{12}}{\mathrm{d}x_1}\mathrm{d}x_1 + \left(1 + \frac{\mathrm{d}v_{22}}{\mathrm{d}x_2}\right)\mathrm{d}x_2\right\}\boldsymbol{e}_2\end{aligned}$$

$$\begin{aligned}\mathrm{d}\boldsymbol{k} = {} & \left\{\left(1 + \frac{\mathrm{d}v_{11}}{\mathrm{d}x_1}\right)\mathrm{d}x_1 + \frac{\mathrm{d}v_{21}}{\mathrm{d}x_2}\mathrm{d}x_2 + \frac{\mathrm{d}v_{31}}{\mathrm{d}x_3}\mathrm{d}x_3\right\}\boldsymbol{e}_1\\ & + \left\{\frac{\mathrm{d}v_{12}}{\mathrm{d}x_1}\mathrm{d}x_1 + \left(1 + \frac{\mathrm{d}v_{22}}{\mathrm{d}x_2}\right)\mathrm{d}x_2 + \frac{\mathrm{d}v_{32}}{\mathrm{d}x_3}\mathrm{d}x_3\right\}\boldsymbol{e}_2\\ & + \left\{\frac{\mathrm{d}v_{13}}{\mathrm{d}x_1}\mathrm{d}x_1 + \frac{\mathrm{d}v_{23}}{\mathrm{d}x_2}\mathrm{d}x_2 + \left(1 + \frac{\mathrm{d}v_{33}}{\mathrm{d}x_3}\right)\mathrm{d}x_3\right\}\boldsymbol{e}_3\end{aligned}$$

$$\mathrm{d}\boldsymbol{k} = \begin{pmatrix}\left(1 + \frac{\mathrm{d}v_{11}}{\mathrm{d}x_1}\right) & \frac{\mathrm{d}v_{21}}{\mathrm{d}x_2}\\ \frac{\mathrm{d}v_{12}}{\mathrm{d}x_1} & \left(1 + \frac{\mathrm{d}v_{22}}{\mathrm{d}x_2}\right)\end{pmatrix}\begin{pmatrix}\mathrm{d}x_1\\ \mathrm{d}x_2\end{pmatrix}$$

↓ $B(e_1)$ ↓ $B(e_2)$

$\mathbf{B}$

$$\mathrm{d}\boldsymbol{k} = \begin{pmatrix}\left(1 + \frac{\mathrm{d}v_{11}}{\mathrm{d}x_1}\right) & \frac{\mathrm{d}v_{21}}{\mathrm{d}x_2} & \frac{\mathrm{d}v_{31}}{\mathrm{d}x_3}\\ \frac{\mathrm{d}v_{12}}{\mathrm{d}x_1} & \left(1 + \frac{\mathrm{d}v_{22}}{\mathrm{d}x_2}\right) & \frac{\mathrm{d}v_{32}}{\mathrm{d}x_3}\\ \frac{\mathrm{d}v_{13}}{\mathrm{d}x_1} & \frac{\mathrm{d}v_{23}}{\mathrm{d}x_2} & \left(1 + \frac{\mathrm{d}v_{33}}{\mathrm{d}x_3}\right)\end{pmatrix}\begin{pmatrix}\mathrm{d}x_1\\ \mathrm{d}x_2\\ \mathrm{d}x_3\end{pmatrix}$$

↓ $B(e_1)$ ↓ $B(e_2)$ ↓ $B(e_3)$

$\mathbf{B}$

$$\mathrm{d}\boldsymbol{k} = \mathbf{B}\cdot\mathrm{d}\boldsymbol{x}$$

$$\mathrm{d}\boldsymbol{k} = \mathbf{B}\cdot\mathrm{d}\boldsymbol{x}$$

Der Affinor **B** läßt sich in zwei Teile aufspalten:

$$\begin{pmatrix}\beta_{11} & \beta_{21}\\ \beta_{12} & \beta_{22}\end{pmatrix} = \begin{pmatrix}\left(1+\frac{dv_{11}}{dx_1}\right) & \frac{dv_{21}}{dx_2}\\ \frac{dv_{12}}{dx_1} & \left(1+\frac{dv_{22}}{dx_2}\right)\end{pmatrix} = \begin{pmatrix}1 & 0\\ 0 & 1\end{pmatrix} + \begin{pmatrix}\frac{dv_{11}}{dx_1} & \frac{dv_{21}}{dx_2}\\ \frac{dv_{12}}{dx_1} & \frac{dv_{22}}{dx_2}\end{pmatrix}$$

$$\underbrace{\begin{pmatrix}\beta_{11} & \beta_{21} & \beta_{31}\\ \beta_{12} & \beta_{22} & \beta_{32}\\ \beta_{13} & \beta_{23} & \beta_{33}\end{pmatrix}}_{\mathbf{B}} = \underbrace{\begin{pmatrix}\left(1+\frac{dv_{11}}{dx_1}\right) & \frac{dv_{21}}{dx_2} & \frac{dv_{31}}{dx_3}\\ \frac{dv_{12}}{dx_1} & \left(1+\frac{dv_{22}}{dx_2}\right) & \frac{dv_{32}}{dx_3}\\ \frac{dv_{13}}{dx_1} & \frac{dv_{23}}{dx_2} & \left(1+\frac{dv_{33}}{dx_3}\right)\end{pmatrix}}_{\mathbf{B}} = \underbrace{\begin{pmatrix}1 & 0 & 0\\ 0 & 1 & 0\\ 0 & 0 & 1\end{pmatrix}}_{\mathbf{E}} + \underbrace{\begin{pmatrix}\frac{dv_{11}}{dx_1} & \frac{dv_{21}}{dx_2} & \frac{dv_{31}}{dx_3}\\ \frac{dv_{12}}{dx_1} & \frac{dv_{22}}{dx_2} & \frac{dv_{32}}{dx_3}\\ \frac{dv_{13}}{dx_1} & \frac{dv_{23}}{dx_2} & \frac{dv_{33}}{dx_3}\end{pmatrix}}_{\mathbf{W}}$$

Die Dyade **E** wird *Identitätsdyade* genannt, da sie den Vektor $d\mathbf{x}$ auf sich selbst abbildet (die identische Abbildung vermittelt), während die Dyade **W** *Verschiebungsdyade* heißt und dem Vektor $d\mathbf{x}$ den *Verschiebungsvektor* $d\mathbf{s}$ zuordnet, also *nach* Ablauf der Translation die *Verschiebung* der Punkte $J' \to J'''$ infolge der Rotation und Deformation beschreibt:

$$d\mathbf{s} = \begin{pmatrix}\frac{dv_{11}}{dx_1} & \frac{dv_{21}}{dx_2}\\ \frac{dv_{12}}{dx_1} & \frac{dv_{22}}{dx_2}\end{pmatrix}\begin{pmatrix}dx_1\\ dx_2\end{pmatrix} \qquad d\mathbf{s} = \begin{pmatrix}\frac{dv_{11}}{dx_1} & \frac{dv_{21}}{dx_2} & \frac{dv_{31}}{dx_3}\\ \frac{dv_{12}}{dx_1} & \frac{dv_{22}}{dx_2} & \frac{dv_{32}}{dx_3}\\ \frac{dv_{13}}{dx_1} & \frac{dv_{23}}{dx_2} & \frac{dv_{33}}{dx_3}\end{pmatrix}\begin{pmatrix}dx_1\\ dx_2\\ dx_3\end{pmatrix}$$

$$d\mathbf{s} = \begin{pmatrix}dv_{11} + dv_{21}\\ dv_{12} + dv_{22}\end{pmatrix} \qquad d\mathbf{s} = \begin{pmatrix}dv_{11} + dv_{21} + dv_{31}\\ dv_{12} + dv_{22} + dv_{32}\\ dv_{13} + dv_{23} + dv_{33}\end{pmatrix}$$

Damit gilt

$$d\mathbf{k} = \mathbf{B}\, d\mathbf{x} = \mathbf{E}\, d\mathbf{x} + \mathbf{W}\, d\mathbf{x} = d\mathbf{x} + d\mathbf{s}\,.$$

Ist für einen Punkt P' unseres Balkens diese Verschiebungsdyade bekannt, so kann für jeden durch P' gehenden infinitesimalen Vektor $d\mathbf{x}$ der zugehörige Verschiebungsvektor $d\mathbf{s}$ angegeben und damit derjenige Vektor $d\mathbf{k}$ ermittelt werden, in den $d\mathbf{x}$ infolge der Rotation und Deformation übergeht. Mit der Verschiebungsdyade **W** ist also der gesamte Verschiebungszustand in P' bekannt.

3.2.3.1.4. Die Verzerrungsdyade

Bild 3.5 zeigt sehr anschaulich, wie der durch den Affinor beschriebene Übergang des infinitesimalen Rechteckes aus dem unverformten Zustand in den ver-

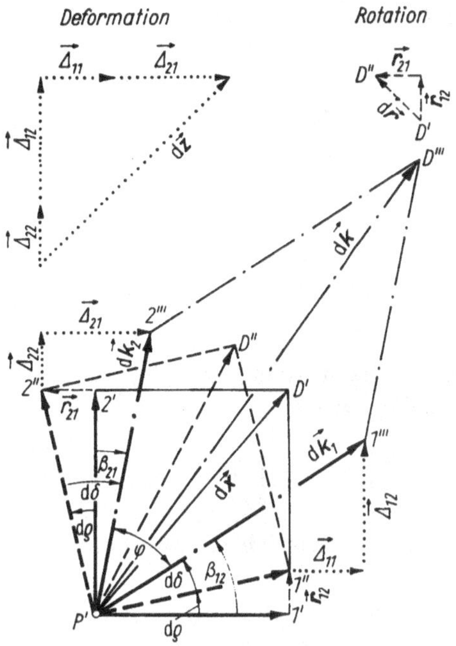

Bild 3.5. Zur Aufspaltung der Verschiebungsdyade in Versor und Deformator

$\beta_{12} = \mathrm{d}\varrho + \mathrm{d}\delta$	$\beta_{21} = -\,\mathrm{d}\varrho + \mathrm{d}\delta$
$\frac{1}{2}(\beta_{12} - \beta_{21}) = \mathrm{d}\varrho$	Drehwinkel
$\frac{1}{2}(\beta_{12} + \beta_{21}) = \mathrm{d}\delta$	Halbe Verzerrung des Winkels $\frac{\pi}{2}$
$\gamma := 2\,\mathrm{d}\delta = \frac{\pi}{2} - \varphi$	Verzerrung des Winkels $\frac{\pi}{2}$ (zwischen $\boldsymbol{e}_1$ und $\boldsymbol{e}_2$)

formten Zustand in eine Drehung des unverformten Rechteckes um den Winkel dϱ und eine Deformation aufgespalten werden kann:

unverformter Zustand		verformter Zustand		Rotation		Deformation
$\overrightarrow{P'1'}$	$\rightarrow$	$\overrightarrow{P'1'''}$	$=$	$\overrightarrow{P'1'} \rightarrow \overrightarrow{P'1''}$	$+$	$\overrightarrow{P'1''} \rightarrow \overrightarrow{P'1'''}$
$\overrightarrow{P'2'}$		$\overrightarrow{P'2'''}$		$\overrightarrow{P'2'} \rightarrow \overrightarrow{P'2''}$		$\overrightarrow{P'2''} \rightarrow \overrightarrow{P'2'''}$

Bei der Rotation bleibt der rechte Winkel zwischen den beiden Rechteckseiten erhalten ($\sphericalangle\ 1''P'2'' = \pi/2$). Während der Deformation ändert sich sowohl die Länge der beiden Rechteckseiten als auch der von ihnen eingeschlossene Winkel.

Mit den Bezeichnungen in Bild 3.4 und 3.5 ist also

$$\mathrm{d}\boldsymbol{k}_1 = \mathrm{d}\boldsymbol{x}_1 + \mathrm{d}\boldsymbol{v}_{11} + \mathrm{d}\boldsymbol{v}_{12} = \mathrm{d}\boldsymbol{x}_1 + \boldsymbol{r}_{12} + \overrightarrow{\Delta_{11}} + \overrightarrow{\Delta_{12}}\,,$$

$$\mathrm{d}\boldsymbol{k}_2 = \mathrm{d}\boldsymbol{x}_2 + \underbrace{\mathrm{d}\boldsymbol{v}_{22} + \mathrm{d}\boldsymbol{v}_{21}}_{\substack{\downarrow\\ \text{Verschiebung}}} = \mathrm{d}\boldsymbol{x}_2 + \underbrace{\boldsymbol{r}_{21}}_{\substack{\downarrow\\ \text{Rotation}}} + \underbrace{\overrightarrow{\Delta_{22}} + \overrightarrow{\Delta_{21}}}_{\substack{\downarrow\\ \text{Deformation}}}\,.$$

Es ist

$$|\mathrm{d}\boldsymbol{k}_1| = \left|\sqrt{(\mathrm{d}x_1 + \mathrm{d}v_{11})^2 + \mathrm{d}v_{12}^2}\right| = \left|\sqrt{\mathrm{d}x_1^2 + 2\,\mathrm{d}x_1\,\mathrm{d}v_{11} + \underbrace{\mathrm{d}v_{11}^2 + \mathrm{d}v_{12}^2}_{\approx 0}}\right|.$$

Da die Verschiebungen $\mathrm{d}v_{11}$ und $\mathrm{d}v_{12}$ sehr klein gegenüber $\mathrm{d}x_1$ sind, dürfen wir ihre Quadrate vernachlässigen und erhalten

$$|\mathrm{d}\boldsymbol{k}_1| = \left|\sqrt{\mathrm{d}x_1^2\left(1 + 2\frac{\mathrm{d}v_{11}}{\mathrm{d}x_1}\right)}\right| = \mathrm{d}x_1\left|\sqrt{1 + 2\frac{\mathrm{d}v_{11}}{\mathrm{d}x_1}}\right| = \mathrm{d}x_1\left(1 + \frac{\mathrm{d}v_{11}}{\mathrm{d}x_1}\right),$$

wobei $\sqrt{1 + a} \approx 1 + \frac{1}{2}a$ für $|a| \ll 1$ berücksichtigt wurde.

Die analoge Überlegung führt zu $|\mathrm{d}\boldsymbol{k}_2|$.

Dabei erleiden die Einheitsvektoren der infinitesimalen Rechteckseiten $\left(\text{also } \frac{\mathrm{d}\boldsymbol{x}_1}{\mathrm{d}x_1} = \boldsymbol{e}_1\,, \frac{\mathrm{d}\boldsymbol{x}_2}{\mathrm{d}x_2} = \boldsymbol{e}_2\right)$ die folgenden Längen- und Winkeländerungen (Verzerrungen):

$$|\boldsymbol{e}_1| = \frac{|\mathrm{d}\boldsymbol{x}_1|}{\mathrm{d}x_1} \to \frac{|\mathrm{d}\boldsymbol{k}_1|}{\mathrm{d}x_1} \approx \frac{\mathrm{d}x_1 + \mathrm{d}v_{11}}{\mathrm{d}x_1} = 1 + \frac{\mathrm{d}v_{11}}{\mathrm{d}x_1} =: 1 + \varepsilon_{11}\,,$$

$$|\boldsymbol{e}_2| = \frac{|\mathrm{d}\boldsymbol{x}_2|}{\mathrm{d}x_2} \to \frac{|\mathrm{d}\boldsymbol{k}_2|}{\mathrm{d}x_2} \approx \frac{\mathrm{d}x_2 + \mathrm{d}v_{22}}{\mathrm{d}x_2} = 1 + \frac{\mathrm{d}v_{22}}{\mathrm{d}x_2} =: 1 + \varepsilon_{22}\,,$$

$$\sphericalangle(\boldsymbol{e}_1, \boldsymbol{e}_2) = \frac{\pi}{2} \to \frac{\pi}{2} - (\beta_{12} + \beta_{21}) = \frac{\pi}{2} - \left(\frac{\mathrm{d}v_{12}}{\mathrm{d}x_1} + \frac{\mathrm{d}v_{21}}{\mathrm{d}x_2}\right) =: \frac{\pi}{2} - \gamma_{12}\,.$$

Die Symbole bedeuten:

ε_{11} Verzerrung des Einheitsvektors $\boldsymbol{e}_1$ in Richtung *1* (Dehnung in Richtung *1*),
ε_{22} Verzerrung des Einheitsvektors $\boldsymbol{e}_2$ in Richtung *2* (Dehnung in Richtung *2*),
γ_{12} Verzerrung des von den Einheitsvektoren $\boldsymbol{e}_1$ und $\boldsymbol{e}_2$ eingeschlossenen Winkels (Gleitung der Ebene *1—2*).

Die Deformationsanteile ε_{11}, ε_{22}, γ_{12} kann man aus der Verschiebungsdyade abspalten, wenn man diese in ihren symmetrischen und antimetrischen Anteil zerlegt. Transponieren wir zu diesem Zweck die Verschiebungsdyade,

$$\mathbf{W} = \begin{pmatrix} \frac{\mathrm{d}v_{11}}{\mathrm{d}x_1} & \frac{\mathrm{d}v_{21}}{\mathrm{d}x_2} \\ \frac{\mathrm{d}v_{12}}{\mathrm{d}x_1} & \frac{\mathrm{d}v_{22}}{\mathrm{d}x_2} \end{pmatrix} \to \mathbf{W}' = \begin{pmatrix} \frac{\mathrm{d}v_{11}}{\mathrm{d}x_1} & \frac{\mathrm{d}v_{12}}{\mathrm{d}x_1} \\ \frac{\mathrm{d}v_{21}}{\mathrm{d}x_2} & \frac{\mathrm{d}v_{22}}{\mathrm{d}x_2} \end{pmatrix},$$

so erhalten wir die Aufspaltung wie folgt:

$$\mathbf{W} = \underbrace{\frac{1}{2}(\mathbf{W} + \mathbf{W}')}_{\substack{\text{symmetrischer}\\ \text{Anteil}\\ \text{Deformator } \mathbf{D}}} + \underbrace{\frac{1}{2}(\mathbf{W} - \mathbf{W}')}_{\substack{\text{antimetrischer}\\ \text{Anteil}\\ \text{Versor } \mathbf{V}}},$$

$$\mathbf{W} = \mathbf{D} + \mathbf{V}$$

mit

$$\mathbf{D} = \begin{pmatrix} \dfrac{dv_{11}}{dx_1} & \dfrac{1}{2}\left(\dfrac{dv_{21}}{dx_2} + \dfrac{dv_{12}}{dx_1}\right) \\ \dfrac{1}{2}\left(\dfrac{dv_{12}}{dx_1} + \dfrac{dv_{21}}{dx_2}\right) & \dfrac{dv_{22}}{dx_2} \end{pmatrix} =: \begin{pmatrix} \varepsilon_{11} & \dfrac{1}{2}\gamma_{21} \\ \dfrac{1}{2}\gamma_{12} & \varepsilon_{22} \end{pmatrix},$$

$$\mathbf{V} = \begin{pmatrix} 0 & \dfrac{1}{2}\left(\dfrac{dv_{21}}{dx_2} - \dfrac{dv_{12}}{dx_1}\right) \\ \dfrac{1}{2}\left(\dfrac{dv_{12}}{dx_1} - \dfrac{dv_{21}}{dx_2}\right) & 0 \end{pmatrix} = \begin{pmatrix} 0 & -d\varrho \\ d\varrho & 0 \end{pmatrix} =: \begin{pmatrix} 0 & d\varrho_{21} \\ d\varrho_{12} & 0 \end{pmatrix}.$$

Der symmetrische Anteil $\mathbf{D}$ beschreibt die Verzerrung (Deformation) des infinitesimalen Rechteckes und wird deshalb *Verzerrungsdyade* oder *Deformator* genannt, während der antimetrische Anteil $\mathbf{V}$ die Drehung um den Winkel $d\varrho$ angibt und deshalb *Drehdyade* oder *Versor* heißt.

Die Verzerrungsdyade ist symmetrisch ($\gamma_{12} = \gamma_{21}$), die Drehdyade schiefsymmetrisch ($d\varrho_{12} = -d\varrho_{21}$) und die Verschiebungsdyade i. allg. nicht symmetrisch ($dv_{12} \neq dv_{21}$).

In völliger Analogie hierzu erhalten wir für den infinitesimalen Quader

$$\mathbf{D} = \begin{pmatrix} \varepsilon_{11} & \dfrac{1}{2}\gamma_{21} & \dfrac{1}{2}\gamma_{31} \\ \dfrac{1}{2}\gamma_{12} & \varepsilon_{22} & \dfrac{1}{2}\gamma_{32} \\ \dfrac{1}{2}\gamma_{13} & \dfrac{1}{2}\gamma_{23} & \varepsilon_{33} \end{pmatrix}, \qquad \mathbf{V} = \begin{pmatrix} 0 & d\varrho_{21} & d\varrho_{31} \\ d\varrho_{12} & 0 & d\varrho_{32} \\ d\varrho_{13} & d\varrho_{23} & 0 \end{pmatrix}.$$

Hierin repräsentieren

ε_{11}	die Dehnung in Richtung *1*,
ε_{22}	die Dehnung in Richtung *2*,
ε_{33}	die Dehnung in Richtung *3*,
$\gamma_{12} = \gamma_{21}$	die Gleitung der Ebene *1—2*,
$\gamma_{23} = \gamma_{32}$	die Gleitung der Ebene *2—3*,
$\gamma_{31} = \gamma_{13}$	die Gleitung der Ebene *3—1*,
$+d\varrho_{12} = -d\varrho_{21}$	die Verdrehung der Ebene *1—2*,
$+d\varrho_{23} = -d\varrho_{32}$	die Verdrehung der Ebene *2—3*,
$+d\varrho_{31} = -d\varrho_{13}$	die Verdrehung der Ebene *3—1*.

3.2.3.1.5. Infinitesimale Verdrehung und Vektorprodukt

Betrachten wir Bild 3.6, so erkennen wir, daß der durch die Verdrehung des Vektors $\boldsymbol{a}$ um den Winkel $\mathrm{d}\varrho$ entstehende Verschiebungsvektor $\overrightarrow{J'J''}$ senkrecht auf der durch die Vektoren $\boldsymbol{a}$ und $\boldsymbol{e}_3$ aufgespannten Ebene steht, den Betrag $|\overrightarrow{J'J''}| = a \cdot \mathrm{d}\varrho$ hat und demnach als Vektorprodukt erhalten werden kann:

$$\overrightarrow{J'J''} = -\,\boldsymbol{a} \times \mathrm{d}\varrho \cdot \boldsymbol{e}_3\,,$$

denn es ist $|\overrightarrow{J'J''}| = a \cdot \mathrm{d}\varrho \cdot \sin\frac{\pi}{2} = a \cdot \mathrm{d}\varrho\,.$

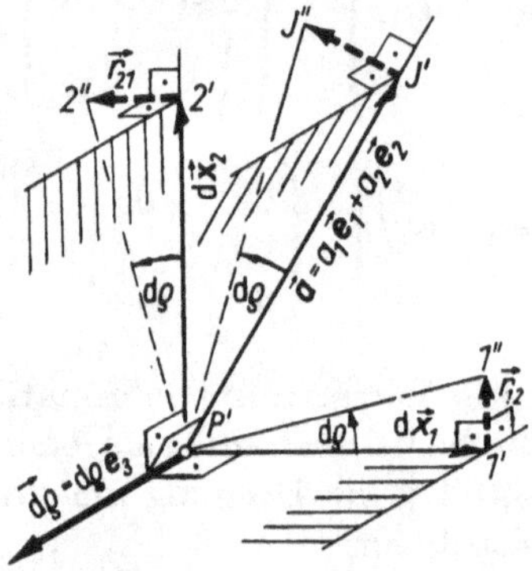

Bild 3.6. Die Drehung der 1–2-Ebene um den infinitesimalen Winkel $\mathrm{d}\varrho$

$$\boldsymbol{r}_{12} = \overrightarrow{1'1''} = -\,\mathrm{d}\boldsymbol{x}_1 \times \mathrm{d}\boldsymbol{\varrho} = \mathrm{d}\varrho\,\boldsymbol{e}_3 \times \mathrm{d}x_1\,\boldsymbol{e}_1\,,$$

$$\boldsymbol{r}_{21} = \overrightarrow{2'2''} = -\,\mathrm{d}\boldsymbol{x}_2 \times \mathrm{d}\boldsymbol{\varrho} = \mathrm{d}\varrho\,\boldsymbol{e}_3 \times \mathrm{d}x_2\,\boldsymbol{e}_2\,,$$

$$\overrightarrow{J'J''} = -\,\boldsymbol{a} \times \mathrm{d}\boldsymbol{\varrho} = \mathrm{d}\varrho\,\boldsymbol{e}_3 \times (a_1\,\boldsymbol{e}_1 + a_2\,\boldsymbol{e}_2)$$

Die weitere Umformung dieses Vektorproduktes

$$\overrightarrow{J'J''} = \mathrm{d}\varrho \cdot \boldsymbol{e}_3 \times \boldsymbol{a}$$

in eine Determinante

$$\overrightarrow{J'J''} = \begin{vmatrix} \boldsymbol{e}_1 & \boldsymbol{e}_2 & \boldsymbol{e}_3 \\ 0 & 0 & \mathrm{d}\varrho \\ a_1 & a_2 & 0 \end{vmatrix}$$

führt nach deren Auflösung zu

$$\begin{aligned} \overrightarrow{J'J''} &= \boldsymbol{e}_1\,(-\,a_2 \cdot \mathrm{d}\varrho) + \boldsymbol{e}_2\,(+\,a_1 \cdot \mathrm{d}\varrho) \\ &= (0 \cdot a_1 - \mathrm{d}\varrho \cdot a_2)\,\boldsymbol{e}_1 + (\mathrm{d}\varrho \cdot a_1 + 0 \cdot a_2)\,\boldsymbol{e}_2 \end{aligned}$$

oder

$$\overrightarrow{J'J''} = \begin{pmatrix} 0 & -\,\mathrm{d}\varrho \\ \mathrm{d}\varrho & 0 \end{pmatrix} \begin{pmatrix} a_1 \\ a_2 \end{pmatrix} = \mathbf{V} \cdot \boldsymbol{a}\,.$$

Die schiefsymmetrische Dyade beschreibt die Drehung der *1*—*2*-Ebene um den Winkel $d\varrho$. Wie wir gesehen haben, kann also der Versor (die Drehdyade) bei infinitesimalen Drehwinkeln durch ein Vektorprodukt ersetzt werden.

3.2.3.1.6. Die Anteile des Affinors

Der dem Punkt P' zugeordnete Affinor ordnet — wie wir gesehen haben — jedem Vektor $\boldsymbol{a}$ (mit dem Fußpunkt P') eineindeutig den zugehörigen Bildvektor $\boldsymbol{b}_a$ zu und beherrscht damit die Rotation und Deformation des Kontinuums in der Umgebung des Punktes P':

allgemein:	Beispiel Bild 3.4:
$\boldsymbol{b}_a = \mathbf{B} \cdot \boldsymbol{a}$;	$\mathrm{d}\boldsymbol{k} = \mathbf{B} \cdot \mathrm{d}\boldsymbol{x}$.

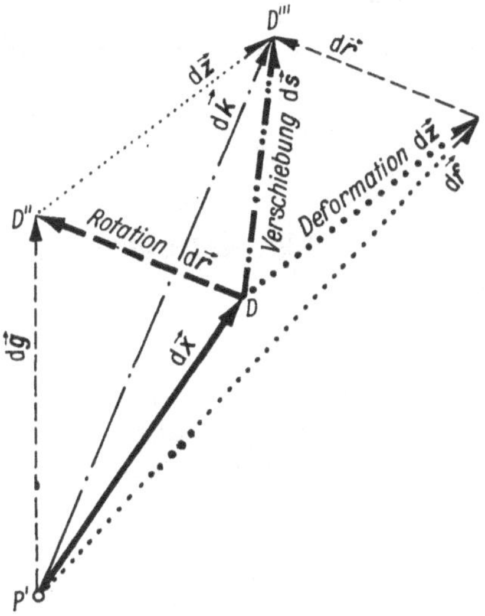

Bild 3.7. Anteile des Bildvektors

Dieser Affinor kann in die Identitätsdyade **E** und die Verschiebungsdyade **W**, die Verschiebungsdyade **W** wiederum in den Deformator **D** (Verzerrungsdyade) und den Versor **V** zerlegt werden, so daß die Abbildung wie folgt umgeformt werden kann:

allgemein:	Beispiel Bild 3.5, 3.7:
$\boldsymbol{b}_a = (\mathbf{E} + \mathbf{W})\,\boldsymbol{a}$,	$\mathrm{d}\boldsymbol{k} = \mathbf{E}\,\mathrm{d}\boldsymbol{x} + \mathbf{W}\,\mathrm{d}\boldsymbol{x} = \mathrm{d}\boldsymbol{x} + \mathrm{d}\boldsymbol{s}$,
$\boldsymbol{b}_a = \mathbf{E}\,\boldsymbol{a} + (\mathbf{D} + \mathbf{V})\,\boldsymbol{a}$;	$\mathrm{d}\boldsymbol{k} = \mathbf{E}\,\mathrm{d}\boldsymbol{x} + \mathbf{D}\,\mathrm{d}\boldsymbol{x} + \mathbf{V}\,\mathrm{d}\boldsymbol{x}$
	$= \mathrm{d}\boldsymbol{x} + \mathrm{d}\boldsymbol{z} + \mathrm{d}\boldsymbol{r}$.

Der Bildvektor $\mathrm{d}\boldsymbol{k}$ besteht also aus den folgenden Anteilen:

Originalvektor: $\mathrm{d}\boldsymbol{x} = \mathbf{E}\,\mathrm{d}\boldsymbol{x}$,

Gesamt-Verschiebungsvektor
(beschreibt die Verschiebung der Punkte J' infolge Rotation und Deformation $J' \to J'''$): $\mathrm{d}\boldsymbol{s} = \mathbf{W}\, \mathrm{d}\boldsymbol{x}$,

Rotations-Verschiebungsvektor
(beschreibt die Verschiebung der Punkte J' infolge Rotation $J' \to J''$): $\mathrm{d}\boldsymbol{r} = \mathbf{V}\, \mathrm{d}\boldsymbol{x}$,

Deformations-Verschiebungsvektor
(beschreibt die Verschiebung der Punkte J'' infolge Deformation $J'' \to J'''$): $\mathrm{d}\boldsymbol{z} = \mathbf{D}\, \mathrm{d}\boldsymbol{x}$.

Zusätzlich kann man den
verdrehten Vektor

$$\mathrm{d}\boldsymbol{g} := \mathrm{d}\boldsymbol{x} + \mathrm{d}\boldsymbol{r} = (\mathbf{E} + \mathbf{V})\, \mathrm{d}\boldsymbol{x} = \mathbf{G}\, \mathrm{d}\boldsymbol{x}$$

(entstanden durch die Verdrehung des Vektors $\mathrm{d}\boldsymbol{x}$ um den Winkel $\mathrm{d}\varrho$)

und den
verformten Vektor

$$\mathrm{d}\boldsymbol{f} := \mathrm{d}\boldsymbol{x} + \mathrm{d}\boldsymbol{z} = (\mathbf{E} + \mathbf{D})\, \mathrm{d}\boldsymbol{x} = \mathbf{F}\, \mathrm{d}\boldsymbol{x}$$

(entstanden durch die Verformung des Vektors $\mathrm{d}\boldsymbol{x}$, d. h. durch Änderung seiner Länge und seiner Richtung)

betrachten.

Da man jeden infinitesimalen Vektor als Diagonalvektor (Bild 3.4) $\mathrm{d}\boldsymbol{x}$ eines Rechteckes oder Quaders auffassen kann, gelten die Aussagen für jeden infinitesimalen in P' gebundenen Vektor $\mathrm{d}\boldsymbol{x}$, insbesondere natürlich für den Einheits-

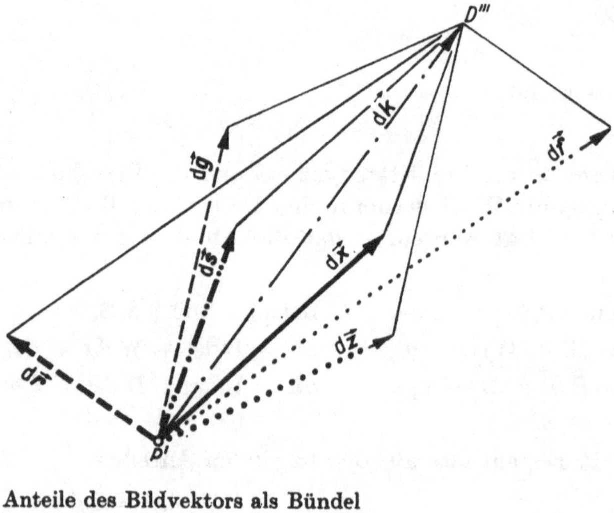

Bild 3.8. Anteile des Bildvektors als Bündel

vektor $\boldsymbol{n}$ jeder beliebigen durch P' gehenden, eine Richtung festlegenden Geraden, kurz für die infinitesimale Umgebung der Punkte P'.

Die Vektoraddition

$$\mathrm{d}\boldsymbol{k} = \mathrm{d}\boldsymbol{x} + \mathrm{d}\boldsymbol{s} = \mathrm{d}\boldsymbol{g} + \mathrm{d}\boldsymbol{z} = \mathrm{d}\boldsymbol{f} + \mathrm{d}\boldsymbol{r}$$

wird mit Hilfe des Parallelogrammgesetzes ausgeführt. Man kann sich deshalb die Vektoren (als Elemente eines Bündels) im Punkt P' angeheftet vorstellen (Bild 3.8). Die einzelnen Dyaden (**E**, **W**, **V**, **D**, **G**, **F**) ordnen dann jedem (Original-) Vektor $\mathrm{d}\boldsymbol{x}$ oder $\boldsymbol{n}$ und damit jeder Richtung durch P' eineindeutig einen Bildvektor zu.

3.2.3.1.7. Der Verschiebungs- und Verzerrungszustand

Durch die Rotation und Deformation eines Körpers wird jeder (in jedem Punkt P' desselben angreifende) Einheitsvektor $\mathrm{d}\boldsymbol{x} = \boldsymbol{n}$ in genau einen Vektor $\mathrm{d}\boldsymbol{k}$ übergeführt. Die den verschiedenen Richtungen $\overline{ii}$ $(i = 1, \ldots)$ zugeordneten Einheitsvektoren $\boldsymbol{n}_i$ gehen also bei dieser Bewegung in die ihnen eineindeutig zugeordneten Vektoren $\mathrm{d}\boldsymbol{k}_i$ über. Die Überführung wird durch den Affinor **B** vorgenommen, der damit die Rotation und Deformation der infinitesimalen Umgebung des Punktes P' beherrscht.

In gleicher Weise ordnet die dem Punkt P' zugehörige Verschiebungsdyade **W** jeder Richtung $\boldsymbol{n}_i$ genau einen Verschiebungsvektor $\mathrm{d}\boldsymbol{s}_i$ und die Verzerrungsdyade **D** jeder Richtung $\boldsymbol{n}_i$ genau einen Verzerrungsvektor $\mathrm{d}\boldsymbol{z}_i$ zu.

Die gleichzeitig vorgestellte Gesamtheit aller dieser einem Punkt P' zugeordneter Verschiebungsvektoren bzw. Verzerrungsvektoren nennt man den *Verschiebungszustand* bzw. *Verzerrungszustand* in P'.

3.2.3.1.8. Darstellung in verschiedenen Koordinatensystemen

Den bisherigen Betrachtungen wurde ein infinitesimales Volumenelement zugrunde gelegt, dessen Kanten parallel zu den Basisvektoren $\boldsymbol{e}_1$, $\boldsymbol{e}_2$, $\boldsymbol{e}_3$ verlaufen. Diese Festlegung ist natürlich willkürlich. Man hätte ebenso ein beliebiges anderes rechtwinkliges Koordinatensystem mit den Basisvektoren $\boldsymbol{e}_1^*, \boldsymbol{e}_2^*, \boldsymbol{e}_3^*$ wählen können, das zwar den gleichen Ursprung hat, dessen Koordinatenachsen aber gegenüber denen des ersten Systems verdreht sind.

3.2.3.1.9. Zusammenfassung

Zur Beschreibung des Verformungszustandes eines festen Körpers genügt eine vektorielle Darstellung nicht mehr. Neun Koordinaten müssen zu einem höherstufigen Gebilde, einer Dyade, zusammengefaßt werden, um dieses mechanische Problem mathematisch formulieren zu können.

Eine mechanische Größe **B**, die die lineare Abbildung $\boldsymbol{b}_a = \mathbf{B} \cdot \boldsymbol{a}$ vermittelt, die also einem im Anschauungsraum fest vorgegebenen Vektor $\boldsymbol{a}$ einen ebenfalls gegenüber Koordinatentransformationen invarianten Bildvektor $\boldsymbol{b}_a$ zuordnet, heißt (eben weil sie *zwei* Vektoren einander zuordnet) *Dyade* oder *Tensor 2. Stufe* (griech. δύας, Gen. δύαδος: Zweiheit).

3.2.3.2. Die Anzahl der Dyadenkoordinaten

Die Dyade wird im n-dimensionalen Raum durch die Bildvektoren der n Basisvektoren gebildet. Da das Bild eines jeden Basisvektors n Koordinaten hat, ist also die Matrix der Dyade quadratisch und wird aus n^2 Koordinaten gebildet. Im 3dimensionalen Raum sind dies $3^2 = 9$ Koordinaten (Exponent 2: Tensor 2. Stufe), und zwar:

im Koordinatensystem $\boldsymbol{e}_1, \boldsymbol{e}_2, \boldsymbol{e}_3$	im Koordinatensystem $\boldsymbol{e}_1^*, \boldsymbol{e}_2^*, \boldsymbol{e}_3^*$
$\mathbf{B} = \begin{pmatrix} \beta_{11} & \beta_{21} & \beta_{31} \\ \beta_{12} & \beta_{22} & \beta_{32} \\ \beta_{13} & \beta_{23} & \beta_{33} \end{pmatrix}$	$\mathbf{B}^* = \begin{pmatrix} \beta_{11}^* & \beta_{21}^* & \beta_{31}^* \\ \beta_{12}^* & \beta_{22}^* & \beta_{32}^* \\ \beta_{13}^* & \beta_{23}^* & \beta_{33}^* \end{pmatrix}$

Beim Übergang von einer Basis ($\boldsymbol{e}_1, \boldsymbol{e}_2, \boldsymbol{e}_3$) zu einer anderen ($\boldsymbol{e}_1^*, \boldsymbol{e}_2^*, \boldsymbol{e}_3^*$) ändern sich also die 9 Koordinaten

$$\beta_{\nu\mu} \to \beta_{\nu\mu}^* \quad \Big| \quad \nu = 1, 2, 3 \; ; \quad \mu = 1, 2, 3 \, ,$$

und zwar derart, daß die den beiden Koordinatensystemen zugeordneten Koordinaten die gleiche Abbildung vermitteln, also dem im Raum festen Vektor $\boldsymbol{a}$ in beiden Koordinatensystemen den gleichen Bildvektor $\boldsymbol{b}_a$ zuordnen.

3.2.3.3. Die Invarianz einer Dyade bei Koordinatentransformationen

Da in den beiden Fällen die Verformung desselben Körpers betrachtet und insbesondere der durch die Verformung bedingte Übergang desselben Vektors aus dem unverformten ($\boldsymbol{a} = \boldsymbol{a}^*$) in den verformten Zustand ($\boldsymbol{b}_a = \boldsymbol{b}_a^*$) beschrieben wird, müssen in beiden Fällen auch die Koordinatendarstellungen

$$\begin{pmatrix} a_1 \\ a_2 \\ a_3 \end{pmatrix} \quad \text{und} \quad \begin{pmatrix} a_1^* \\ a_2^* \\ a_3^* \end{pmatrix} \quad \text{bzw.} \quad \begin{pmatrix} b_1 \\ b_2 \\ b_3 \end{pmatrix} \quad \text{und} \quad \begin{pmatrix} b_1^* \\ b_2^* \\ b_3^* \end{pmatrix}$$

dieselben Vektoren beschreiben:

$$\boldsymbol{a} \equiv \boldsymbol{a}^* \quad \text{bzw.} \quad \boldsymbol{b}_a \equiv \boldsymbol{b}_a^* \, .$$

Der Originalvektor $\boldsymbol{a}$ und der Bildvektor $\boldsymbol{b}_a$ sind also unabhängig von dem für die Beschreibung gewählten Koordinatensystem, sie sind bezüglich der Koordinatentransformation $\boldsymbol{e}_\nu \to \boldsymbol{e}_\nu^*$ invariant. Wenn aber der Originalvektor und der Bildvektor invariant sind, so muß dies auch der Abbildungsoperator **B**, die Dyade, sein, da sonst eine invariante Abbildung eben nicht möglich wäre:

$$\underbrace{\boldsymbol{b}_a = \mathbf{B} \cdot \boldsymbol{a}}_{\text{invariant}} \qquad\qquad \boldsymbol{b}_a^* = \mathbf{B}^* \cdot \boldsymbol{a}^*$$

(über $\boldsymbol{b}_a$ und $\boldsymbol{a}$ bzw. $\boldsymbol{b}_a^*$ und $\boldsymbol{a}^*$: invariant; unter $\mathbf{B}$ bzw. $\mathbf{B}^*$: invariant)

Beim Übergang von einem Koordinatensystem $(\boldsymbol{e}_1, \boldsymbol{e}_2, \boldsymbol{e}_3)$ in ein anderes $(\boldsymbol{e}_1^*, \boldsymbol{e}_2^*, \boldsymbol{e}_3^*)$ werden sich zwar die Koordinaten der Dyade ändern $(\beta_{\nu\mu} \to \beta_{\nu\mu}^* |$ $\nu = 1, 2, 3;\ \mu = 1, 2, 3)$, aber doch immer derart, daß die Dyade in beiden Koordinatensystemen die gleiche Abbildung (hier z. B. die gleiche Verformung) beschreibt.

Um diese Invarianz der Dyade bezüglich der Koordinatentransformation $\boldsymbol{e}_\nu \to \boldsymbol{e}_\nu^*$ deutlicher werden zu lassen, projizieren wir in beiden Koordinatensystemen den Bildvektor (also sowohl $\boldsymbol{b}_a$ als auch $\boldsymbol{b}_a^*$) auf die beliebige, aber gleiche Gerade mit dem gleichen Einheitsvektor, der im 1. Fall $\boldsymbol{g}$, im 2. Fall $\boldsymbol{g}^*$ heißen möge:

$$\boldsymbol{g} \cdot \boldsymbol{b}_a = \boldsymbol{g} \cdot \mathbf{B} \cdot \boldsymbol{a}, \qquad\qquad \boldsymbol{g}^* \cdot \boldsymbol{b}_a^* = \boldsymbol{g}^* \cdot \mathbf{B}^* \cdot \boldsymbol{a}^*.$$

Die Projektionen der Bildvektoren $\boldsymbol{b}_a$ bzw. $\boldsymbol{b}_a^*$ auf die gleiche Gerade $\boldsymbol{g}$ bzw. $\boldsymbol{g}^*$ müssen gleich sein:

$$\boldsymbol{g} \cdot \mathbf{B} \cdot \boldsymbol{a} \overset{!}{=} \boldsymbol{g}^* \cdot \mathbf{B}^* \cdot \boldsymbol{a}^*.$$

Diese Projektionen sind Längen, nichtorientierte Strecken, also Skalare und demnach bezüglich der Koordinatentransformation $\boldsymbol{e}_\nu \to \boldsymbol{e}_\nu^*$ invariant.

Es sind also genau 2 Umformungen (in der nachfolgenden Formel durch $\uparrow$ gekennzeichnet) erforderlich, um die Invariante $I_{\mathbf{B}}$ der Dyade **B** zu erhalten (deshalb Bezeichnung von **B** als Tensor 2. Stufe):

$$I_{\mathbf{B}} = \boldsymbol{g} \underset{\uparrow}{\cdot} \mathbf{B} \underset{\uparrow}{\cdot} \boldsymbol{a} = \boldsymbol{g}^* \underset{\uparrow}{\cdot} \mathbf{B}^* \underset{\uparrow}{\cdot} \boldsymbol{a}^* = I_{\mathbf{B}^*}.$$

Nicht nur notwendig, sondern auch hinreichend für diese Invarianz ist die Gleichheit

$$\boldsymbol{g}_\lambda \cdot \mathbf{B} \cdot \boldsymbol{a}_\mu \overset{!}{=} \boldsymbol{g}_\lambda^* \cdot \mathbf{B}^* \cdot \boldsymbol{a}_\mu^*$$

für drei Vektoren $\boldsymbol{a}_\mu$ $(\mu = 1, 2, 3)$ und drei Vektoren $\boldsymbol{g}_\lambda$ $(\lambda = 1, 2, 3)$, die jeweils nicht in einer Ebene liegen dürfen (3^2 Bedingungen!).

3.2.3.4. Mathematische Definition der Dyade

Eine Dyade **B** (Tensor 2. Stufe) ist in einem kartesischen rechtwinkligen Rechtssystem $\boldsymbol{e}_1, \boldsymbol{e}_2, \boldsymbol{e}_3$ durch $3^2 = 9$ Koordinaten $\beta_{\nu\mu}$ (im n-dimensionalen Raum durch n^2 Koordinaten) bestimmt, die sich beim Übergang zu einem neuen Koordinatensystem $\boldsymbol{e}_1^*, \boldsymbol{e}_2^*, \boldsymbol{e}_3^*$ derart ändern $(\beta_{\nu\mu} \to \beta_{\nu\mu}^*)$, daß mit $\mathbf{B} := (\beta_{\nu\mu})$, $\mathbf{B}^* := (\beta_{\nu\mu}^*)$

$$\boldsymbol{g} \cdot \mathbf{B} \cdot \boldsymbol{a} \overset{!}{=} \boldsymbol{g}^* \cdot \mathbf{B}^* \cdot \boldsymbol{a}^*$$

für jeweils zwei beliebige Vektoren $\boldsymbol{a} = \boldsymbol{a}^*$, $\boldsymbol{g} = \boldsymbol{g}^*$ gilt.

3.2.4. Verallgemeinerung

Die Tensoren 0., 1., 2. Stufe (Skalare, Vektoren, Dyaden) sind physikalische Größen (z. B. Temperatur, Kraft, Verformungszustand), die vollständig unabhängig von dem nur für die Beschreibung erforderlichen Koordinatensystem sind. Diese Invarianzeigenschaft ist beim Vektor und bei der Dyade nicht mehr unmittelbar an den Koordinaten der sie beschreibenden mathematischen Gebilde (einspaltige bzw. quadratische Matrix) zu erkennen. In kartesischen rechtwinkligen Koordinatensystemen kann man die Invarianz aber deutlich werden lassen, indem man den Tensor 1. bzw. 2. Stufe durch 1 bzw. 2 Multiplikationen auf einen Skalar zurückführt.

Besonders anschaulich tritt natürlich die Invarianz bei der geometrischen Darstellung in Erscheinung. Der mit einer Maßzahl belegte Punkt als Symbol des Skalars (Tensor 0. Stufe) zeigt diese Unabhängigkeit ebenso deutlich wie der Pfeil, die orientierte Strecke, als Symbol des Vektors (Tensor 1. Stufe).

Die als quadratische Matrix dargestellten Dyaden lassen sich in einen sog. symmetrischen Anteil und einen sog. antimetrischen Anteil zerlegen. Für die technische Anwendung ist der symmetrische Tensor(-anteil) von Bedeutung. Für einen solchen symmetrischen Tensor existiert eine (koordinateninvariante) geometrische Veranschaulichung[1]) — nämlich das Tensorellipsoid (diese Fläche 2. Ordnung wird durch die Gleichung $\boldsymbol{x}' \cdot \mathbf{B} \cdot \boldsymbol{x} = 1$ beschrieben).

3.3. Spezielle Mengen von Modellelementen

Faßt man bestimmte, wohlunterschiedene Objekte der Anschauung oder des Denkens zu einem Ganzen zusammen, so nennt man dieses Ganze nach G. Cantor, dem Begründer der Mengenlehre, eine *Menge M* und die einzelnen Objekte die *Elemente* dieser Menge.

Um diese Elementbeziehung zum Ausdruck zu bringen, schreibt man symbolisch

$$a \in M \qquad \text{bzw.} \qquad M \ni a$$

und meint: *a ist ein Element der Menge M* oder *a ist in M enthalten* oder *a gehört zu M*. Die Negation von $a \in M$ wird durch

$$a \notin M \qquad \text{bzw.} \qquad M \not\ni a$$

symbolisiert.

Die von uns betrachteten Modellelemente lassen sich nach ihren Eigenschaften in Skalar-, Vektor-, Dyadenmengen und diese wieder nach ihrer geometrischen Zuordnung in Bündel, Felder, Systeme einteilen. Zwischen den Modellelementen können schließlich verschiedene Verknüpfungen erklärt werden.

[1]) Die übliche Darstellung der Dyade als Vektordreibein, als die Zusammenfassung der drei Bilder $\boldsymbol{b}_1, \boldsymbol{b}_2, \boldsymbol{b}_3$ der Basisvektoren $\boldsymbol{e}_1, \boldsymbol{e}_2, \boldsymbol{e}_3$ läßt die Invarianz der Dyade *nicht* erkennen, denn die Vektoren verschiedener Basen haben im allgemeinen verschiedene Bildvektoren.

3.3.1. Spezielle Eigenschaften der Elemente

Sind alle Elemente einer Menge Skalare (a), Vektoren ($\boldsymbol{a}$) oder Dyaden ($\mathbf{A}$)[1]), so spricht man von einer *Skalarmenge* M_a, *Vektormenge* $M_{\boldsymbol{a}}$ oder *Dyadenmenge* $M_{\mathbf{A}}$. Allgemein wollen wir eine solche Menge als *Tensormenge* M bezeichnen.

3.3.2. Spezielle geometrische Zuordnungen der Elemente

3.3.2.1. Das Bündel

Umfaßt eine Tensormenge die Gesamtheit aller Tensoren einer mechanischen Größe und ist diese Menge einem einzigen Punkt zugeordnet, dann nennt man diese Menge ein Bündel dieser mechanischen Größe.

3.3.2.2. Das Feld

Im Anschauungsraum wird der Punkt Q z. B. durch den Ortsvektor $\boldsymbol{r}_{OQ} = \overrightarrow{OQ}$ eines kartesischen Koordinatensystems eindeutig festgelegt. Läßt man nun den Punkt Q und damit den Ortsvektor $\boldsymbol{r}_{OQ}$ auf und innerhalb einer vorgegebenen geschlossenen Fläche (Hülle) $H(\boldsymbol{r}) = \text{const}$ (z. B. der Oberfläche eines Ellipsoids $\boldsymbol{r}' \cdot \boldsymbol{a} \cdot \boldsymbol{r} = 1$) stetig variieren, so bildet die gleichzeitig vorgestellte Gesamtheit aller dieser Punkte ein sog. *leeres Feld* (d. h. eine kontinuierliche Verteilung) von Punkten, an die keine mechanischen Größen gebunden sind. Dieses Feld repräsentiert einen Teil des Anschauungsraumes, einen sog. *Raumteil* oder *beschränkten Bereich* B.

Neben dem soeben beschriebenen leeren Feld B, das eine räumliche Struktur hat (B =: V), kann B auch ein Flächenstück (B =: F) oder einen Linienabschnitt (B =: L) darstellen. Hinsichtlich der Struktur unterscheidet man deshalb Raumfelder, Flächen- und Linienfelder. Als Sonderfälle (in der Praxis sind es die Regelfälle!) sind ebene sowie geradlinige Strukturen möglich.

Ist $\mathrm{B} = \mathrm{V} \vee \mathrm{F} \vee \mathrm{L}$ ein beschränkter Bereich des Anschauungsraumes im obigen Sinne und ist jedem Punkt $Q \in \mathrm{B}$ eine mechanische Größe Γ (z. B. Temperatur, Verschiebung, Verformung) zugeordnet, die stetig mit diesem Punkt Q variiert, also $\Gamma = \Gamma(Q) = \Gamma(\boldsymbol{r}_{OQ})$, dann bezeichnet man die gleichzeitig vorgestellte Gesamtheit aller mechanischen Größen $\Gamma(\boldsymbol{r}_{OQ})$ als das *Feld* der mechanischen Größe Γ in B und schreibt symbolisch

$$\Phi_\Gamma := \{\Gamma(\boldsymbol{r}) \mid \boldsymbol{r} \in \mathrm{B}, \mathrm{B} = \mathrm{V} \vee \mathrm{F} \vee \mathrm{L}\} .$$

In Worten heißt das: Das Feld Φ_Γ der ortsabhängigen mechanischen Größen $\Gamma(\boldsymbol{r})$ ist definiert (Symbol $:=$) als die Menge (Symbol $\{\ \}$) der mechanischen Größen Γ, die den vom Ortsvektor $\boldsymbol{r}$ fixierten Punkten zugeordnet sind (also $\Gamma(\boldsymbol{r})$), wobei (Symbol $|$) der vom Ortsvektor $\boldsymbol{r}$ fixierte Punkt (also der Spitzen-

[1]) Dyaden oder Tensoren 2. Stufe werden in der Literatur häufig einfach „Tensoren" genannt.

punkt des Ortsvektors $\boldsymbol{r}$ selbst) ein Element (Symbol $\in$) des leeren Feldes B ist und B räumliche (B = V), flächige (B = F) oder (Symbol $\vee$) linienförmige (B = L) Struktur haben kann.

Sind die Elemente der vorliegenden Gesamtheit Skalare (z. B. die Temperatur), Vektoren (z. B. die Verschiebung) oder Dyaden (z. B. die Verformung), so spricht man genauer von einem *Skalarfeld*, *Vektorfeld* oder *Dyadenfeld*.

Ein derartiges Feld beschreibt zu einem gewissen Zeitpunkt t einen *Zustand*, so z. B. die Temperaturverteilung in einem Staubecken, die Verschiebung der einzelnen Punkte Q eines Balkens (Durchbiegung) oder aber dessen Verformung infolge irgendeiner Belastung. Die zeitlichen Änderungen dieser Zustände heißen *Vorgänge* und werden entsprechend durch zeitabhängige Felder dargestellt, wie beispielsweise die Änderung der Temperaturverteilung im Staubecken oder die Änderung der Verschiebung bzw. Verformung während der Schwingung des Balkens. Die zeitunabhängigen Felder (Zustände) werden *stationär*, die zeitabhängigen Felder (Vorgänge) *instationär* genannt.

Rotiert beispielsweise ein starrer Körper um eine feste Achse, so ist in jedem Zeitpunkt t jedem Punkt $\boldsymbol{r}$ des Körpers eine Geschwindigkeit $\boldsymbol{v}(\boldsymbol{r}, t)$ zugeordnet, die als gebundener Vektor mit dem Punkt $\boldsymbol{r}$ als Angriffspunkt aufgefaßt werden kann. Die Gesamtheit aller dieser Vektoren $\boldsymbol{v}(\boldsymbol{r}, t)$ bildet das Geschwindigkeitsfeld, das in dem vom Körper eingenommenen Teil des Anschauungsraumes (Raumteil V) vorliegt:

$$\Phi_v := \{\boldsymbol{v}(\boldsymbol{r}, t) \mid \boldsymbol{r} \in \mathrm{V}\} .$$

Weitere Beispiele für die symbolische Beschreibung einiger Felder findet der Leser in Tafel 3.1.

Tafel 3.1. Beispiele für die symbolische Beschreibung stationärer Tensorfelder

<table>
<tr><td>Skalarfelder</td><td colspan="2">(Massen-)Dichtefeld
Temperaturfeld</td><td>$\Phi_\mu := \{\mu(\boldsymbol{r}) \mid \boldsymbol{r} \in \mathrm{V}\}$
$\Phi_T := \{T(\boldsymbol{r}) \mid \boldsymbol{r} \in \mathrm{V}\}$</td></tr>
<tr><td rowspan="2">Vektorfelder</td><td>kinematische Felder</td><td>Verschiebungsfeld
Geschwindigkeitsfeld
Beschleunigungsfeld
Impulsdichtefeld</td><td>$\Phi_d := \{\boldsymbol{d}(\boldsymbol{r}) \mid \boldsymbol{r} \in \mathrm{V}\}$
$\Phi_v := \{\boldsymbol{v}(\boldsymbol{r}) \mid \boldsymbol{r} \in \mathrm{V}\}$
$\Phi_b := \{\boldsymbol{b}(\boldsymbol{r}) \mid \boldsymbol{r} \in \mathrm{V}\}$
$\Phi_i := \{\boldsymbol{i}(\boldsymbol{r}) \mid \boldsymbol{r} \in \mathrm{V}\}$</td></tr>
<tr><td>dynamische Felder</td><td>Volumenvektorfeld
(z. B. Wichtefeld)
Flächenvektorfeld
(z. B. Spannungsfeld, Flächenlast)
Linienvektorfeld
(z. B. Linienlast)</td><td>$\Phi_\varrho := \{\varrho(\boldsymbol{r}) \mid \boldsymbol{r} \in \mathrm{V}\}$
$\Phi_\sigma := \{\sigma(\boldsymbol{r}) \mid \boldsymbol{r} \in \mathrm{F}\}$
$\Phi_\lambda := \{\lambda(\boldsymbol{r}) \mid \boldsymbol{r} \in \mathrm{L}\}$</td></tr>
<tr><td>Dyadenfelder</td><td colspan="2">Verschiebungsdyadenfeld
Verzerrungsdyadenfeld</td><td>$\Phi_{\mathbf{W}} := \{\mathbf{W}(\boldsymbol{r}) \mid \boldsymbol{r} \in \mathrm{V}\}$
$\Phi_{\mathbf{D}} := \{\mathbf{D}(\boldsymbol{r}) \mid \boldsymbol{r} \in \mathrm{V}\}$</td></tr>
</table>

3.3.2.3. Das System

Jeweils endlich viele Elemente eines Feldes oder Bündels bilden ein System, d. h., endlich vielen Punkten, die eine *diskret verteilte Punktmenge S* bilden, sind jeweils endlich viele physikalische Größen einer Art zugeordnet. Da Massen, Kräfte usw. sehr oft diskret verteilt auftreten, haben die Systeme eine außerordentliche praktische Bedeutung. Bewegen sich z. B. n homogene Kugeln mit den Mittelpunkten i ($i = 1, \ldots, n$) und den Massen m_i im Schwerefeld der Erde, so lassen sich jedem der Punkte i z. B. die Skalare m_i, T_i und die Vektoren $\boldsymbol{G}_i$, $\boldsymbol{v}_i$, $\boldsymbol{I}_i$, $\boldsymbol{g}_i$ zuordnen. Damit liegen also die in Tafel 3.2 angegebenen Skalar- und Vektorsysteme vor.

Tafel 3.2. **Beispiele für die symbolische Beschreibung stationärer Tensorsysteme**

Skalar-systeme	Massensystem	$\mathrm{S}_m := \{m_1, \ldots, m_n\} = \{m_i \mid i = 1, \ldots, n\}$
	Temperatursystem	$\mathrm{S}_T := \{T_1, \ldots, T_n\} = \{T_i \mid i = 1, \ldots, n\}$
Vektor-systeme	Geschwindigkeits-system	$\mathrm{S}_v := \{\boldsymbol{v}_1, \ldots, \boldsymbol{v}_n\} = \{\boldsymbol{v}_i \mid i = 1, \ldots, n\}$
	System der Erd-beschleunigungen	$\mathrm{S}_g := \{\boldsymbol{g}_1, \ldots, \boldsymbol{g}_n\} = \{\boldsymbol{g}_i \mid i = 1, \ldots, n\}$
	Impulssystem	$\mathrm{S}_J := \{\boldsymbol{J}_1, \ldots, \boldsymbol{J}_n\} = \{\boldsymbol{J}_i \mid i = 1, \ldots, n\}$
	Kräftesystem	$\mathrm{S}_G := \{\boldsymbol{G}_1, \ldots, \boldsymbol{G}_n\} = \{\boldsymbol{G}_i \mid i = 1, \ldots, n\}$

Man kann auch den Index i ($i = 1, 2, \ldots, n$) durch den Ortsvektor $\boldsymbol{r}_{Oi}$ des Punktes i bzw. durch dessen Koordinaten (x_i, y_i, z_i) ausdrücken, also z. B.

$$\begin{aligned}\mathrm{S}_v &:= \{\boldsymbol{v}(\boldsymbol{r}_{O1}), \ldots, \boldsymbol{v}(\boldsymbol{r}_{On})\}\\ &= \{\boldsymbol{v}(\boldsymbol{r}_{Oi}) \mid i = 1, \ldots, n\}\end{aligned}$$

oder

$$\begin{aligned}\mathrm{S}_v &:= \{\boldsymbol{v}(x_1, y_1, z_1), \ldots, \boldsymbol{v}(x_n, y_n, z_n)\}\\ &= \{\boldsymbol{v}(x_i, y_i, z_i) \mid i = 1, \ldots, n\}\end{aligned}$$

schreiben.

Ebenso wie bei den Feldern werden zeitunabhängige Systeme (Zustände) *stationär* und zeitabhängige Systeme (Vorgänge) *instationär* genannt.

3.4. Zusammenfassung

Die Mathematisierung mechanischer Größen (Mathematisierungsprozeß) führt zu mathematischen Gebilden, die jeweils einem bestimmten Raumpunkt zugeordnet, durch genau $3^0 = 1$, $3^1 = 3$, $3^2 = 9$ Koordinaten eindeutig bestimmt sind und die mathematische Beschreibung des Modells ermöglichen. Sie werden Tensoren 0., 1., 2. Stufe (oder Skalare, Vektoren, Dyaden) genannt und zeichnen sich insbesondere dadurch aus, daß sie in jedem Koordinatensystem als mathematisches Bild derselben mechanischen Größe in Erscheinung treten. Beim Übergang von einem Koordinatensystem zu einem anderen ändern sich zwar die 3^n Koordinaten des Tensors n-ter Stufe, aber so, daß sie in ihrer Gesamtheit in jedem Koordinatensystem das Bild derselben mechanischen Größe repräsentieren: *Tensoren sind gegenüber Koordinatentransformationen invariant.*

Verschiedene Tensoren der gleichen Art lassen sich zu Bündeln, Feldern oder Systemen zusammenfassen (s. z. B. Tafel 3.3).

Tafel 3.3. **Mechanische Größen**

<table>
<tr><td colspan="2" rowspan="3"></td><td colspan="3">VERTEILUNG IN B</td></tr>
<tr><td>ELEMENT</td><td>SYSTEM S</td><td>FELD Φ</td></tr>
<tr><td>Einem Punkt in B ist eine Größe zugeordnet.</td><td>Mehreren Punkten in B ist je eine Größe zugeordnet.
DISKRET</td><td>Allen Punkten in B ist je eine Größe zuzugeordnet.
KONTINUIERLICH</td></tr>
<tr><td rowspan="3">ARTEN</td><td>SKALAR</td><td>Skalar
(Temperatur)</td><td>Skalar-System
(Temperatur-System)</td><td>Skalar-Feld
(Temperatur-Feld)</td></tr>
<tr><td>VEKTOR</td><td>Vektor
(Geschwindigkeit)
(Kraft)</td><td>Vektor-System
(Geschwindigkeits-System)
(Kräfte-System)</td><td>Vektor-Feld
(Geschwindigkeits-Feld)
(Kraftdichte-Feld)</td></tr>
<tr><td>DYADE</td><td>Dyade
(Verschiebungszustand)</td><td>Dyaden-System
(System von Verschiebungszuständen)</td><td>Dyaden-Feld
(Feld von Verschiebungszuständen = Verschiebungstensorfeld)</td></tr>
</table>

Praktisch hat dies jedoch erst dann einen Sinn, wenn die Gültigkeit der für die Modellelemente (Skalare, Vektoren, . . .) definierten Verknüpfungen auch für die entsprechenden physikalischen Größen (Temperatur, Kraft, . . .) experimentell bestätigt worden ist.

Die mathematische Behandlung einer physikalischen Größe setzt die zweckmäßige, sonst durchaus willkürliche Definition einer Maßeinheit und die Festlegung einer Meßvorschrift voraus.

Sachverzeichnis

Anmerkung zur 1. Auflage

Aus drucktechnischen Gründen ist es leider nicht möglich, in dieser Auflage die Maßeinheiten, die hin und wieder als Beispiel eingestreut worden sind und nur der Veranschaulichung dienen, auf die Einheiten des SI umzuschreiben. Es soll hier lediglich Bild 2.13, Seite 76, richtig gestellt werden, da sich inzwischen auch die Bezeichnung der Vorschriften geändert hat.

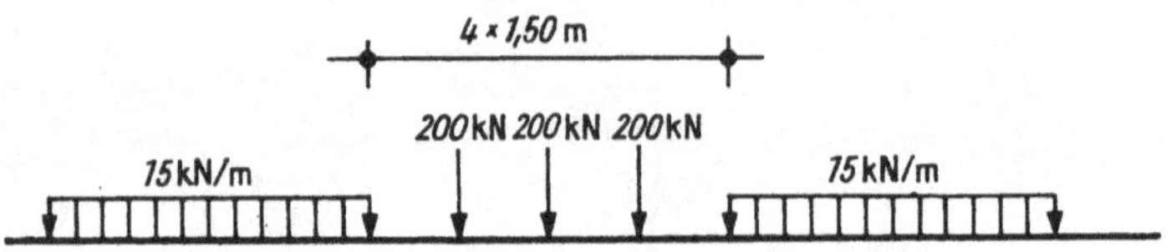

Lastenzug für die 3 m breite Hauptspur der Straßenbrücken-Klasse 60 gemäß TGL 13000

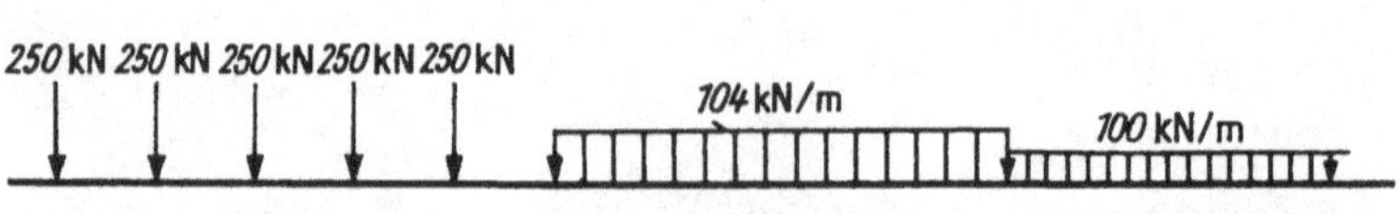

Verkehrslast je Gleis gemäß DV 804 (BE) Lastenzug DR

Der Vollständigkeit wegen sei darauf hingewiesen, daß bei den Energiebetrachtungen zu Bild 1.6, Seite 22, die Rotation aus plakativen Gründen weggelassen worden ist.

Anhang zur 2. Auflage

Die Problemanalyse elementarer ebener Stabtragwerke

Tafel V.1 und das Kapitel 2. lassen sehr deutlich erkennen, daß in der Mechanik der Lösung jeder Aufgabe eine Problemanalyse vorangehen muß. Im Rahmen dieser Problemanalyse wird nach der Präzisierung der Problemstellung zunächst ein für die Lösung des vorliegenden Problems geeignetes Modell gesucht. Danach erfolgt mit der Wahl eines Prinzips (das der Begründung des Bewegungsvorganges an Hand der Belegung dient) und der Festlegung geeigneter Algorithmen die Überführung des Problems in eine Aufgabe.

Die Erarbeitung des problemgebundenen Modells setzt natürlich eine hinreichende Anzahl von Symbolen für Objekt und Belegung voraus, die entweder bereits vor der Problem-

Tafel A.1. **Beispiel zur Lösung zweier Probleme der Punktmechanik**

A.1.1. Problemanalyse

aufgabegebundenes Modell	Problemstellung	Ermittlung der Stützkräfte	Ermittlung der Elongationen
	problemgebundenes Modell	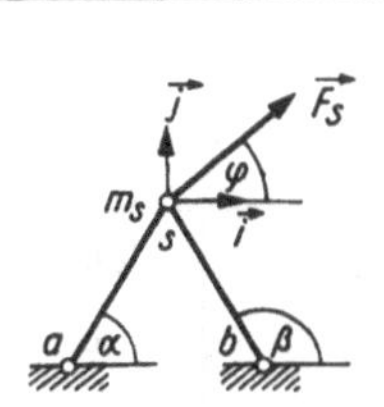 statisches System Belastung: $\vec{F}_s$	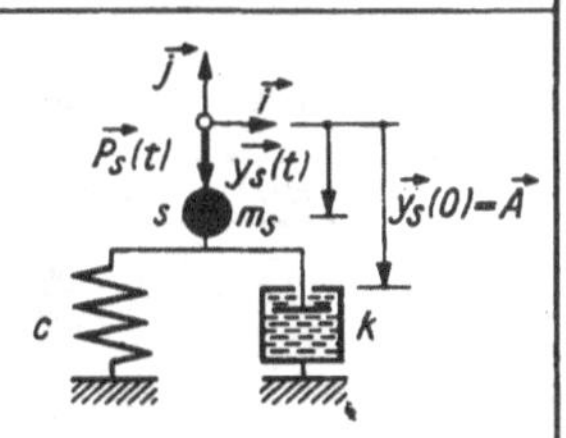 kinetisches System Belastung: $\vec{P}_s(t) = \vec{0}$
	Algorithmus	Prinzip: $\vec{R}_s = \vec{0}$	Prinzip: $\vec{R}_s = \dot{\vec{I}}_s$

A.1.2. Problemlösung

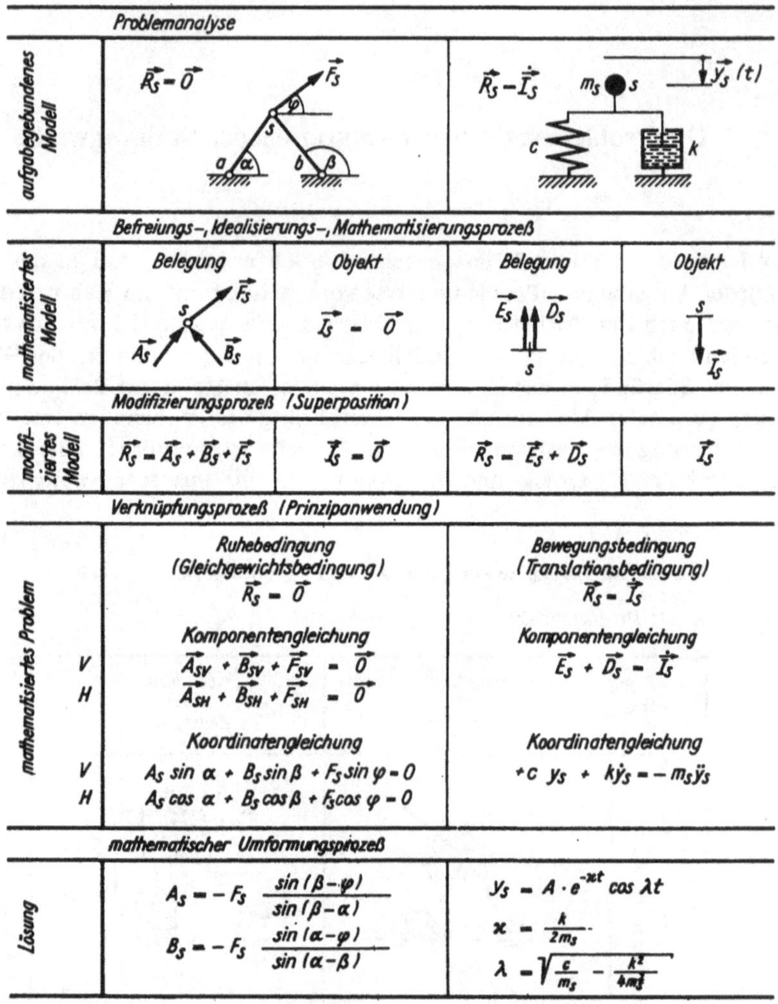

analyse bekannt sein müssen oder im Rahmen der Problemanalyse zu definieren sind. Sie bilden gewissermaßen den Zeichenvorrat für die Modellbildung.

Kann das Objekt als Punktmasse idealisiert werden, so ist dieser Zeichenvorrat recht bescheiden und wurde im vorliegenden Band mitgeteilt (vgl. Tafel A.1).

Betrachten wir zunächst den belasteten Zweibock.

Gesucht werden die in den beiden Stäben $\overline{as}$ und $\overline{bs}$ wirkenden Stützkräfte des Punktes s, die infolge der an diesem Punkt angreifenden Kraft $\boldsymbol{F}_s$ entstehen. (Wir wollen annehmen, daß die Stützkräfte infolge des Gewichtes $\boldsymbol{G}_s = m_s\boldsymbol{g}$ bereits bekannt sind und demnach im folgenden nicht mehr interessieren.) Da sich der Punkt s nicht bewegen darf, müssen seine

Geschwindigkeit und damit sein Impuls ebenso wie seine Impulsänderung Nullvektoren sein. Für die Lösung des Problems ist demnach das NEWTONsche Prinzip (S. 24, 82, 92)

$$\boldsymbol{R}_s = \frac{\mathrm{d}}{\mathrm{d}t} m_s \boldsymbol{v}_s = \boldsymbol{0}$$

geeignet, wobei sich $\boldsymbol{R}_s$ als vektorielle Summe aller in s angreifenden Kräfte auf Grund der Gültigkeit des STEVINschen Axiomes (2.4.3.1.) ergibt.

Mit Hilfe dieser Überlegungen wurde das Problem in eine Aufgabe überführt, deren Lösung in Tafel A.1 leicht verfolgt werden kann.

Für die Ermittlung der zeitabhängigen Elongation des Massenmittelpunktes in Bild 2.12, S. 75, darf das Schwingungsverhalten des vorliegenden Trägers mit dem Schwingungsverhalten einer Punktmasse verglichen werden. Genügt für die Beschreibung der Massenmittelpunktbewegung beispielsweise das kinetische System II, so sind nach Ermittlung der Federkonstanten c und der Dämpfungskonstanten k alle auf die Punktmasse einwirkenden Kräfte bekannt, wenn die Erregerkraft verschwindet, die Maschine also nicht läuft und wir nur den Ausschwingvorgang beschreiben wollen.

Für die Begründung der Bewegung des Massenpunktes unter Einwirkung der Feder- und Dämpfungskraft ist wiederum das NEWTONsche Prinzip

$$\boldsymbol{R}_s = \frac{\mathrm{d}}{\mathrm{d}t} \boldsymbol{J}_s$$

Tafel A.2. **Beispiele für zwei Aufgaben der ebenen Mechanik**

	Problemstellung	*Ermittlung der Stützkräfte*	*Ermittlung der Elongationen*
aufgabegebundenes Modell	problemgebundenes Modell	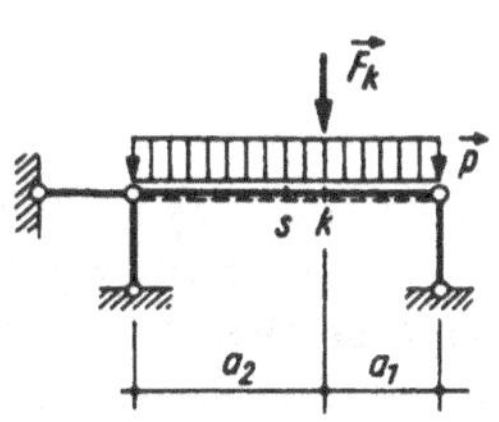 *statisches System* *Belastung*: $B:=\{\vec{F}_k, \vec{p}\}$	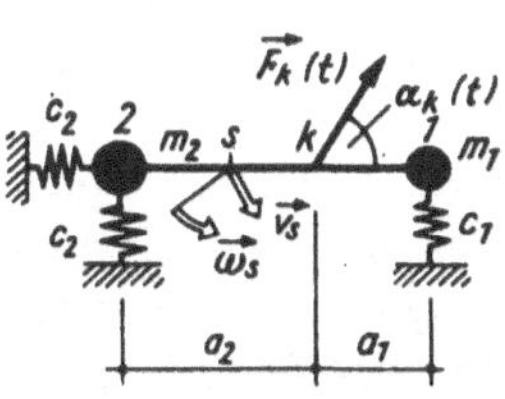 *kinetisches System* *Belastung*: $B:=\vec{F}_k(t)$
	Algorithmus	$\Sigma \vec{P}_{s,B} = \vec{0}$ $\Sigma \vec{M}_{s,B} = \vec{0}$	$\Sigma \vec{P}_{s,B} = \frac{d}{dt} \vec{P}_{s,I}$ $\Sigma \vec{M}_{s,B} = \frac{d}{dt} \vec{M}_{s,I}$

geeignet (S. 24, 82, 92), wobei die Kräfte in s auf Grund der Gültigkeit des STEVINschen Axioms superponiert werden dürfen. Wählen wir noch den Zeitpunkt $t = 0$ z. B. derart, daß die Elongation gerade einen Extremwert erreicht,

$$\boldsymbol{y}_s(0) = \boldsymbol{A}\,,$$

und die Geschwindigkeit verschwindet,

$$\dot{\boldsymbol{y}}_s(0) = \boldsymbol{0}\,,$$

so sind alle Festlegungen getroffen, die das Problem in eine Aufgabe überführen.

Bei der Lösung entsprechend Tafel A.1 muß man lediglich beachten, daß

$$\boldsymbol{E}_s = -c\boldsymbol{y}_s = -cy_s[-\boldsymbol{j}] = +cy_s \cdot \boldsymbol{j}\,,$$

$$\boldsymbol{D}_s = -k\dot{\boldsymbol{y}}_s = -k(y_s[-\boldsymbol{j}])^{\cdot} = +k\dot{y}_s\boldsymbol{j}$$

und

$$\boldsymbol{J}_s = +m_s\dot{\boldsymbol{y}}_s = +m(y_s[-\boldsymbol{j}])^{\cdot} = -m_s\dot{y}_s\boldsymbol{j}$$

ist.

Sollen jedoch Aufgaben der ebenen oder räumlichen Mechanik (vgl. z. B. Tafel A.2) gelöst werden, so bedürfen die Darlegungen in Kapitel 2. einer Ergänzung.

- Der ausführlich dargelegte NEWTONsche Kraftbegriff reicht für die Reduktion einer ebenen oder räumlichen Kräftebelegung (2.4.3.6.) nicht aus, da die Kräfte nicht alle gleichzeitig am gleichen Punkt angreifen und demnach das STEVINsche Axiom (2.4.3.1.) nicht gilt.
- Aus dem gleichen Grunde ist auch der BELANGERsche Impulsbegriff unzureichend, da die Impulse eines Punktmassensystems nicht ohne weiteres superponiert werden dürfen. Die Geschwindigkeiten v_i, die in Verbindung mit den Punktmassen m_i die Impulse I_i erzwingen, erfährt ja nicht gleichzeitig der gleiche Punkt, weshalb das GALILEIsche Geschwindigkeitsaxiom (2.4.3.2.) nicht gilt.
- Da ein Körper nicht nur transferieren, sondern auch rotieren kann (1.4.3., 3.2.3.1.1.), wird neben dem NEWTONschen Prinzip für die Translation ein Prinzip für die Rotation erforderlich.
- Die symbolische Darstellung der Objekte und der Belegung ist bei ebenen und räumlichen Aufgaben von besonderer Bedeutung und bedarf einer Fülle von Vereinbarungen, die für die elementaren Tragwerke, Schwinger und Getriebe als Standardsymbole vorliegen.

Wir wollen im folgenden diese Lücke soweit schließen, daß auch die Lösung ebener und räumlicher Aufgaben durchdacht werden kann, und beschränken uns hinsichtlich der symbolischen Darstellung — gewissermaßen als Beispiel — auf die elementaren ebenen Stabtragwerke.

A.1. Die polare Kraftprojektion und das polare Kraftmoment als äquivalente Belegungsgrößen

Um auch dann das STEVINsche Axiom anwenden zu können, wenn die Kräfte nicht alle im gleichen Punkt angreifen, suchen wir nach Vektoren, die den Einfluß, der durch den

Kraftvektor $\boldsymbol{F}_a$ in a repräsentiert wird, in einem beliebigen anderen Punkt b äquivalent widerspiegeln. Da bei dieser Suche die Bewegung des Objektes nur stören würde, beschränken wir uns auf den Sonderfall der Ruhe, auf die Gleichgewichtslage (also auf die Nullbewegung) und beobachten einen im Schwerpunkt s an einer Feder aufgehängten Waagebalken (Tafel A.3). Die Federkraft, die das Eigengewicht des Waagebalkens erzeugt, sei bekannt und wird deshalb nicht weiter verfolgt. Wir hängen vielmehr in den Punkten 1 und 2 je einen Körper mit der Masse m_1 bzw. m_2 derart auf, daß diese zwar eine Dehnung der Feder und damit die Verschiebung $\boldsymbol{w}_s$ des Schwerpunktes s, aber keine Verdrehung des Waagebalkens erzeugen. Nach Wiedereinstellung des Ruhezustandes greifen an dem befreiten idealisierten Waagebalken (Mittellinie) die Federkraft $\boldsymbol{F}_s$ und die Gewichte $\boldsymbol{F}_1$, $\boldsymbol{F}_2$ an. Dabei sind $\boldsymbol{F}_s$ und $\boldsymbol{w}_s$ entgegengesetzt gerichtet, während $\boldsymbol{F}_1$ und $\boldsymbol{g}$ ebenso wie $\boldsymbol{F}_2$ und $\boldsymbol{g}$ die gleiche Richtung haben. Wollen wir die Kräfte mit Hilfe ihrer Einheitsvektoren $\boldsymbol{b}_s$, $\boldsymbol{b}_1$ und $\boldsymbol{b}_2$ angeben, so müssen wir beachten, daß $\boldsymbol{w}_s$ und $\boldsymbol{b}_s$ wiederum entgegengesetzt, $\boldsymbol{g}$, $\boldsymbol{b}_1$ und $\boldsymbol{b}_2$ jedoch gleichgerichtet sind. Obwohl nun diese Kräfte $\boldsymbol{F}_s$, $\boldsymbol{F}_1$ und $\boldsymbol{F}_2$ gleichzeitig auf den Waagebalken einwirken und dessen Gleichgewichtslage bedingen, dürfen sie *nicht* superponiert

Tafel A.3. **Gleichgewicht am Waagebalken**

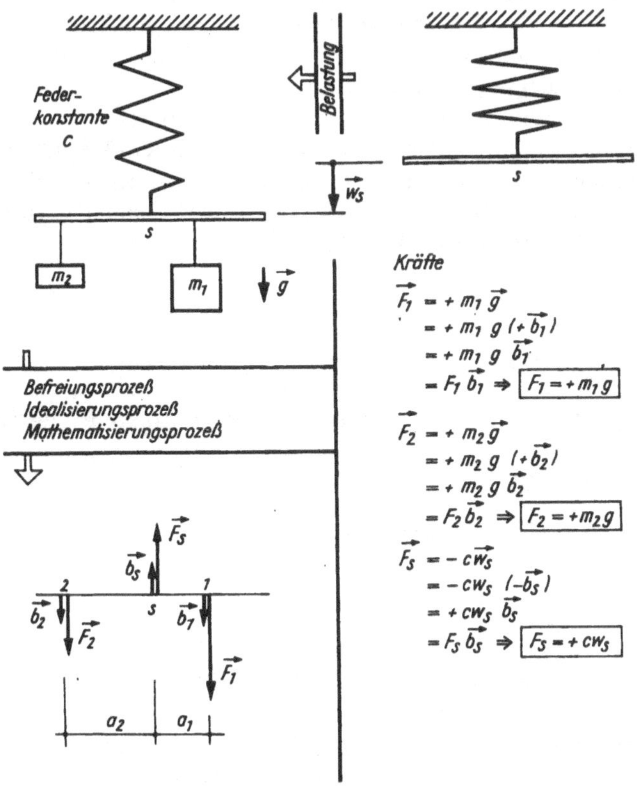

werden, da sie nicht am gleichen Punkt angreifen. In diesem Fall gilt das Axiom von STEVIN nicht. Wir dürfen aber *jeden* dieser drei Kraftvektoren $\boldsymbol{F}_s$, $\boldsymbol{F}_1$, $\boldsymbol{F}_2$ durch äquivalente Vektoren in s ersetzen (da äquivalente Vektoren eben auf Grund ihrer Äquivalenz die gleiche Wirkung, also die gleiche Federdehnung erzeugen müssen) und danach das STEVINsche Axiom auf die äquivalenten Vektoren in s anwenden.

Welche Vektoren in s sind aber diesen Kraftvektoren $\boldsymbol{F}_s$, $\boldsymbol{F}_1$ und $\boldsymbol{F}_2$ äquivalent?

Am Waagebalken kann man zeigen, daß die Kraft $\boldsymbol{F}_i$ ($i = 1{,}2$) sowohl die Feder dehnt, den Punkt s also verschiebt (Translation), als auch den Waagebalken um den Punkt s zu drehen sucht (Rotation).

Die Kraft in i ist demnach einer Translationskraft *und* einer Rotationskraft äquivalent, die gleichzeitig in s wirken:

$$\text{Kraft in } i \Leftrightarrow \begin{bmatrix} \text{Translationskraft in } s \\ \text{Rotationskraft in } s \end{bmatrix}$$

Die Translationskraft in s

Das Experiment zeigt, daß die in s wirkende Translationskraft infolge der Kraft $\boldsymbol{F}_i$ unabhängig von deren Angriffspunkt ist. Halbieren wir beispielsweise die Abstände a_1 und a_2, so bleibt die Federdehnung erhalten, woraus wir schließen, daß sich die Translationskräfte in s nicht geändert haben. Auch wenn wir die Kräfte $\boldsymbol{F}_1$ und $\boldsymbol{F}_2$ direkt in s angreifen lassen, bleiben der Federweg und damit die Translationskräfte unverändert.

Die Translationskraft in s kann demnach durch *Projektion* der Kraft $\boldsymbol{F}_i$ auf eine durch den Drehpunkt (Pol) s parallel zu $\boldsymbol{F}_i$ gehende Gerade erhalten werden und wird deshalb (*pol*are Kraft-)*Projektion* genannt (Tafel A.4). Wählen wir $\boldsymbol{p}$ als Einheitsvektoren, so erhalten wir in bezug auf den Pol s die polare Projektion der Kraft

$$\boldsymbol{F}_1 \text{ zu } \boldsymbol{P}_{s,F1} = +F_1\boldsymbol{p},$$

$$\boldsymbol{F}_2 \text{ zu } \boldsymbol{P}_{s,F2} = +F_2\boldsymbol{p},$$

da $\boldsymbol{F}_1$, $\boldsymbol{F}_2$ und $\boldsymbol{p}$ gleichgerichtet sind. Wir erhalten dagegen die polare Projektion der Kraft

$$\boldsymbol{F}_s \text{ zu } \boldsymbol{P}_{s,Fs} = -F_s\boldsymbol{p},$$

da $\boldsymbol{F}_s$ und $\boldsymbol{p}$ entgegengesetzt gerichtet sind.

Die Rotationskraft in s

Aus dem Hebelgesetz des ARCHIMEDES kann man ablesen, daß die Rotationskraft linear mit dem Abstand a_i der Kraft $\boldsymbol{F}_i$ vom Drehpunkt (*Pol*) wächst. Sie ist also durch das Produkt aus Kraft (F_i) und Abstand (a_i) sowie ihren Drehsinn (Richtungssinn, der durch Vergleich z. B. mit dem Einheitsvektor $\boldsymbol{e}$ angegeben werden kann) bestimmt und wird (*pol*ares

Tafel A.4. **Die polare Kraftprojektion und das polare Kraftmoment als Belegungsgrößen. (Der Index eines Indexes ist der übersichtlicheren Darstellung wegen nicht tiefgesetzt; z. B. anstelle M_{s,F_1} steht $M_{s,F1}$)**

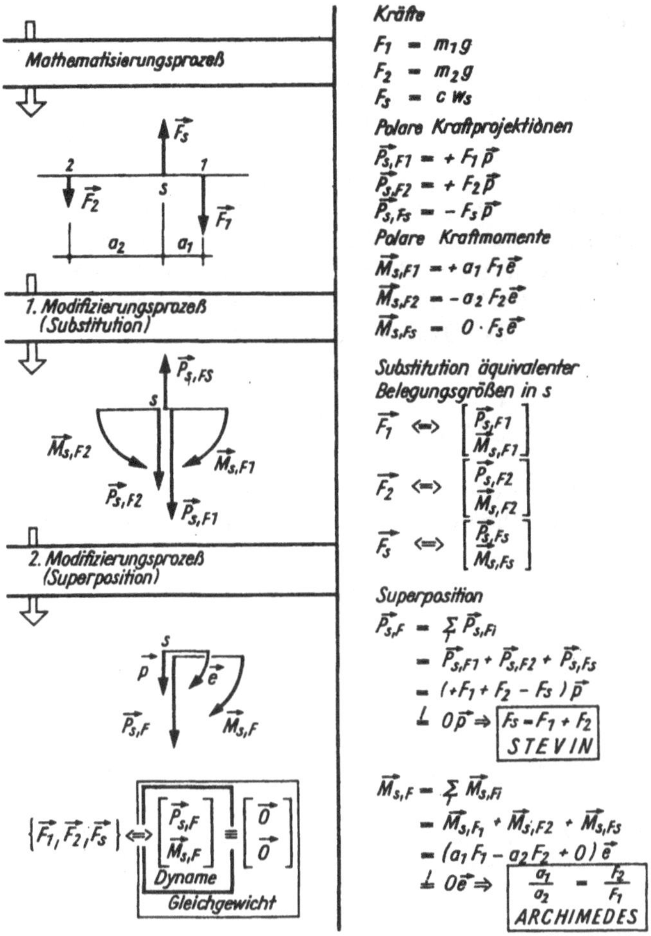

Kraft-)*Moment* genannt. Wir erhalten in bezug auf den Pol s das polare Moment der Kraft

$$\boldsymbol{F}_1 \text{ zu } \boldsymbol{M}_{s,F1} = +F_1 \cdot a_1 \cdot \boldsymbol{e}\,,$$

da $\boldsymbol{M}_{s,F1}$ und $\boldsymbol{e}$ den gleichen Drehsinn haben,

$$\boldsymbol{F}_2 \text{ zu } \boldsymbol{M}_{s,F2} = -F_2 \cdot a_2 \cdot \boldsymbol{e}\,,$$

da $\boldsymbol{M}_{s,F2}$ und $\boldsymbol{e}$ entgegengesetzt gerichtet sind.

Die äquivalenten Vektoren in s

Diese Überlegungen zeigen, daß wir für jeden Kraftvektor $\boldsymbol{F}_i$ seine polare Projektion $\boldsymbol{P}_{s,Fi}$ und sein polares Moment $\boldsymbol{M}_{s,Fi}$ im Pol s substituieren dürfen:

$$\text{Kraftvektor } \boldsymbol{F}_i \Leftrightarrow \begin{bmatrix} \boldsymbol{P}_{s,Fi} \\ \boldsymbol{M}_{s,Fi} \end{bmatrix} \begin{matrix} \text{polare Kraftprojektion (Translationskraft),} \\ \text{polares Kraftmoment (Rotationskraft).} \end{matrix}$$

Alle gleichartigen, gleichzeitig am gleichen Punkt angreifenden Vektoren dürfen dann, wenn sie dem Unabhängigkeitsaxiom genügen, nach dem Parallelogrammgesetz addiert werden. Also ist es zulässig, die Summe der polaren Kraftprojektionen und die Summe der polaren Kraftmomente zu bilden. Sie repräsentieren in s den Einfluß der gesamten Umgebung auf das Bewegungsverhalten des Objektes, also den gesamten dynamischen Einfluß, und werden deshalb gemeinsam als „Dyname" bezeichnet:

$$S_F \Leftrightarrow \begin{bmatrix} \sum \boldsymbol{P}_{s,Fi} \\ \sum \boldsymbol{M}_{s,Fi} \end{bmatrix} =: \begin{bmatrix} \boldsymbol{P}_{s,F} \\ \boldsymbol{M}_{s,F} \end{bmatrix} \text{ DYNAME.}$$

Mit der polaren Kraftprojektion und dem polaren Kraftmoment haben wir also geeignete (Belegungs-)Größen für die Beschreibung ebener oder räumlicher Probleme der Dynamik gefunden.

A.2. Ein Prinzip der Statik

Nach dem GALILEIschen Trägheitsaxiom ist ein Körper nicht in der Lage, sich selbst zu beschleunigen. Deshalb wird er immer dann, wenn kein Einfluß von außen vorliegt, im Zustand der gleichförmigen Bewegung oder der Ruhe verharren. Dasselbe gilt natürlich auch dann, wenn die Summe der Einflüsse von außen verschwindet, die Dyname also zur Null-Dyname entartet:

$$\begin{bmatrix} \boldsymbol{P}_{s,F} \\ \boldsymbol{M}_{s,F} \end{bmatrix} = \begin{bmatrix} \boldsymbol{0} \\ \boldsymbol{0} \end{bmatrix}.$$

Wenn sich der Waagebalken im Gleichgewicht befinden soll, muß also

- die Summe aller polaren Kraftmomente (Rotationskräfte) und
- die Summe aller polaren Kraftprojektionen (Translationskräfte)

verschwinden.

Demnach gilt (voraussetzungsgemäß!):

$$\begin{aligned} \Sigma \boldsymbol{P}_{s,F} = \boldsymbol{0} \Rightarrow \Sigma \boldsymbol{P}_{s,F} &= P_{s,Fs} + P_{s,F1} + P_{s,F2} = 0\,, \\ &\quad -F_s + F_1 \quad + F_2 \quad = 0\,, \\ \text{(STEVIN:)} \qquad &\qquad\;\; F_1 \quad + F_2 \quad = F_s\,. \end{aligned}$$

$$\Sigma \boldsymbol{M}_{s,F} = \boldsymbol{0} \Rightarrow \Sigma M_{s,F} = M_{s,Fs} + M_{s,F1} + M_{s,F2} = 0\,,$$
$$0 + F_1 a_1 + F_2 a_2 = 0\,,$$
$$(\text{Archimedes:}) \qquad a_1 : a_2 = F_2 : F_1\,.$$

Läßt man nun gedanklich die Kräfte $\boldsymbol{F}_1$, $\boldsymbol{F}_2$ und $\boldsymbol{F}_s$ an dem befreiten (im Raum völlig frei schwebenden), gewichtslosen Waagebalken angreifen, so wird sich dieser voraussetzungsgemäß im Gleichgewicht befinden, und wir könnten jeden beliebigen Punkt r des Waagebalkens als Drehpunkt (Pol) ansehen, da in diesem Pol r je keine Lagerkräfte auftreten. Demnach ist es zulässig, im Gleichgewichtsfalle die äquivalenten Kraftwirkungen in jedem Punkt des Tragwerkes bzw. — nach dem Erstarrungsprinzip (2.3.3.1.1.) — in jedem Punkt r des Starrkörpers zu bilden und das Verschwinden ihrer Summe zu fordern.

Durch diese Überlegungen wird deutlich, daß im Ruhezustand die Dyname nicht nur im Schwerpunkt, sondern in jedem beliebigem Punkt r zur Nulldyname wird. Dieses Prinzip der Statik, das auch Gleichgewichtsprinzip heißt, hat demnach die Form

$$S_F \Leftrightarrow \begin{bmatrix} \sum \boldsymbol{P}_{r,F} \\ \sum \boldsymbol{M}_{r,F} \end{bmatrix} = \begin{bmatrix} \boldsymbol{0} \\ \boldsymbol{0} \end{bmatrix}.$$

Die zugeordneten Koordinatengleichungen heißen Gleichgewichtsbedingungen.

Da ein Vektor im Raum drei Komponenten hat, können wir für ihn sechs Gleichgewichtsbedingungen formulieren.

$$\Sigma P_{rx} = 0\,, \qquad \Sigma M_{rx} = 0\,,$$
$$\Sigma P_{ry} = 0\,, \qquad \Sigma M_{ry} = 0\,,$$
$$\Sigma P_{rz} = 0\,, \qquad \Sigma M_{rz} = 0\,.$$

Fordern wir hingegen das Gleichgewicht für eine Scheibe, z. B. in der x,y-Ebene, so stehen nur die folgenden drei Gleichgewichtsbedingungen zur Verfügung:

$$\Sigma P_{rx} = 0\,, \qquad —$$
$$\Sigma P_{ry} = 0\,, \qquad —$$
$$— \qquad \Sigma M_{rz} (= \Sigma M_r) = 0\,.$$

A.3. Die polare Impulsprojektion und das polare Impulsmoment als äquivalente Bewegungsgrößen

Auf der Suche nach geeigneten Bewegungsgrößen beobachten wir einen masselosen Stab, der, im Mittelpunkt s aufgehängt, an seinen Enden die Massen m_1 und m_2 trägt (Tafel A.5). Erfährt die Masse m_1 bzw. m_2 die Geschwindigkeit $\boldsymbol{v}_1$ bzw. $\boldsymbol{v}_2$, so entstehen die Impulse $\boldsymbol{I}_1$ bzw. $\boldsymbol{I}_2$. Da die Impulsvektoren nicht gleichzeitig am gleichen Punkt angreifen, dürfen sie nicht superponiert werden (1.6.2.3., 2.4.3.3.). Experimentell kann man (z. B. mit dem Satz von der Erhaltung des Impulses) nachweisen, daß sich die Impulsvektoren wie die Kraft-

Tafel A.5. **Bewegungsarten**

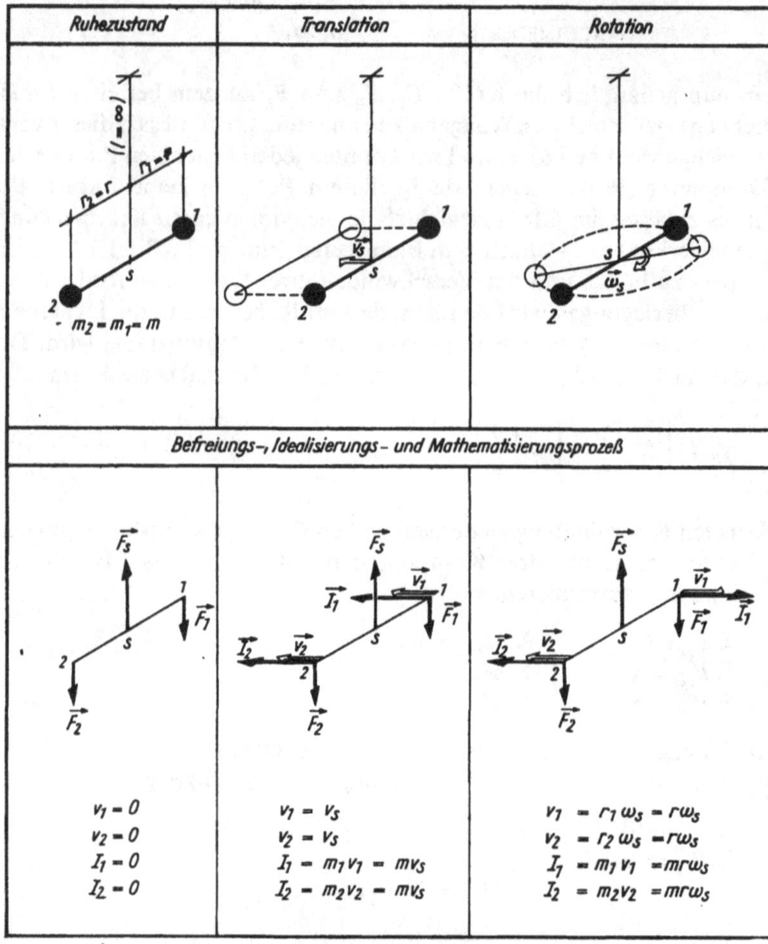

vektoren verhalten, daß also einem Impulsvektor in i in jedem beliebigen anderen Punkt r des Starrkörpers eine polare Impulsprojektion und ein polares Impulsmoment äquivalent sind:

$$\text{Impulsvektor } \boldsymbol{I}_i \Leftrightarrow \begin{bmatrix} \boldsymbol{P}_{r,Ii} \\ \boldsymbol{M}_{r,Ii} \end{bmatrix} \begin{matrix} \text{polare Impulsprojektion,} \\ \text{polares Impulsmoment.} \end{matrix}$$

Wir dürfen demnach für die Impulse $\boldsymbol{I}_1$ und $\boldsymbol{I}_2$ in s die äquivalenten polaren Impulsprojektionen und Impulsmomente substituieren.

Alle gleichartigen, gleichzeitig am gleichen Punkt angreifenden Vektoren dürfen nach dem Parallelogrammgesetz superponiert werden. Also ist es zulässig, die Summe der polaren

Impulsprojektionen und die Summe der polaren Impulsmomente zu bilden. Diese Summen repräsentieren in s die gesamte Bewegungsgröße des Starrkörpers. Sie werden deshalb gemeinsam als „Kinemate" bezeichnet:

$$S_I \Leftrightarrow \begin{bmatrix} \sum \boldsymbol{P}_{s,Ii} \\ \sum \boldsymbol{M}_{s,Ii} \end{bmatrix} =: \begin{bmatrix} \boldsymbol{P}_{s,I} \\ \boldsymbol{M}_{s,I} \end{bmatrix} \quad \text{KINEMATE}.$$

Mit der polaren Impulsprojektion und dem polaren Impulsmoment haben wir also geeignete (Bewegungs-)Größen für die Beschreibung ebener oder räumlicher Probleme der Kinematik gefunden.

A.4. Ein Prinzip der Kinetik

Experimentell wurde nachgewiesen, daß jeder materielle Körper einer Geschwindigkeitsänderung einen gewissen Widerstand entgegensetzt, der von dem rein geometrischen Verlauf der Bewegung (Translation, Rotation) abhängig, von der Zeit jedoch unabhängig ist (NEWTONS Axiom von der Konstanz der Masse).

Jedem Körper wohnt also eine von der Geometrie der Bewegung abhängige „Trägheit" inne.

Da jede beliebige Bewegung eines materiellen Körpers als gleichzeitig ablaufende Translations- und Rotationsbewegung angesehen werden kann (Theorem von CHASLES), läßt sich die beliebige Bewegung eines starren Körpers durch die Translation seines Schwerpunktes und die Rotation um eine durch seinen Schwerpunkt gehende Achse beschreiben und die Trägheit eines materiellen Körpers auf beliebiger Bahn aus dem gleichzeitigen Wirken einer Translationsträgheit und einer Rotationsträgheit erklären.

Im Verlauf der Wissenschaftsgeschichte wurden nun — getrennt für Translation und Rotation — die folgenden fundamentalen Beziehungen zwischen der Belegung, der Trägheit und der Änderung des Geschwindigkeitszustandes gefunden.

Translation

Die Translation des Objektes kann durch den Bahngeschwindigkeitsvektor $\boldsymbol{v}_s$ des Schwerpunktes s beschrieben werden. Die zeitliche Änderung dieses Bahngeschwindigkeitsvektors, also der Bahnbeschleunigungsvektor $\boldsymbol{a}_s = \dot{\boldsymbol{v}}_s$, wird durch die polare Projektion $\boldsymbol{P}_{s,F}$ der gesamten Kräfte-Belegung F in bezug auf den Schwerpunkt s bedingt.

Die Beziehung zwischen der Bahnbeschleunigung und der polaren Projektion vermittelt die Translationsträgheit ϑ_s^T:

$$\boldsymbol{P}_{s,F} = \vartheta_s^T \cdot a_s .$$

Die Translationsträgheit ist gleich der im Schwerpunkt s vereinigt gedachten Masse m_s des gesamten Objektes. Aufgrund des skalaren Charakters der Translationsträgheit haben der

Projektionsvektor und der Bahnbeschleunigungsvektor die gleiche Richtung und (da die Masse stets positiv ist) auch den gleichen Richtungssinn. Infolge der Zeitunabhängigkeit der Masse gilt

$$\boldsymbol{P}_{s,F} = \frac{\mathrm{d}}{\mathrm{d}t}(m_s \boldsymbol{v}_s) = \frac{\mathrm{d}}{\mathrm{d}t}\boldsymbol{P}_{s,I}\,.$$

Das Produkt aus m_s und $\boldsymbol{v}_s$ ist gleich der Summe der polaren Projektionen aller Impulse des Objektes.

Rotation

Die Rotation des Objektes um eine durch den Schwerpunkt s gehende Achse kann durch den Winkelgeschwindigkeitsvektor ω_s beschrieben werden, dessen Richtung mit der Rotationsachse zusammenfällt. Die zeitliche Änderung dieses Winkelgeschwindigkeitsvektors, also der Winkelbeschleunigungsvektor $\boldsymbol{\varepsilon}_s = \dot{\omega}_s$, wird durch das polare Moment $\boldsymbol{M}_{s,F}$ der gesamten Belegung F in bezug auf den Schwerpunkt s bedingt. Die Beziehung zwischen der Winkelbeschleunigung und dem Moment vermittelt die Rotationsträgheit ϑ_s^R:

$$\boldsymbol{M}_{s,F} = \vartheta_s^R \cdot \boldsymbol{\varepsilon}_s\,.$$

Die Rotationsträgheit wird durch den Massenträgheitstensor Θ_s des Objektes im Schwerpunkt s erfaßt. Aufgrund des tensoriellen Charakters der Rotationsträgheit haben der polare Momentenvektor und der Winkelbeschleunigungsvektor im allgemeinen Fall verschiedene Richtungen. Infolge der Zeitunabhängigkeit des Massenträgheitstensors gilt

$$\boldsymbol{M}_{s,F} = \frac{\mathrm{d}}{\mathrm{d}t}(\Theta_s \cdot \omega_s) = \frac{\mathrm{d}}{\mathrm{d}t}\boldsymbol{M}_{s,I}\,.$$

Das Produkt aus Θ_s und ω_s ist gleich der Summe der polaren Momente aller Impulse des Objektes.

Fassen wir diese getrennt für die Translation und Rotation ausgesprochenen Erkenntnisse zusammen, so erhalten wir das folgende Prinzip der Mechanik:

$$\begin{bmatrix}\boldsymbol{P}_{s,F}\\ \boldsymbol{M}_{s,F}\end{bmatrix} = \frac{\mathrm{d}}{\mathrm{d}t}\begin{bmatrix}\boldsymbol{P}_{s,I}\\ \boldsymbol{M}_{s,I}\end{bmatrix}.$$

Dieses Prinzip vermittelt einen kausalen Zusammenhang zwischen Belegung und Objekt, zwischen Kräften und Impulsen, zwischen Dyname und Kinemate und wurde — wenn auch nicht in dieser Form — das erstemal von L. EULER angegeben. Es kann als Erweiterung des für die Bewegung der Punktmasse geltenden NEWTONschen Prinzips auf den Starrkörper aufgefaßt werden und läßt erkennen.

- daß sich ein Körper gleichförmig bewegt, wenn kein Einfluß von außen auf ihn einwirkt:

$$\begin{bmatrix} \boldsymbol{P}_{s,F} \\ \boldsymbol{M}_{s,F} \end{bmatrix} = \frac{\mathrm{d}}{\mathrm{d}t} \begin{bmatrix} \boldsymbol{P}_{s,I} \\ \boldsymbol{M}_{s,I} \end{bmatrix} = \begin{bmatrix} \mathbf{0} \\ \mathbf{0} \end{bmatrix} \quad \begin{matrix} \Rightarrow \boldsymbol{P}_{s,I} : \text{const}, & v_s = \text{const}, \\ \Rightarrow \boldsymbol{M}_{s,I} : \text{const}, & \omega_s = \text{const}, \end{matrix}$$

- daß jede Änderung des Bewegungszustandes einer Einwirkung von außen bedarf:

$$\begin{bmatrix} \boldsymbol{P}_{s,F} \\ \boldsymbol{M}_{s,F} \end{bmatrix} = \frac{\mathrm{d}}{\mathrm{d}t} \begin{bmatrix} \boldsymbol{P}_{s,I} \\ \boldsymbol{M}_{s,I} \end{bmatrix} \quad \begin{matrix} \Rightarrow \text{Translation}, & v_s \neq \text{const}, \\ \Rightarrow \text{Rotation}, & \omega_s \neq \text{const}. \end{matrix}$$

Tafel A.6. **Die polare Impulsprojektion als Bewegungsgröße der Translation. (Zur Stellung der Indizes vgl. Überschrift zu Tafel A.4.)**

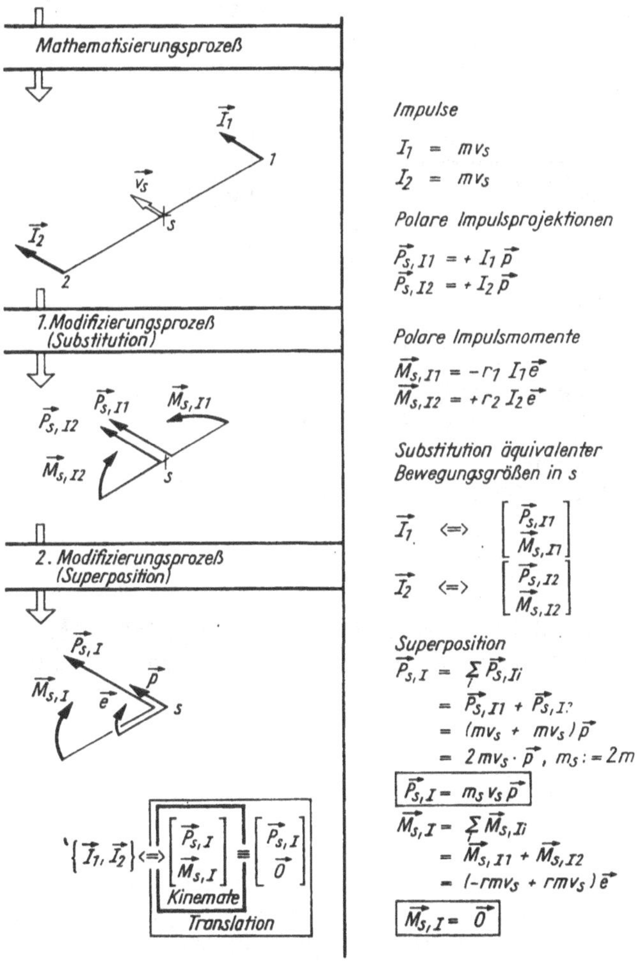

Tafel A.7. **Das polare Impulsmoment als Bewegungsgröße der Rotation. (Zur Stellung der Indizes vgl. Überschrift zu Tafel A.4.)**

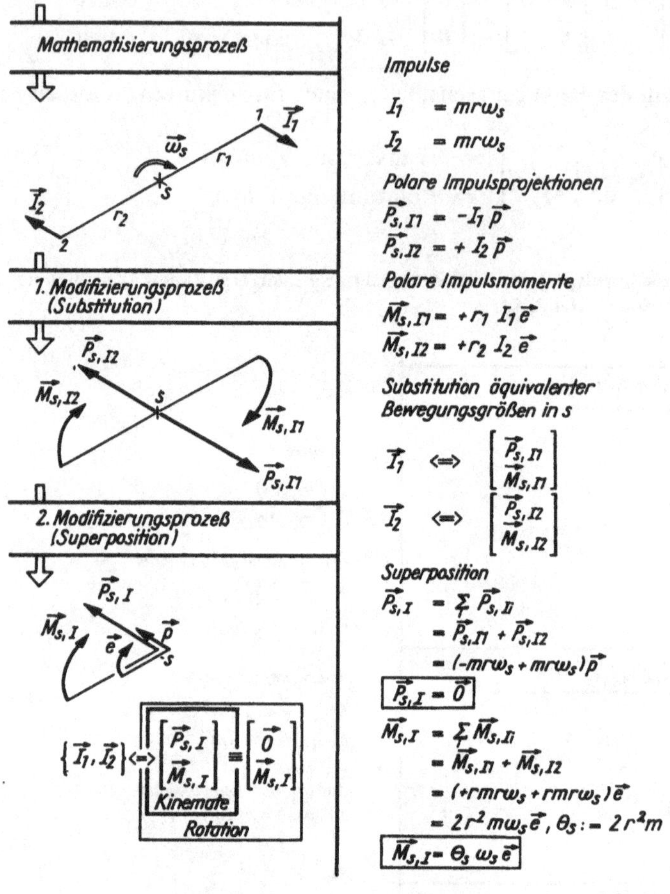

Ein Beispiel für den Sonderfall der Translation ($\boldsymbol{M}_{s,I} = \boldsymbol{0}$) zeigt Tafel A.6.
Für den Sonderfall der Rotation ($\boldsymbol{P}_{s,I} = \boldsymbol{0}$) ist ein Beispiel in Tafel A.7 zu finden.

A.5. Die symbolische Darstellung des Objektes

Betrachten wir als Objekt beispielsweise eine Eisenbahnbrücke, so müssen wir Längs-, Quer- und Hauptträger, Schlinger, Brems- und Windverbände unterscheiden, die in ihrer Gesamtheit — wohlverbunden — das Brückentragwerk bilden.

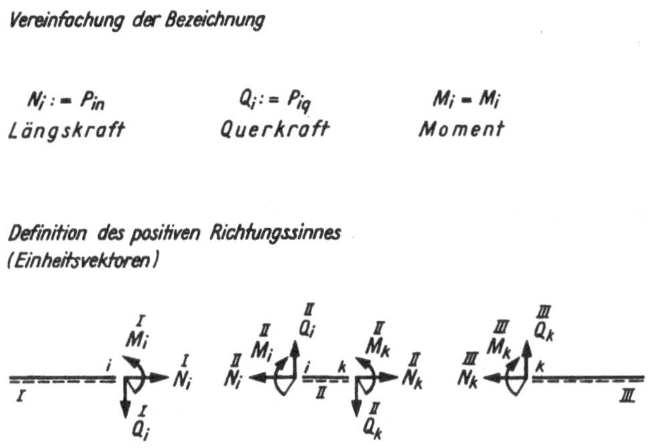

Bild A.1. Schnittkräfte (vgl. Tafel A.18)

Das Objekt besteht also aus einer Menge von Elementen, zwischen denen bestimmte Relationen (Kopplungen) existieren. Es stellt demnach ein System dar, das, wenn es sich unter dem Einfluß von Kräften bewegt, „kinetisches System" genannt wird; bewegt es sich nicht, so bezeichnen wir es als „statisches System" (vgl. Bild 2.12).

Sind in einem System die Querschnittsabmessungen (Breite und Höhe) der Elemente klein gegenüber der Länge, so bezeichnet man diese Elemente als Stäbe. Wir wollen im folgenden, gewissermaßen als Beispiel, für die elementaren Stabtragwerke systematisch eine einfache symbolische Darstellung der statischen Systeme suchen.

Die Stäbe werden symbolisch durch eine Linie dargestellt, die in der Regel der geometrische Ort aller Querschnittsmittelpunkte ist (2.3.3.2.). Bei ebenen Stäben kennzeichnet man gern eine Seite (meist die Unterseite) als Bezugslinie, um den Richtungssinn der Schnittkräfte auf einfache Weise eindeutig angeben zu können (Bild A.1).

Zum Studium der Beweglichkeit verschieben wir ein Element aus einer bekannten Anfangslage in eine beliebige Endlage und fragen nach Art und Anzahl der unabhängigen Koordinaten (Freiwerte f), mit deren Hilfe die Endlage eindeutig beschrieben werden kann. Diese Anzahl der Freiwerte wird Freiheitsgrad (f) genannt.

Für die Fixierung einer Verrückung in der Ebene sind zwei Translationen $\mathrm{d}q$ und $\mathrm{d}n$ sowie eine Rotation $\mathrm{d}\varphi$ erforderlich (Bild A.2).

Dabei sollen

$\mathrm{d}q$ eine Verschiebung quer zur Systemlinie,

$\mathrm{d}n$ eine Verschiebung in Richtung der Tangente an die Systemlinie und

$\mathrm{d}\varphi$ eine Verdrehung der Tangente der Systemlinie

bezeichnen.

Jede in einer Ebene frei bewegliche Scheibe hat also drei Freiwerte und demnach den Freiheitsgrad (3).

Jeder im Raum frei bewegliche Körper hat sechs Freiwerte (drei Translationen und drei Rotationen) und damit den Freiheitsgrad (6).

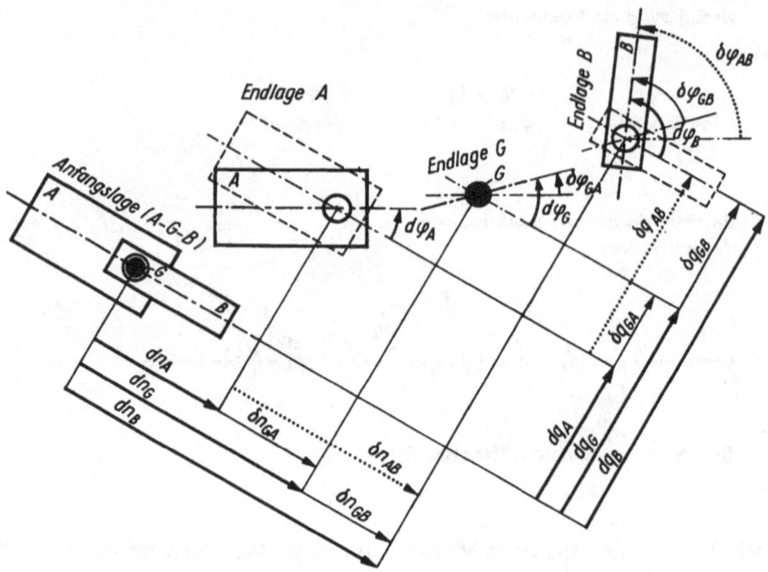

Bild A.2. Gelenk: unabhängige Bewegung der Teile *A*, *G*, *B* nach Aufhebung der Kopplung (*A—G—B*)

Beschreibung der Beweglichkeit der einzelnen Teile:

Teil	Freiwerte f	Freiheitsgrad (f)
A	dn_A dq_A $d\varphi_A$	(3)
G	dn_G dq_G	(2)
	($d\varphi_G$ UNWESENTLICH)	
B	dn_B dq_B $d\varphi_B$	(3)
Σ	8	(8)

Die Summe der wesentlichen Freiwerte ist gleich der Summe der Freiheitsgrade.

Bild A.2. Legende 1

Befinden sich mehrere Elemente im Anschauungsraum, so beeinflussen sich diese gegenseitig. Man sagt, zwischen den einzelnen Elementen bestehen Bindungen. Die Bindung zwischen zwei Elementen kann indirekt oder direkt, die direkte Bindung einseitig oder zweiseitig sein (Tafel A.8).

Eine indirekte Bindung liegt vor, wenn sich die beiden Elemente nicht berühren. Wir nennen sie deshalb kurz eine *Distanz*. Der Bindungseinfluß äußert sich als Anziehung und ist kontinuierlich über das Volumen beider Elemente verteilt. Zwischen den Waggons eines Eisenbahnzuges auf einer Brücke und der Erde oder zwischen dem Hauptträger einer Brücke und der Erde liegt beispielsweise eine derartige indirekte Bindung infolge der Gravitation vor.

Berühren sich die Elemente nur (wie der auf einer Brücke stehende Waggon in der Kontaktfläche zwischen Rad und Schiene), so nennt man diese direkte Bindung „einseitig" (der Waggon kann theoretisch abgehoben werden) oder kurz einen *Kontakt*. Der Bindungseinfluß entsteht durch eine Behinderung des Waggons, der sich auf Grund der Gravitation dem Erdmittelpunkt nähern möchte, äußert sich als Pressung, ist kontinuierlich über die Kontaktfläche verteilt und kann häufig — wie zwischen Rad und Schiene — als Punkteinfluß idealisiert werden.

Wird durch eine direkte Bindung die Relativbewegung in beiden Richtungen verhindert (der Lagerkörper zwischen Brücke und Pfeiler läßt auch ein Abheben der Brücke, also eine Verschiebung nach oben, nicht zu), so spricht man von einer zweiseitigen, direkten Bindung oder kurz von einer *Kopplung*.

◀

Beschreibung der Einschränkung der Beweglichkeit der einzelnen Teile:

	Freiwertdifferenzen	kinematische Bedingungen $\delta \doteq 0$	Kopplungswerte k	Kopplungsgrad $[k]$
Element	A	A	A	A
Kopplung	$dn_G - dn_A = \delta n_{GA}$ $dq_G - dq_A = \delta q_{GA}$ $d\Sigma_G - d\varphi_A = \delta\varphi_{GA}$	$\delta n_{GA} \doteq 0$ $\delta q_{GA} \doteq 0$	δn_{GA} δq_{GA}	$[k_{GA}] = [2]$
Kopplungskörper	G	G	G	G
Kopplung	$dn_G - dn_B = \delta n_{GB}$ $dq_G - dq_B = \delta q_{GB}$ $d\varphi_G - d\varphi_B = u\varphi_{GB}$	$\delta n_{GB} \doteq 0$ $\delta q_{GB} \doteq 0$	δn_{GB} δq_{GB}	$[k_{GB}] = [2]$
Element	B	B	B	B
Σ			4	[4]

Die Summe der Kopplungswerte ist gleich der Summe der Kopplungsgrade.

Bild A.2. Legende 2

Tafel A.8. **Bindungen und Bindungskräfte**

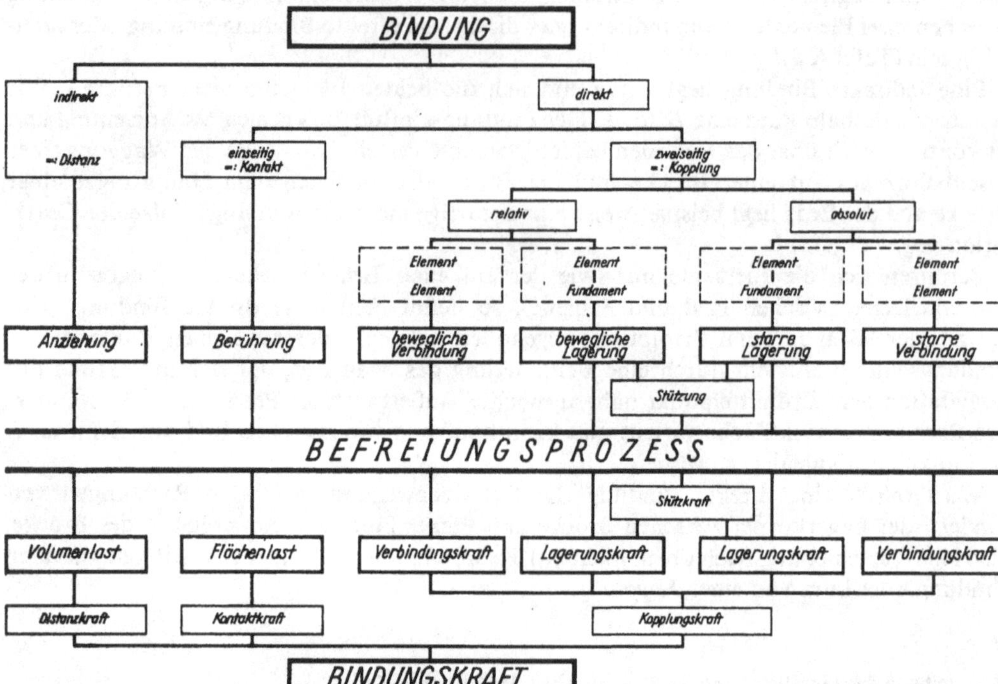

Im allgemeinen wird die Kopplung zwischen zwei Elementen oder zwischen Element und Fundament durch einen Kopplungskörper (z. B. Gelenkbolzen, Lager) erzwungen. Die Kopplung zwischen zwei Elementen nennen wir Verbindung, zwischen Element und Funda-

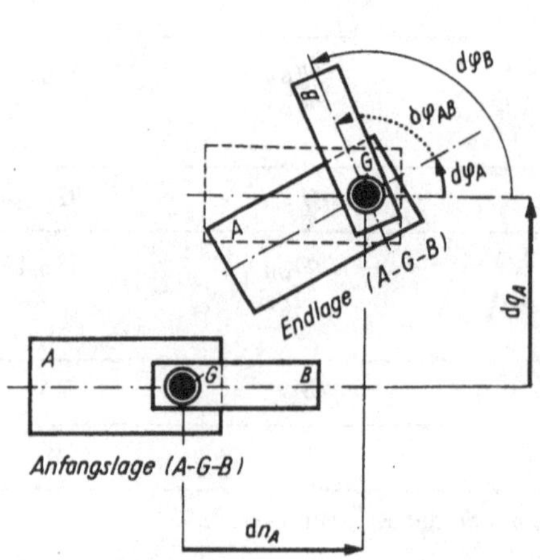

Bild A.3. Gelenk: abhängige Bewegung der Teile A, G, B bei Bestehen der Kopplung (A—G—B)

ment dagegen Lagerung. Ist die Kopplung absolut, schließt sie also jede relative Beweglichkeit aus, so sprechen wir genauer von einer starren Verbindung bzw. von einer starren Lagerung. Läßt die Kopplung dagegen eine Relativbewegung der gekoppelten Teile zu, so bezeichnen wir diese als bewegliche Verbindung bzw. bewegliche Lagerung und nennen sie je nach den zulässigen Relativbewegungen Gelenk, Längsführung, festes Lager, bewegliches Lager etc. (vgl. Tafel A.10). Die Lagerung wird häufig auch Stützung genannt.

Der Kopplungseinfluß ist kontinuierlich über die Berührungsfläche zwischen Element und Kopplungskörper (oder — wenn der Kopplungskörper fehlt — zwischen Element und Element) verteilt und darf ebenfalls in der Regel als Punkteinfluß dargestellt werden.

Im folgenden wollen wir die Beweglichkeit einer Kopplung beschreiben. Zunächst bezeichnen wir diejenigen Freiwerte eines Kopplungskörpers, die auf den Kopplungskörper beschränkt bleiben (z. B. die Verdrehung des Gelenkbolzens in einer Gelenkverbindung) als unwesentlich, alle übrigen Freiwerte dagegen als wesentlich und vereinbaren, daß der Freiheitsgrad eines Kopplungskörpers gleich der Anzahl seiner wesentlichen Freiwerte ist. Der Gelenkbolzen hat demnach einen unwesentlichen Freiwert ($d\varphi_G$ Verdrehung um seine Achse) und zwei wesentliche Freiwerte (dq_G und dn_G), sein Freiheitsgrad ist also (2) (Bild A.3).

Danach beobachten wir die unabhängige Bewegung der einzelnen Teile (also nach dem Lösen der Kopplung entsprechend Bild A.2). Es entstehen Freiwertdifferenzen, die bei der abhängigen Bewegung der einzelnen Teile (also bei Bestehen der Kopplung entsprechend Bild A.3) einen beliebigen (oder, wie man auch sagt, freien) Wert annehmen können und dann relativer Freiwert (oder Kopplungsfreiwert) heißen oder aber infolge der Kopplung den Wert Null haben und dann Kopplungswert (genauer Kopplungsfestwert) genannt werden.

Durch das Nullsetzen der Freiwertdifferenzen wird die Kopplung mathematisch widergespiegelt. Die auf diese Weise entstehenden Bedingungen heißen Kopplungsbedingungen oder kinematische Bedingungen. Sie wandeln Freiwertdifferenzen in Kopplungswerte um. Die Anzahl der Kopplungswerte zwischen Element und Kopplungskörper wird Kopplungsgrad genannt.

In den Bildern A.2 und A.3 wird als Beispiel das Element A durch den Gelenkbolzen G (Kopplungskörper) mit dem Element B gekoppelt. Dadurch entsteht die Gelenkverbindung A—G—B. Die Einzelteile $J(J = A, G, B)$ haben die Freiwerte f_J und den Freiheitsgrad (f_J) (vgl. Bild A.2, Legende 1).

Durch die Kopplung des Elementes A mit dem Gelenkbolzen G werden die Freiwertdifferenzen

$$\begin{aligned} dn_G - dn_A &=: \delta n_{GA} = \delta n_{AG}\,, \\ dq_G - dq_A &=: \delta q_{GA} = \delta q_{AG} \end{aligned}$$

zum Verschwinden gebracht. Die kinematischen Bedingungen

$$\begin{aligned} \delta n_{GA} &\overset{!}{=} 0\,, \\ \delta q_{GA} &\overset{!}{=} 0 \end{aligned}$$

wandeln die Freiwertdifferenzen in Kopplungswerte um. Die Gelenkverbindung A—G hat also zwei Kopplungswerte δq_{GA} und δn_{GA} und demnach den Kopplungsgrad $[k_{GA}] = [2]$

(die Klammern werden nur mitgeschrieben, um deutlich zu machen, daß die Ziffer 2 einen Kopplungsgrad bezeichnet). Sind nun an dem Kopplungskörper weitere Elemente *E* (z. B. das Element *B*) angeschlossen, so existieren natürlich auch zwischen *G* und *B* Kopplungswerte $k_{GB}(k_{GB} = \delta q_{GB}, \delta n_{GB})$, deren Summe wiederum Kopplungsgrad $[k_{GB}]$ heißt (vgl. Bild A.2, Legende 2).

Die Kopplungswerte dienen zur Ausschaltung der Freiwerte. Da ein System nur dann als statisches System brauchbar ist, wenn es bei jeder beliebigen Krafteinwirkung unbeweglich bleibt und die einwirkenden Kräfte über die Lager in das Fundament leitet, müssen mindestens so viele Kopplungswerte vorgesehen werden, wie Freiwerte vorhanden sind.

Die Summe aller Kopplungswerte, vermindert um die Summe aller wesentlichen Freiwerte, oder — was dasselbe ist — die Summe aller Kopplungsgrade, vermindert um die Summe aller Freiheitsgrade, wird mit K bezeichnet und gibt an, ob zur Bindung der Freiwerte

— Kopplungswerte fehlen (K < 0),
— die Kopplungswerte genügen (K = 0) oder
— die Kopplungswerte nicht alle erforderlich sind (K > 0).

Im ersten Fall ist das System beweglich und wird kinematisch unterbestimmt oder kurz kinematisch unbestimmt genannt, im zweiten Fall ist es starr und heißt kinematisch bestimmt, und im dritten Fall schließlich bezeichnet man das überstarre System als kinematisch überbestimmt (Tafel A.11).

		Freiwerte	Kopplungswert (Kinematische Bedingung)	Bindung der Freiwerte durch Kopplungswerte
Element A	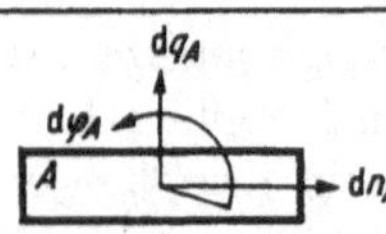	dq_A dn_A $d\varphi_A$		
Anordnung von 3 Kopplungen – Variante 1	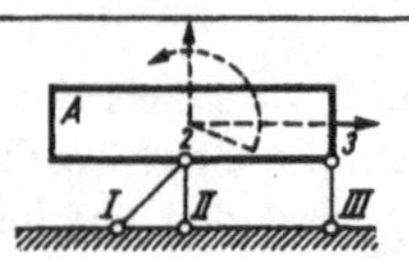		$\delta_{2I} = 0$ $\delta_{2II} = 0$ $\delta_{3III} = 0$	$dq_A = 0$ $dn_A = 0$ $d\varphi_A = 0$ *die 3 Kopplungswerte binden 3 Freiwerte*
Anordnung von 3 Kopplungen – Variante 2	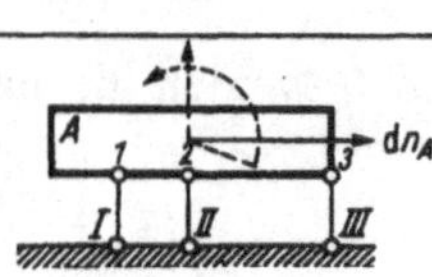	dn_A	$\delta_{1I} = 0$ $\delta_{2II} = 0$ $\delta_{3III} = 0$	$dq_A = 0$ $d\varphi_A = 0$ *die 3 Kopplungswerte binden 2 Freiwerte (z.B. $\overline{1I}$ falsch angeordnet)*
Anordnung von 3 Kopplungen – Variante 3	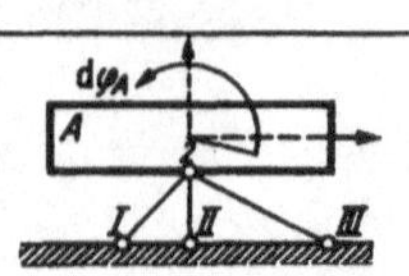	$d\varphi_A$	$\delta_{2I} = 0$ $\delta_{2II} = 0$ $\delta_{2III} = 0$	$dq_A = 0$ $dn_A = 0$ *die 3 Kopplungswerte binden 2. Freiwerte (z.B. $\overline{2III}$ falsch angeordnet)*

Bild A.4. Bedeutung der Anordnung von Kopplungen für die Bindung von Freiwerten anhand eines Beispiels

Die Differenz K ist ein Kriterium für die kinetmatische Brauchbarkeit des Systems als statisches System für ein Tragwerk und heißt deshalb auch kinematisches Kriterium. Es liefert uns jedoch nur eine notwendige (aber keine hinreichende) Bedingung für die Beurteilung der Brauchbarkeit, da es lediglich die Anzahl der Kopplungswerte, aber nicht deren Anordnung erfaßt (vgl. Bild A.4).

Wie die Anwendung (Bild A.5) zeigt und die nachfolgende Herleitung erkennen läßt, ist es zweckmäßig, die Summe aller Kopplungsgrade einer Kopplung $G (G = \mathrm{I, II, III})$, vermindert um den Freiheitsgrad des Kopplungskörpers, zu einer Zahl zusammenzufassen und als Kopplungszahl k_G zu bezeichnen:

$$k_G := \sum_E [k_{GE}] - (f_G) \, .$$

Diese Kopplungszahl gibt an, wieviel Freiwertdifferenzen zwischen den gekoppelten Elementen durch den Kopplungskörper gebunden werden.

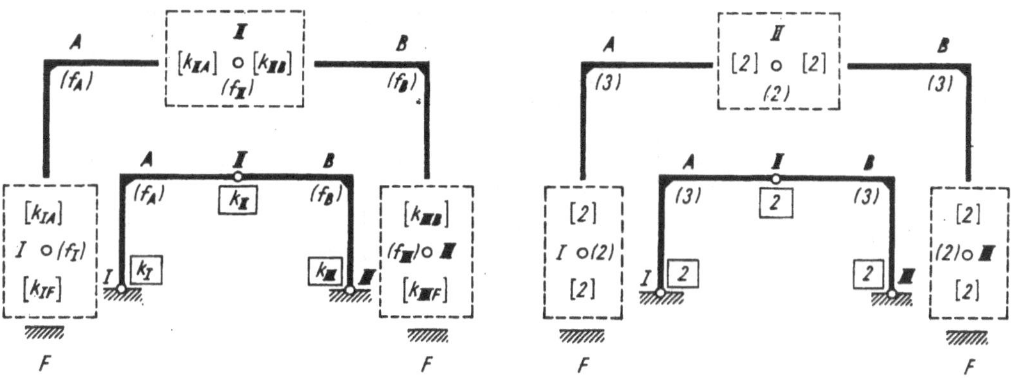

Bild A.5. Kinematische Beurteilung der Brauchbarkeit eines Dreigelenkrahmens als statisches System für ein Tragwerk

K = Σ Kopplungswerte − Σ wesentliche Freiwerte	K = Σ Kopplungsgrade − Σ Freiheitsgrade (V + E)	K = Σ Kopplungszahlen k − Σ Freiheitsgrade (E)
$K = \delta q_{IF} + \delta n_{IF} + \delta q_{IA} + \delta n_{IA} - dq_I - dn_I$	$K = [k_{IF}] + [k_{IA}] - (f_I)$	$K = \boxed{k_I}$
$+ \delta q_{IIA} + \delta n_{IIA} + \delta q_{II\mathbf{B}} + \delta n_{II\mathbf{B}} - dq_{II} - dn_{II}$	$+ [k_{IIA}] + [k_{II\mathbf{B}}] - (f_{II})$	$+ \boxed{k_{II}}$
$+ \delta q_{III\mathbf{B}} + \delta n_{III\mathbf{B}} + \delta q_{IIIF} + \delta n_{IIIF} - dq_{III} - dn_{III}$	$+ [k_{III\mathbf{B}}] + [k_{IIIF}] - (f_{III})$	$+ \boxed{k_{III}}$
$- dq_A - dn_A - d\varphi_A$	$-(f_A)$	$-(f_A)$
$- dq_{\mathbf{B}} - dn_{\mathbf{B}} - d\varphi_{\mathbf{B}}$	$-(f_{\mathbf{B}})$	$-(f_{\mathbf{B}})$
Die 12 Kopplungswerte reichen aus, um (in der	$K = [2] + [2] - (2)$	$K = \boxed{2} \quad = 0$
vorliegenden Anordnung) die 12 wesentlichen	$+ [2] + [2] - (2)$	$+ \boxed{2}$
Freiwerte zu binden. Das System ist unbeweglich	$+ [2] + [2] - (2)$	$+ \boxed{2}$
(starr) und demnach als statisches System	$-(3)$	$-(3)$
brauchbar	$-(3)$	$-(3)$

Für die Gelenkverbindung (Bild A.2) folgt z. B.

$$\left.\begin{aligned} dn_B - dn_A &= \delta n_{BA} \overset{!}{=} 0, \\ dq_B - dq_A &= \delta q_{BA} \overset{!}{=} 0, \end{aligned}\right\} \boxed{k_G} = \boxed{2}$$

$$d\varphi_B - d\varphi_A = \delta\varphi_{BA} \neq 0 .$$

Beispiele für mehrteilige Kopplungen finden sich in Tafel A.9. Für die zweiteiligen Kopplungen werden in Tafel A.10 Symbole und Kopplungszahlen angegeben.

Tafel A.9. **Kopplungszahlen mehrteiliger Kopplungen**

Symbol	*Kopplungsgrade [k] und wesentlicher Freiheitsgrad (f) des Kopplungskörpers*	*Kopplungszahl* $\Sigma\ [k] - (f) = \boxed{k}$
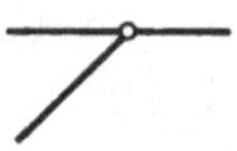	(2) — [2] ∘ [2] — [2] /	$3 \cdot [2] - (2) = \boxed{4}$
	(3) — [3] [2] — [3] /	$2 \cdot [3] + [2] - (3) = \boxed{5}$
	(3) — [3] [3] — [3] /	$3 \cdot [3] - (3) = \boxed{6}$
	(2) — [2] ∘ [2] — [2] [2] / \	$4 \cdot [2] - (2) = \boxed{6}$
	| [2] (2) ∘ [2] — [2]	$3 \cdot [2] - (2) = \boxed{4}$
	| / [2][2] (2) ∘ [2] — [1]	$3 \cdot [2] + [1] - (2) = \boxed{5}$

Tafel A.10. **Symbole und Kopplungszahlen zweiteiliger Kopplungen**

	kinematische Bedingungen			Darstellung der relativen Freiwerte	Symbol und Kopplungszahl für	
	δq	δn	$\delta\varphi$		Verbindung	Lagerung (Stützung)
1	$\boxed{0}$	$\boxed{0}$	$\boxed{0}$		$\boxed{3}$	feste Einspannung $\boxed{3}$
2	$\boxed{0}$	$\boxed{0}$	$\neq 0$	$\delta\varphi$	Gelenk $\boxed{2}$	unverschiebliches Gelenk / festes Lager $\boxed{2}$ $\boxed{2}$
3	$\boxed{0}$	$\neq 0$	$\boxed{0}$	δn	Längsführung $\boxed{2}$	längsverschiebliche Einspannung $\boxed{2}$
4	$\neq 0$	$\boxed{0}$	$\boxed{0}$	δq	Querführung $\boxed{2}$	querverschiebliche Einspannung $\boxed{2}$
5	$\boxed{0}$	$\neq 0$	$\neq 0$	δn $\delta\varphi$	$\boxed{1}$	längsverschiebliches Gelenk / bewegliches Lager $\boxed{1}$ $\boxed{1}$
6	$\neq 0$	$\boxed{0}$	$\neq 0$	δq $\delta\varphi$	$\boxed{1}$	querverschiebliches Gelenk / bewegliches Lager $\boxed{1}$
7	$\neq 0$	$\neq 0$	$\boxed{0}$	δq δn	$\boxed{1}$	(quer- und längs-) verschiebliche Einspannung $\boxed{1}$
8	$\neq 0$	$\neq 0$	$\neq 0$	δq δn $\delta\varphi$	$\boxed{0}$	freier Stab $\boxed{0}$

Mit diesen Überlegungen erhalten wir das kinematische Kriterium K zu

$$\mathsf{K} = \sum_V \sum_E [k_{VE}] - \sum_V (f_V) - \sum_E (f_E),$$

wenn ein beliebiger Kopplungskörper mit V und ein beliebiges daran angeschlossenes Element mit E bezeichnet wird.

Tafel A.11. **Das kinematische Kriterium**

Ein System heißt für		Das System ist	
$\mathsf{K} < 0$	kinematisch un(ter)bestimmt,	beweglich (hat zu wenig Kopplungen),	als Tragwerk nicht brauchbar,
$\mathsf{K} = 0$	kinematisch bestimmt,	nicht beweglich (hat genügend Kopplungen),	als Tragwerk brauchbar.
$\mathsf{K} > 0$	kinematisch überbestimmt.	nicht beweglich (hat zuviel Kopplungen).	

Natürlich darf man zunächst die beliebige Kopplung V betrachten und danach über alle Kopplungen V summieren:

$$\mathsf{K} = \sum_V \left\{\sum_E [k_{VE}] - (f_V)\right\} - \sum_E (f_E).$$

Tafel A.12. **Beispiele für kinematisch bestimmte Systeme**

Die Systeme sind nicht beweglich (starr) und demnach als statische Systeme brauchbar.

	Kinematisches Kriterium $K = \Sigma \boxed{k} - \Sigma(f)$
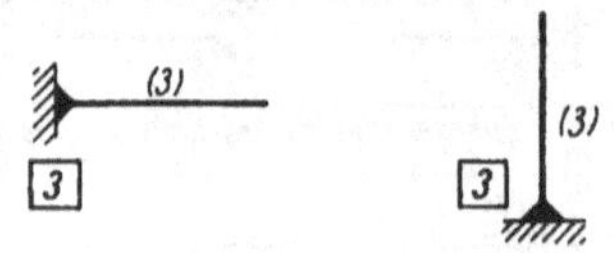	*Kragträger* $K = 1 \cdot \boxed{3} - 1 \cdot (3)$ $K = 0$
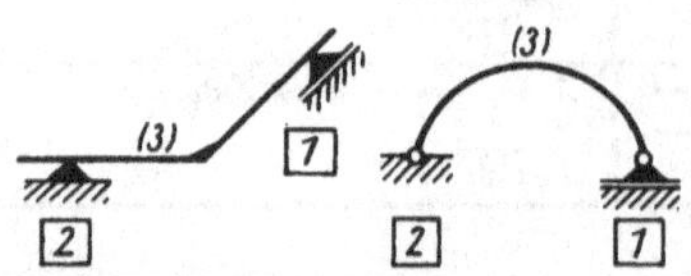	*Träger, Bogenträger* $K = 1 \cdot \boxed{2} + 1 \cdot \boxed{1} - 1 \cdot (3)$ $K = 0$
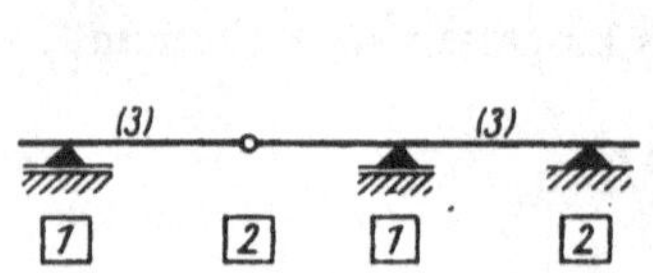	*Gelenkträger* $K = 2 \cdot \boxed{2} + 2 \cdot \boxed{1} - 2 \cdot (3)$ $K = 0$
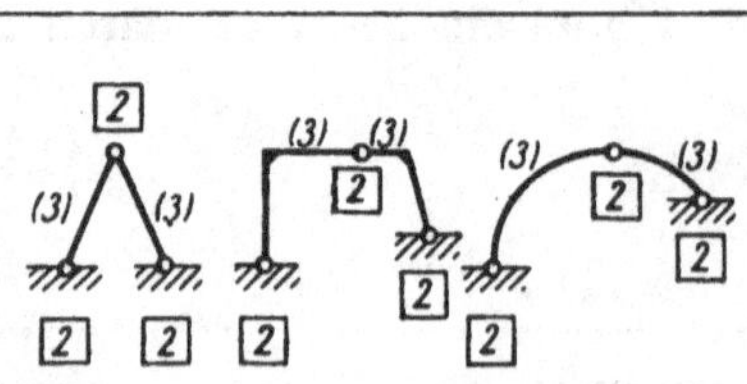	*Zweibock* *Dreigelenkrahmen* *Dreigelenkbogen* $K = 3 \cdot \boxed{2} - 2 \cdot (3)$ $K = 0$
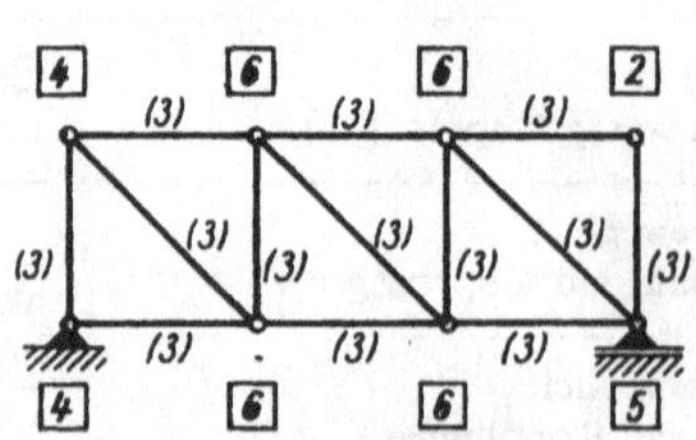	*Fachwerkträger* $K = 4 \cdot \boxed{6} + 1 \cdot \boxed{5} + 2 \cdot \boxed{4} + 1 \cdot \boxed{2} - 13 \cdot (3)$ $K = 0$

Der Klammerausdruck repräsentiert die Kopplungszahl $\boxed{k_V}$ der Kopplung V. Damit erhalten wir das kinematische Kriterium für ein System zu

$$K = \sum_V \boxed{k_V} - \sum_E (f_E).$$

Die Klassifizierung des Systems mit Hilfe des kinematischen Kriteriums wird in Tafel A.11 gezeigt.

Tafel A.13. **Beispiele für kinematisch überbestimmte Systeme**

Die Systeme sind nicht beweglich (überstarr) und demnach als statische Systeme für Stabtragwerke brauchbar.

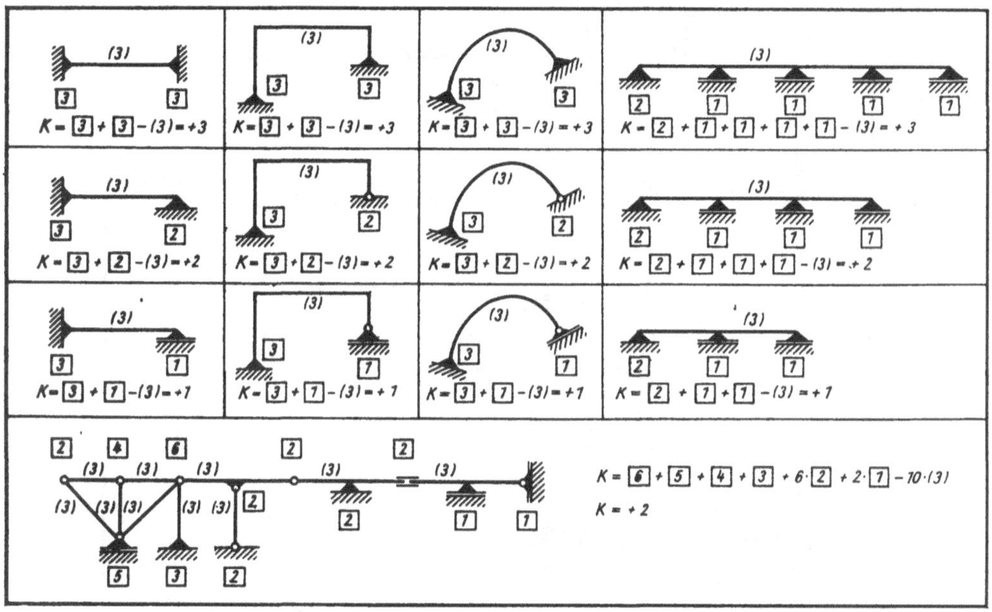

Beispiele für die Anwendung des kinematischen Kriteriums sind in den Tafeln A.12, A.13 und A.14 zusammengefaßt worden. Tafel A.15 läßt sehr gut erkennen, daß Systeme, die das kinematische Kriterium als brauchbar ausweist, aufgrund der besonderen Anordnung der Bindungen (Kopplungswerte) noch beweglich sind (zumindest unendlich kleine Bewegungen ausführen können) und damit als statische Systeme für Tragwerke ausscheiden müssen.

Nach dieser Einführung der Symbole für Stäbe, Verbindungen und Lagerungen sind wir in der Lage, die elementaren Stabtragwerke symbolisch darzustellen und mit Hilfe des kinematischen Kriteriums eine Aussage hinsichtlich ihrer Brauchbarkeit zu treffen.

Tafel A.14. **Beispiele für kinematisch unbestimmte Systeme**

Die Systeme sind beweglich und demnach als statische Systeme für Stabtragwerke unbrauchbar.

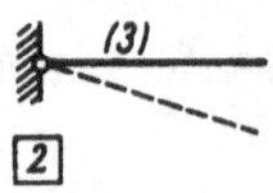	$K = 1 \cdot \boxed{2} - 1 \cdot (3)$ $K = -1$ *1-fach kinematisch unbestimmt*
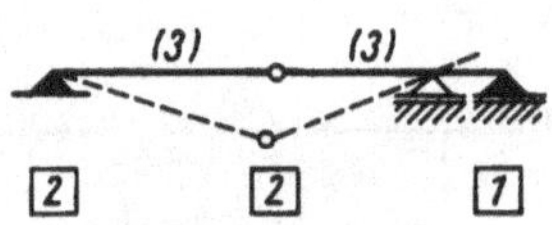	$K = 2 \cdot \boxed{2} + 1\ \boxed{1} - 2 \cdot (3)$ $K = -1$ *1-fach kinematisch unbestimmt*
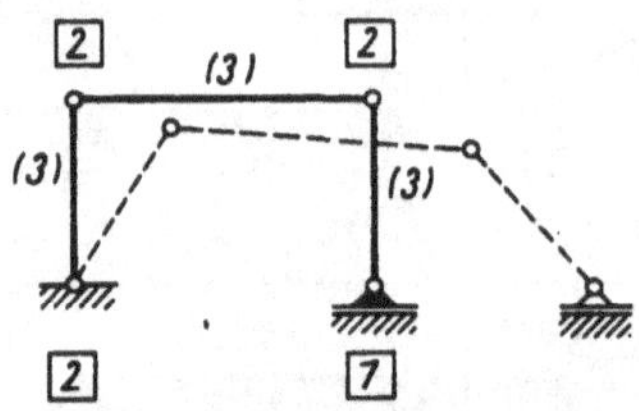	$K = 3 \cdot \boxed{2} + 1 \cdot \boxed{1} - 3 \cdot (3)$ $K = -2$ *2-fach kinematisch unbestimmt*
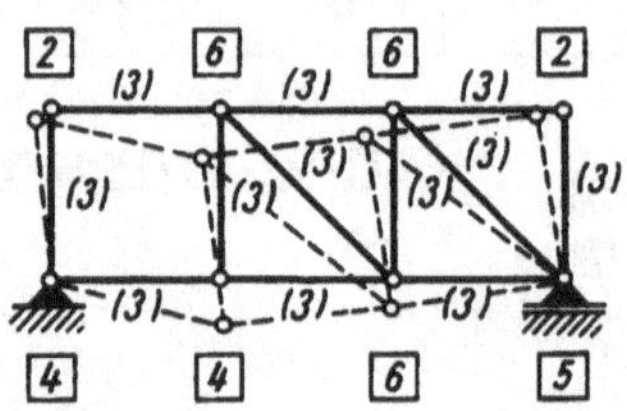	$K = 3 \cdot \boxed{6} + 1 \cdot \boxed{5} + 2 \cdot \boxed{4} + 2 \cdot \boxed{2} - 12 \cdot (3)$ $K = -1$ *1-fach kinematisch unbestimmt*

A.6. Die symbolische Darstellung der Belegung

Während des Befreiungsprozesses wird die Bindung gelöst und der Einfluß dieser Bindung auf das Bewegungsverhalten des Objektes (d. h. des Systems) durch eine Größe abgebildet, die Bindungskraft oder kurz Kraft genannt wird. Die Gesamtheit dieser Bindungskräfte bildet die Belegung des Systems.

Die Bindungskräfte (vgl. Tafel A.8) können den Einfluß der Umgebung auf das System repräsentieren oder die gegenseitige Beeinflussung zweier Systemteile widerspiegeln, also Umgebungskräfte oder Systemkräfte, äußere Kräfte (vires externae) oder innere Kräfte (vires internae) sein. Sie können als Distanzkräfte die Massenanziehung (also das Eigengewicht) verkörpern, als Kontaktkräfte die Lasten (also Druckkräfte, Reibungskräfte, Stoßkräfte etc.) ersetzen oder — nach der Befreiung des Systems von einer Kopplung — als Verbindungs- oder Stützkräfte in Erscheinung treten.

Wird ein Systemelement durch einen Schnitt in zwei Teile, I und II, zerlegt, um die Kräfte zu ermitteln, die an dieser Schnittstelle im Inneren des Elementes wirken, also

Tafel A.15. **Beispiele für Systeme mit unendlich kleiner Beweglichkeit**

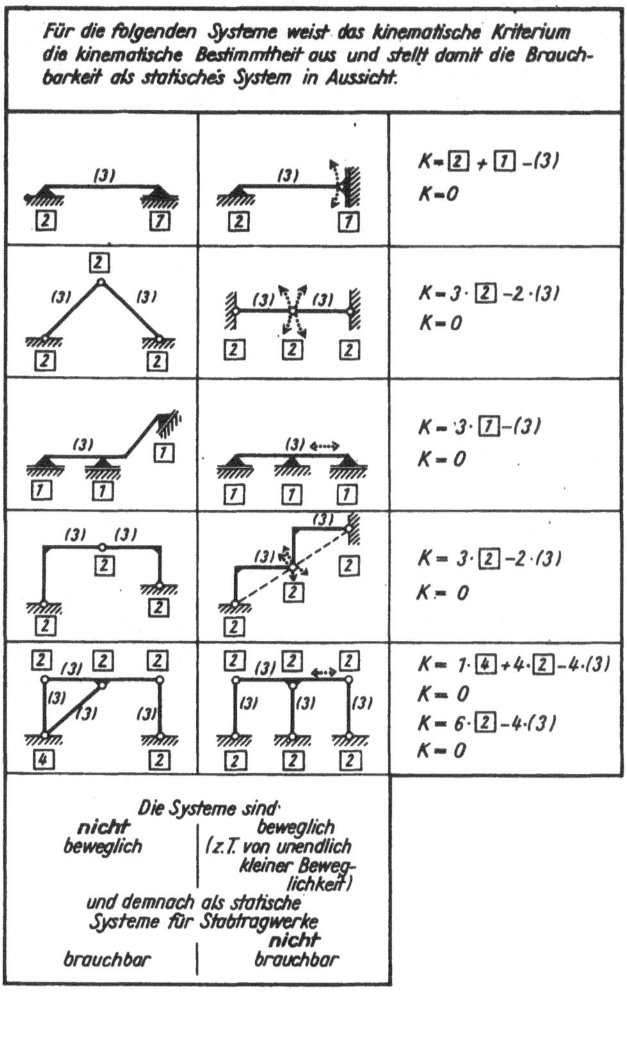

vom Teil I auf den Teil II übertragen werden, so kann man diese Schnittstelle ebenfalls als zweiseitige absolute Kopplung ansehen. Die durch diesen Befreiungsprozeß sichtbar gemachten Verbindungskräfte werden als Schnittkräfte bezeichnet (Bild A.1).

Alle Kräfte, die nach dem Befreiungsprozeß am System oder Systemteil angreifen und bekannt sind, heißen Aktionen oder auch eingeprägte Kräfte (vires impressae); die unbekannten Kräfte werden Reaktionen oder Zwangskräfte (vires repressae) genannt.

Der Einfluß der Bindung verteilt sich über einen gewissen Bereich des Objektes: die Distanzkräfte über dessen Volumen, die Kontakt- und Kopplungskräfte über die Berührungsfläche.

Ist der Einfluß der Bindung konstant über einen Bereich verteilt, so darf man den Einfluß auch konzentriert im Mittelpunkt des Bereiches (als Mittelpunktkraft) angreifen lassen. Diese Idealisierung, die Konzentration des gesamten Einflusses im Mittelpunkt eines Bereiches, nennt man Diskretisierung. Der umgekehrte Vorgang, die kontinuierlich-konstante Verteilung einer Mittelpunktkraft über den Bereich, wird Kontinuisierung genannt.

Tafel A.16 führt die Diskretisierung und Kontinuierung an Hand eines Beispiels vor: Betrachtet wird der Einfluß der Gravitation auf die Flüssigkeit in einem quaderförmigen

Tafel A.16. **Bereichskraft und Bereichskraftdichte**

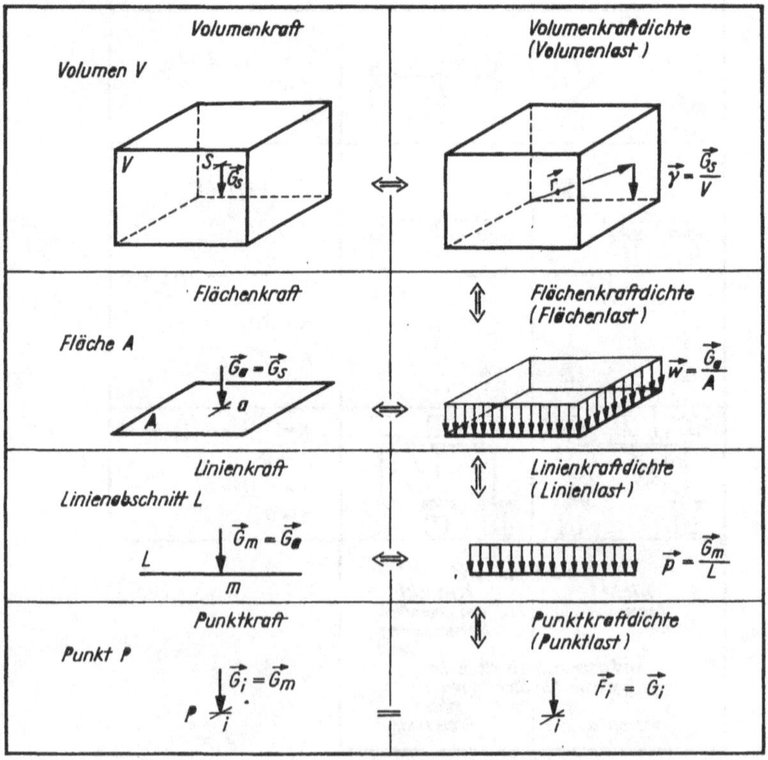

Behälter und die dadurch bedingte Kraftwirkung auf die Bodenplatte, auf eine durch den Mittelpunkt der Bodenplatte verlaufende Linienlagerung und auf eine unter dem Mittelpunkt der Bodenplatte angeordnete punktförmige Stützung.

Ganz sicher darf man mit hinreichender Genauigkeit annehmen, daß sich infolge der Gravitation über das ganze von der Flüssigkeit eingenommene Volumen ein konstantes Wichtefeld ausbildet (wobei sich die Kraftdichte zu $\gamma = \varrho \cdot \boldsymbol{g}$ (Massendichte · Erdbeschleunigung) ergibt). Für eine Vielzahl von Aufgaben ist es aber zweckmäßiger, den gesamten Gravitationseinfluß als Gewicht $\boldsymbol{G} = \gamma \cdot V$ konzentriert im Mittelpunkt des Quaders angreifen zu lassen. Betrachten wir dagegen nur die Bodenplatte A oder die Berührungslinie L oder den Stützpunkt i, so dürfen wir uns vorstellen, daß das gleiche Gewicht im Mittelpunkt der Grundfläche, im Mittelpunkt der Berührungslinie oder im Stützpunkt i angreift (2.4.3.4.). Wollen wir nun den Wasserdruck auf die Bodenplatte oder die Berührungslinie ermitteln, so brauchen wir nur das Gewicht kontinuierlich-konstant über die Bodenplatte oder die Berührungslinie zu verteilen:

$$\boldsymbol{w} = \frac{\boldsymbol{G}_a}{A}, \qquad \boldsymbol{p} = \frac{\boldsymbol{G}_m}{L}.$$

Im Stützpunkt i ist der gesamte Gravitationseinfluß wirksam: In i greift eine Kraft an, die gleich dem Gewicht G_s ist.

Tafel A.17. **Kopplung und Kopplungskraft**

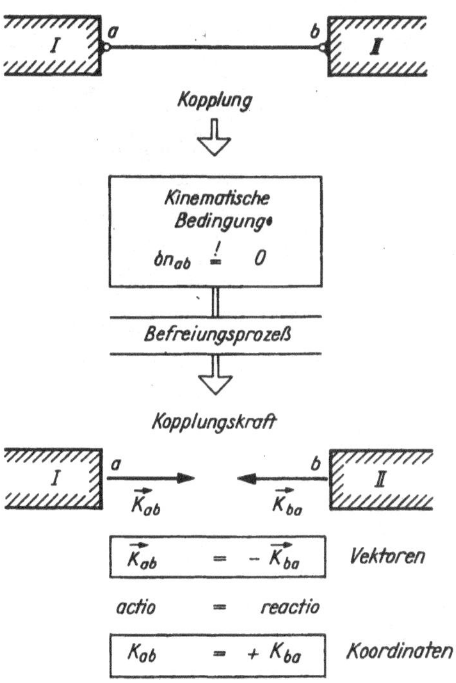

Die im Mittelpunkt des *Bereiches* angreifende Kraft wird *Bereichskraft*, die kontinuierlich-konstant (mehr oder weniger „dicht") über den ganzen Bereich verteilte Kraft *Bereichskraftdichte* genannt. Bei praktischen Aufgaben nennt man die Bereichskraftdichte in der Regel Bereichslast (Volumenlast, Flächenlast, Linienlast, Punktlast).

Der Einfluß einer Kopplung ist kontinuierlich über die Berührungsfläche zwischen Element und Kopplungskörper verteilt. Die Funktion, nach der die Verteilung der Kopplungskräfte über die Berührungsfläche erfolgt, kennen wir aber in den meisten Fällen nicht. Wir können nur eine Aussage über die Kopplungskräfte selbst treffen.

Wir wissen nämlich:

1. Die Kopplungskräfte treten stets paarweise auf und sind nach dem Wechselwirkungsaxiom (Newton, lex tertia: actio — reactio) entgegengesetzt gleich (Tafel A.17).
2. Die Kopplungskräfte müssen nach dem Befreiungsprozeß die kinematische Bedingung erzwingen, die vor dem Befreiungsprozeß die Kopplung garantiert hat.
   Lautet also für eine Kopplung an der Stelle *i* die kinematische Bedingung $\delta_{iq} = 0$, so muß während des Befreiungsprozesses eine Kraft(-Projektion) $\boldsymbol{P}_{iq}$ bereitgestellt werden, die die Projektion aller am Systemteil angreifenden Kräfte auf eine Gerade quer zur Systemlinie zu Null ergänzt, so daß die Gleichgewichtsbedingungen $\Sigma\, \boldsymbol{P}_{iq} = \mathbf{0}$ erfüllt wird, weil nur dann quer zur Systemlinie keine Kraftkomponente wirkt, demnach keine Beschleunigung und auch keine Verschiebung quer zur Systemlinie auftreten kann, die kinematische Bedingung also erfüllt ist.

Tafel A.18. **Der vollständige Befreiungsprozeß für zweiteilige Kopplungen**

	Symbol	Kinematische Bedingungen			Kopplungskräfte			Ergebnis des vollständigen Befreiungsprozesses für zweiteilige Kopplungen k
		δ_q	δ_n	δ_φ	P_q	P_n	M	Schnitt links (kl = a) … Schnitt rechts (kr = b)
1	k	[0]	[0]	[0]	[≠0]	[≠0]	[≠0]	
2	k	[0]	[0]	≠0	[≠0]	[≠0]	0	
3	k	[0]	≠0	[0]	[≠0]	0	[≠0]	
4	k	≠0	[0]	[0]	0	[≠0]	[≠0]	
5	k	[0]	≠0	≠0	[≠0]	0	0	
6	k	≠0	[0]	≠0	0	[≠0]	0	
7	k	≠0	≠0	[0]	0	0	[≠0]	
8	k	≠0	≠0	≠0	0	0	0	

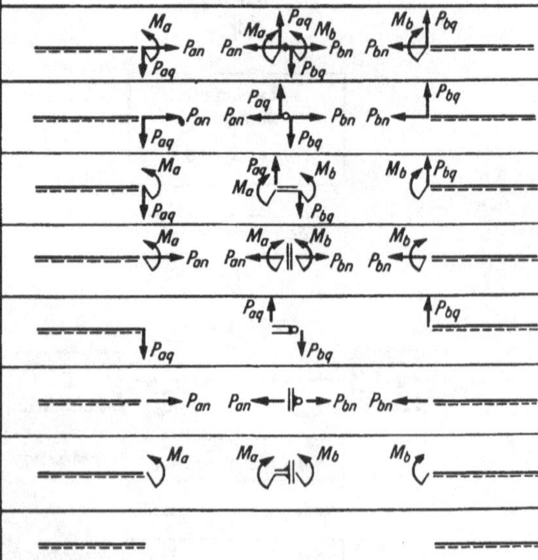

Lautet die kinematische Bedingung $\delta_{in} = 0$, so muß während des Befreiungsprozesses eine Kraft(-Projektion) $\boldsymbol{P}_{in}$ in Richtung der Systemlinientangente bereitgestellt werden, die die Projektion aller am System angreifenden Kräfte auf eine Gerade in Richtung der Systemlinientangente zu Null ergänzt, so daß die Gleichgewichtsbedingung $\Sigma\, \boldsymbol{P}_{in} = \boldsymbol{0}$ erfüllt wird, weil nur dann in Richtung der Systemlinientangente keine Kraftkomponente wirkt, demnach keine Beschleunigung und auch keine Verschiebung in Richtung Systemlinientangente auftreten kann, die kinematische Bedingung also erfüllt ist.
Lautet schließlich die kinematische Bedingung $\delta_{i\varphi} = 0$, so muß während des Befreiungsprozesses in i ein (Kraft-)Moment $\boldsymbol{M}_i$ bereitgestellt werden, das die Momente in i aller am Systemteil angreifenden Kräfte zu Null ergänzt, so daß die Gleichgewichtsbedingung $\Sigma\, \boldsymbol{M}_i = \boldsymbol{0}$ erfüllt wird, weil nur dann in i kein Moment wirkt, demnach keine Winkelbeschleunigung und auch keine Verdrehung auftreten kann, die kinematische Bedingung also erfüllt ist.

Tafel A.19. **Der vereinfachte Befreiungsprozeß für das unbelastete Gelenk**

Unbelastetes Gelenk zwischen zwei Stäben

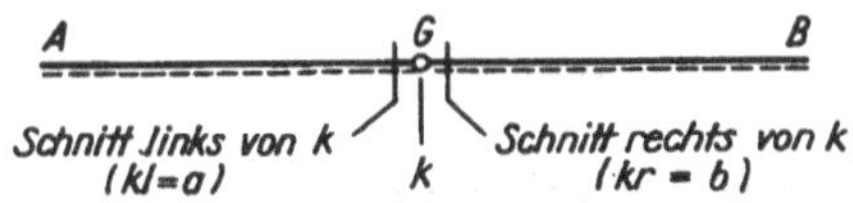

Vollständiger Befreiungsprozeß

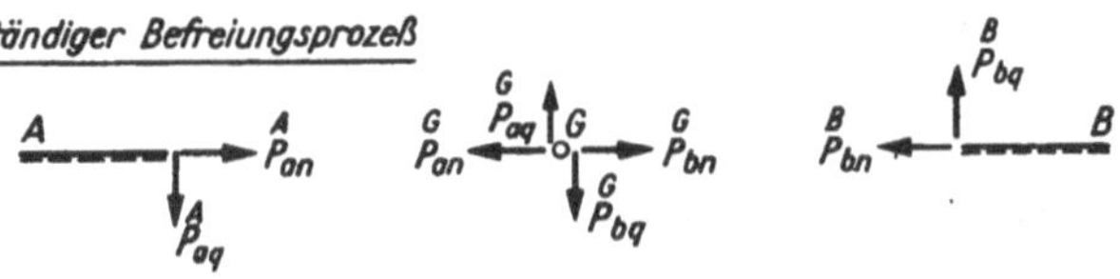

Gleichgewicht am Gelenkkörper	$\overset{G}{P}_{an} = \overset{G}{P}_{bn}$		$\overset{G}{P}_{aq} = \overset{G}{P}_{bq}$	
Bedingung zwischen den Körpern (actio = reactio)	$\overset{A}{P}_{an} = \overset{G}{P}_{an}$	$\overset{G}{P}_{bn} = \overset{B}{P}_{bn}$	$\overset{A}{P}_{aq} = \overset{G}{P}_{aq}$	$\overset{G}{P}_{bq} = \overset{B}{P}_{bq}$
Folgerung	$\overset{A}{P}_{an} = \overset{B}{P}_{bn}$		$\overset{A}{P}_{aq} = \overset{B}{P}_{bq}$	
Definition	$\overset{A}{P}_{an} = \overset{B}{P}_{bn} =: P_{kn}$		$\overset{A}{P}_{aq} = \overset{B}{P}_{bq} = P_{kq}$	

Vereinfachter Befreiungsprozeß

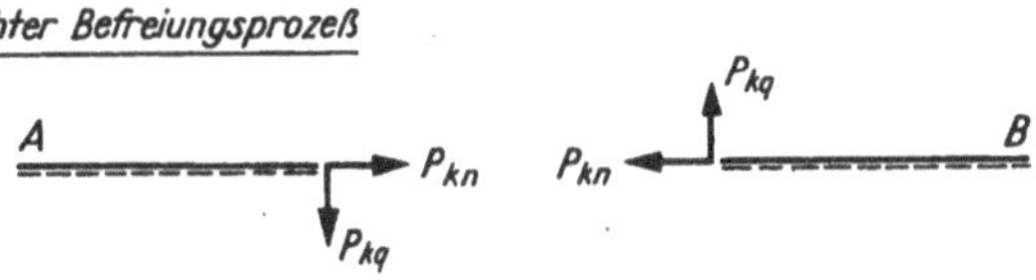

Demnach führt die

kinematische Bedingung	zu der	Kopplungs-kraft
$\delta q \overset{!}{=} 0$	$\Rightarrow$	$\boldsymbol{P}_q$,
$\delta n \overset{!}{=} 0$	$\Rightarrow$	$\boldsymbol{P}_n$,
$\delta\varphi \overset{!}{=} 0$	$\Rightarrow$	$\boldsymbol{M}$.

Tafel A.20. **Der vereinfachte Befreiungsprozeß für den unbelasteten Stab zwischen zwei Gelenken**

Unbelasteter Stab zwischen zwei Gelenken

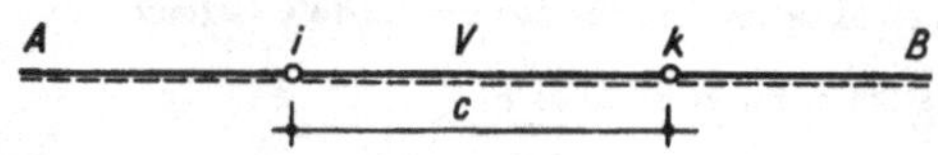

Befreiungsprozeß (vereinfacht für Gelenke)

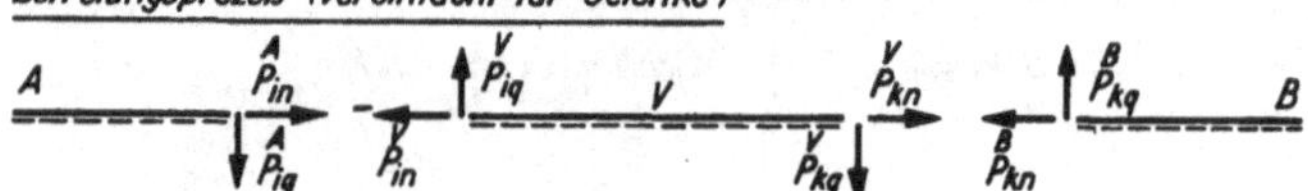

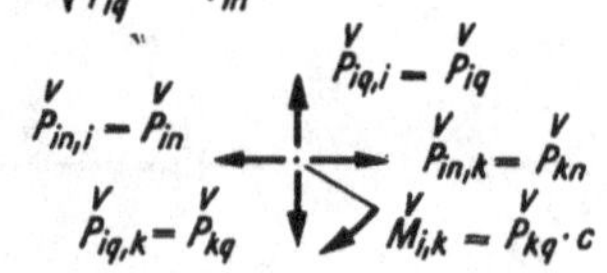

	$\Sigma M_i \overset{!}{=} 0$	$\Sigma P_{iq} \overset{!}{=} 0$	$\Sigma P_{in} \overset{!}{=} 0$	
Gleichgewicht am Verbindungsstab V	$\overset{V}{P}_{kq} \cdot c = 0$	$\overset{V}{P}_{iq} - \overset{V}{P}_{kq} = 0$	$\overset{V}{P}_{in} - \overset{V}{P}_{kn} = 0$	
Folgerung	$\overset{V}{P}_{kq} = 0$	$\overset{V}{P}_{iq} = 0$	$\overset{V}{P}_{in} = \overset{V}{P}_{kn}$	
Bedingung zwischen den Körpern (actio = reactio)	$\overset{B}{P}_{kq} = \overset{V}{P}_{kq}$	$\overset{A}{P}_{iq} = \overset{V}{P}_{iq}$	$\overset{A}{P}_{in} = \overset{V}{P}_{in}$	$\overset{V}{P}_{kn} = \overset{B}{P}_{kn}$
Folgerung	$\overset{B}{P}_{kq} = 0$	$\overset{A}{P}_{iq} = 0$	$\overset{A}{P}_{in} = \overset{B}{P}_{kn}$	
Definition			$\overset{A}{P}_{in} = \overset{B}{P}_{kn} =: S_V$	

Vereinfachter Befreiungsprozeß

Für die zweiteiligen Kopplungen ist der vollständige Befreiungsprozeß in Tafel A.18 dargestellt. Dabei sind die Schnittkräfte in Verbindung mit der gestrichelten Bezugslinie nach Bild A.1 eingeführt.

Selbstverständlich ist man bemüht, den Befreiungsprozeß so weit wie möglich zu vereinfachen. Dies gelingt, wenn die Kopplungskörper unbelastet sind. In diesem Falle lassen sich die Gleichgewichtsbedingungen für die Kopplungskörper ein für allemal lösen. Für das unbelastete Gelenk und den unbelasteten Verbindungsstab mit zwei Gelenken ist die Lösung in den Tafeln A.19 und A.20 ausführlich angegeben. Der Befreiungsprozeß vereinfacht sich also bei unbelasteten Kopplungskörpern insofern, als der Kopplungskörper selber weggelassen werden darf (vgl. Tafeln A.21, A.22, A.23).

Die Durchführung des Befreiungsprozesses für die Berechnung unbekannter Kopplungskräfte wird in Tafel A.24 an drei Beispielen gezeigt. Sind alle Kopplungen eines Stabwerkes unbelastet, so entsteht eine Scheibenkonfiguration, während die ausschließliche Belastung der Gelenke eines Fachwerkes zur Punktkonfiguration führt (Tafel A.25).

Während des Befreiungsprozesses wird das System in einzelne Teile zerlegt, zwischen denen unbekannte Kopplungskräfte wirken. Diese Kopplungskräfte sorgen dafür, daß die kinematischen Bedingungen der Kopplungen erfüllt werden und damit die Teile im Gleichgewichtszustand verbleiben.

Tafel A.21. **Der vereinfachte Befreiungsprozeß für zweiteilige Verbindungen**

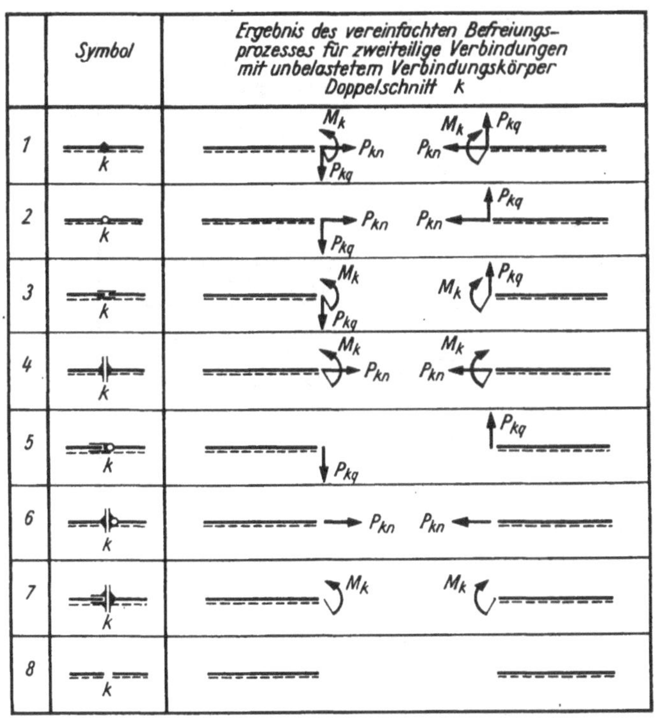

Zur Berechnung der unbekannten Kopplungskräfte stehen uns demnach die Gleichgewichtsbedingungen der einzelnen Teile zur Verfügung.

Ist die Anzahl der unbekannten Kopplungskräfte kleiner als die Anzahl der zur Verfügung stehenden Gleichgewichtsbedingungen, so sind die Unbekannten überbestimmt. Das Tragwerk hätte dann zu wenig Kopplungen, wäre beweglich und demnach als statisches System ohnehin unbrauchbar.

Genügt die Anzahl der Gleichgewichtsbedingungen zur Berechnung der unbekannten Kopplungskräfte, so nennen wir das System „statisch" bestimmt.

Ist jedoch die Anzahl der unbekannten Kopplungskräfte größer als die Anzahl der Bedingungsgleichungen, so ist das System unterbestimmt oder — wie wir kurz sagen — unbestimmt. Die sog. „überzähligen" unbekannten Kopplungskräfte, für deren Berechnung keine Gleichgewichtsbedingungen mehr zur Verfügung stehen, werden in einem zweiten Rechengang aus zusätzlichen Bedingungen ermittelt (z. B. über Formänderungen an den Kopplungsstellen). Zunächst werden sie aber als unbekannte äußere Kräfte eingetragen und wirken — wenn wir mit Hilfe des Befreiungsprozesses nur diejenigen Kopplungen lösen, deren Kopplungsbedingungen durch die überzähligen Kopplungskräfte garantiert werden sollen — in einem statisch bestimmten System, das als statisch bestimmtes Hauptsystem bezeichnet wird.

Tafel A.22. **Der vereinfachte Befreiungsprozeß für zweiteilige Lagerungen**

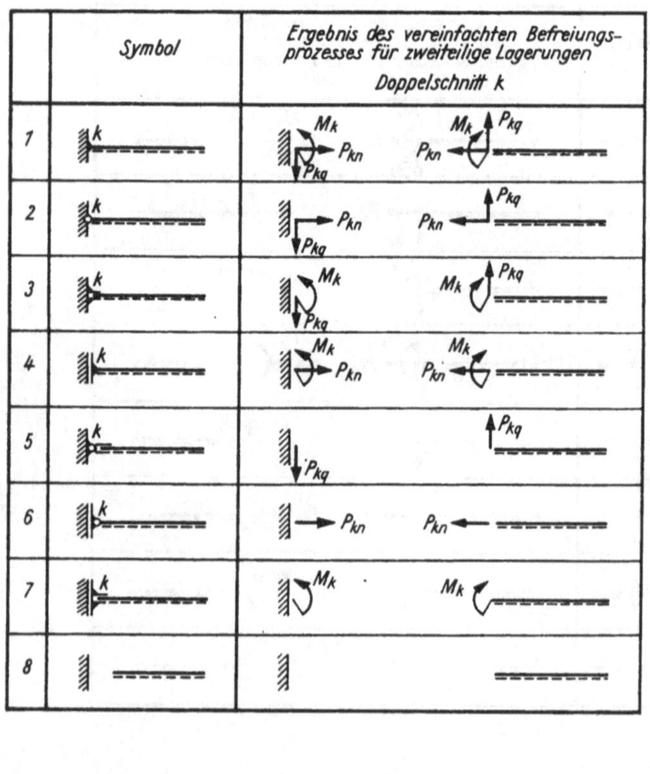

Beispiele für statisch unbestimmte Systeme und zugeordnete statisch bestimmte Hauptsysteme sind in Tafel A.28 zusammengestellt.

Die Anzahl der überzähligen unbekannten Kopplungskräfte ist ein Kriterium für den Aufwand, der während der statischen Analyse des Systems erforderlich wird. Es gibt dem Ingenieur eine Orientierung für die zweckmäßige Wahl des Algorithmus. Deshalb wird diese Zahl auch als statisches Kriterium bezeichnet.

Tafel A.23. **Der vereinfachte Befreiungsprozeß für die häufigsten Stützungen**

	Symbol	*Ergebnis des vereinfachten Befreiungsprozesses für häufig auftretende Stützungen Lager in a*
1	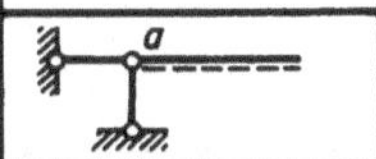	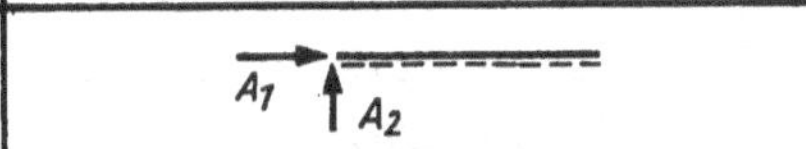
2	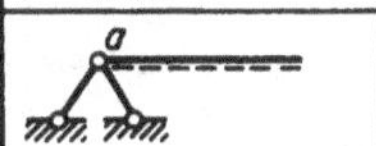	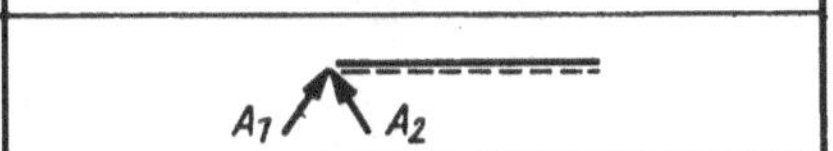
3	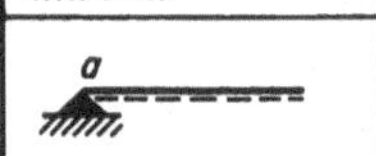	
4		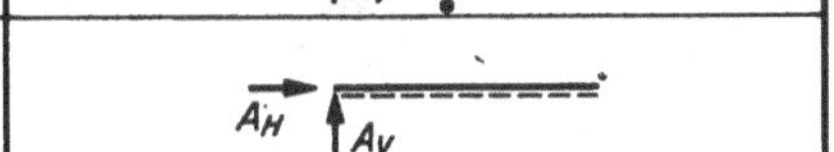
5		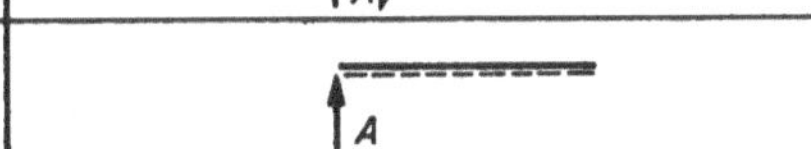
6		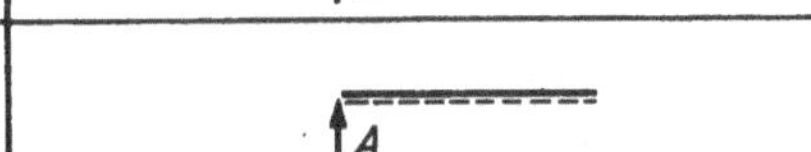
7	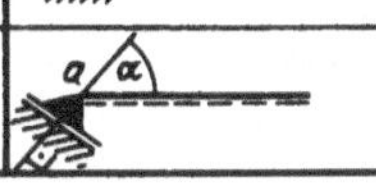	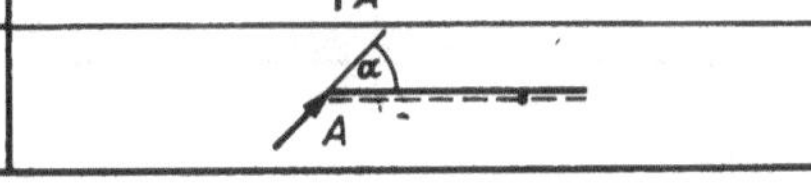

Ist $\underset{\smile}{g_J}$ die Anzahl der Gleichgewichtsbedingungen für den Teil J und $\langle x_i \rangle$ die Anzahl der unbekannten Kopplungskräfte an der Kopplung i, so erhalten wir das statische Kriterium S aus der Bedingung

$$\mathrm{S} = \sum_J \underset{\smile}{g_J} - \sum_i \langle x_i \rangle .$$

Die Einzelfälle werden in Tafel A.26 erläutert und durch Beispiele in den Tafeln A.27 und A.28 veranschaulicht.

Tafel A.24. **Beispiele für den Befreiungsprozeß**

- Soll das Stabtragwerk betrachtet werden und nicht das Fundament, so wird die Stützung (Lagerkörper, Einspannung) weggelassen.

- Für die Wahl des Richtungssinnes der unbekannten Stütz- und Verbindungskräfte gibt es keine Festlegungen. In der Regel wählt man den zu erwartenden Richtungssinn (Stützkräfte im allgemeinen nach oben).

- Der Richtungssinn der Schnittkräfte wird entsprechend der Definition in Bild A.1 eingezeichnet.

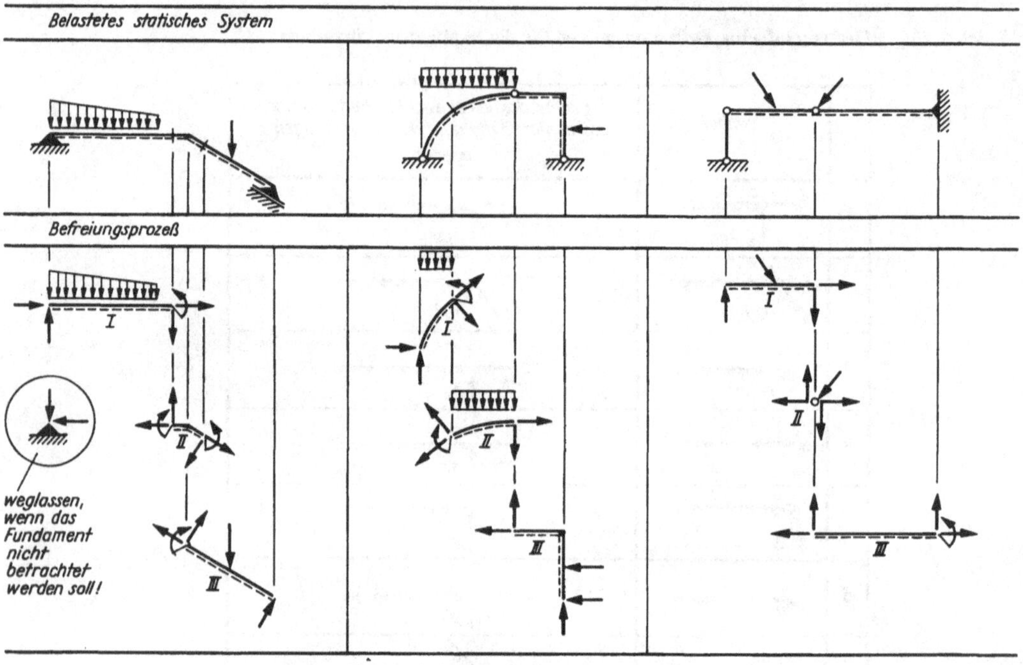

Tafel A.25. **Scheiben- und Punktkonfiquration**

Statisches System	*Vereinfachter Befreiungsprozeß*
Stabwerk 	*Falls die Kopplungen (Gelenke) nicht belastet sind, ergibt sich eine Scheibenkonfiguration.* 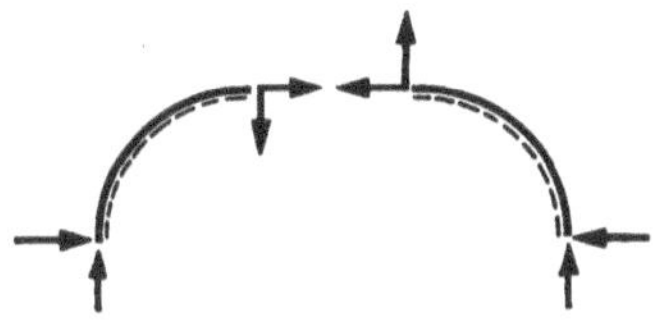
Fachwerk 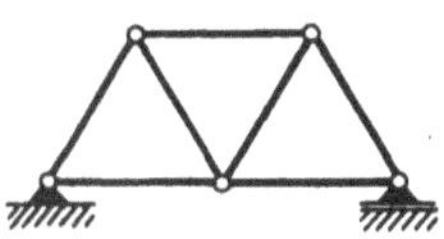	*Falls die Elemente (Stäbe) nicht belastet sind, ergibt sich eine Punktkonfiguration.* 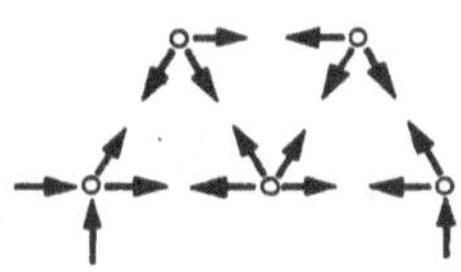

Tafel A.26. **Das statische Kriterium**

Ein System heißt für		Zur Berechnung der unbekannten Kopplungskräfte	Das System ist
S < 0	statisch un(ter)bestimmt,	reichen die Gleichgewichtsbedingungen nicht aus. Es müssen zusätzliche Bedingungen herangezogen werden,	als Tragwerk brauchbar,
S = 0	statisch bestimmt,	genügen die Gleichgewichtsbedingungen,	
S > 0	statisch überbestimmt.	sind zuviel Gleichgewichtsbedingungen vorhanden. Es fehlen Kopplungen! Das System ist beweglich!	als Tragwerk nicht brauchbar.

Tafel A.27. **Beispiele für statisch bestimmte Systeme**

Die Anzahl der Gleichgewichtsbedingungen genügt für die Berechnung der unbekannten Kopplungskräfte.

		Statisches Kriterium S = Σ ⓖ − Σ ‹x›
Scheibenkonfigurationen	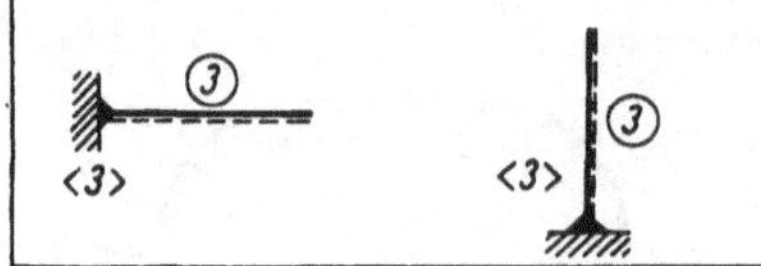	Kragträger S = 1 · ③ − 1 · ‹3› S = 0
	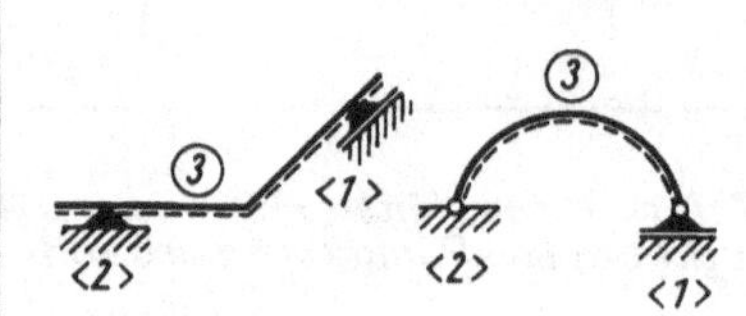	Träger, Bogenträger S = 1 · ③ − 1 · ‹2› − 1 · ‹1› S = 0
	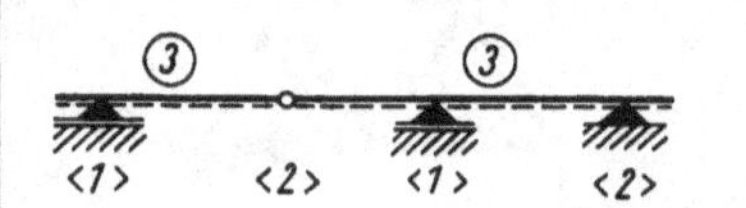	Gelenkträger S = 2 · ③ − 2 · ‹2› − 2 · ‹1› S = 0
	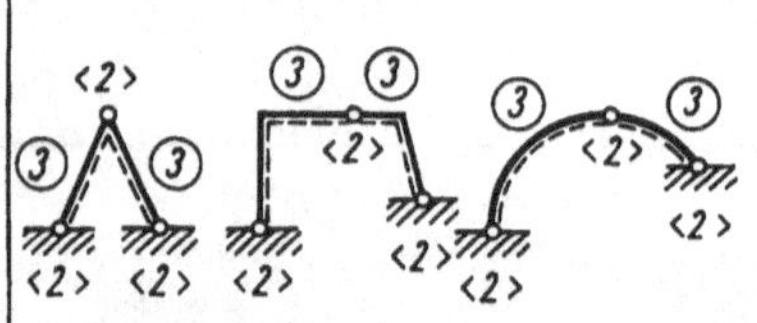	Zweibock Dreigelenkrahmen Dreigelenkbogen S = 2 · ③ − 3 · ‹2› S = 0
Punktkonfiguration	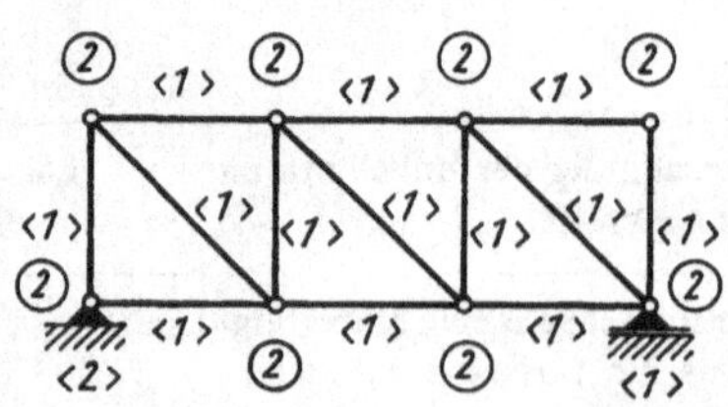	Fachwerkträger S = 8 · ② − 14 · ‹1› − 1 · ‹2› S = 0

Tafel A.28. **Beispiele für statisch unbestimmte Systeme**

Die Anzahl der Gleichgewichtsbedingungen genügt *nicht* für die Berechnung der unbekannten Kopplungskräfte. Es muß ein statisch bestimmtes Hauptsystem gefunden werden, an dem diejenigen unbekannten Kopplungskräfte, die mit Hilfe der Gleichgewichtsbedingungen nicht berechnet werden können, als äußere Kräfte angreifen. Sie werden aus Zusatzbedingungen ermittelt.

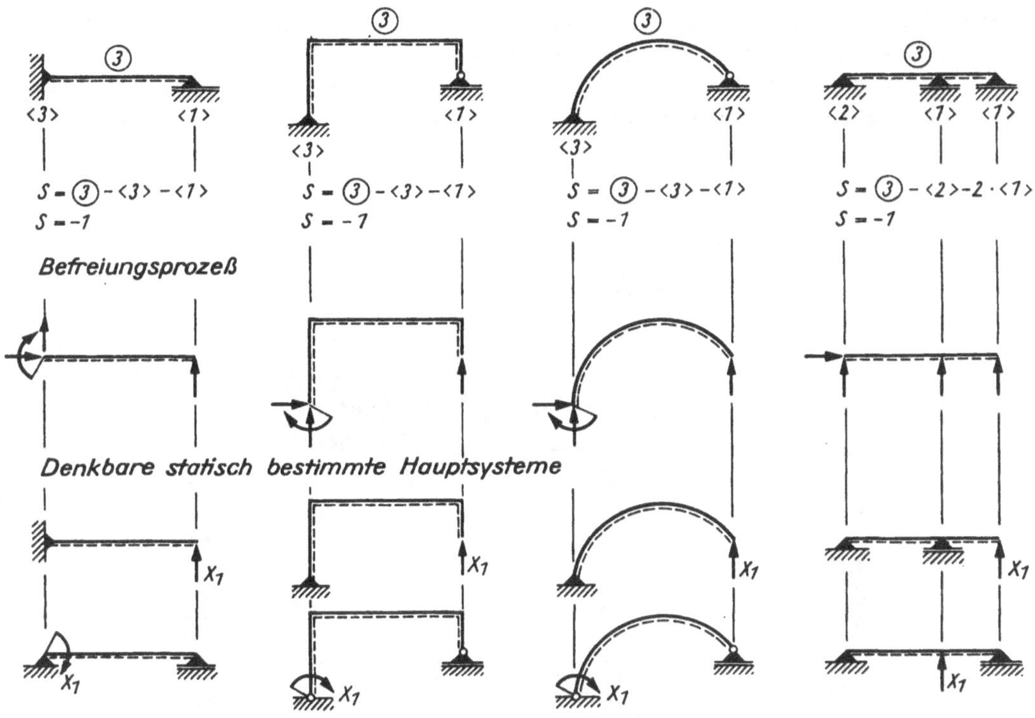

A.7. Ein Beispiel für die Anwendung des Gleichgewichtsprinzips (Problemlösung)

Am Schluß wollen wir als Beispiel die Stütz- und Verbindungskräfte sowie die Schnittkräfte im Schnitt k des in Tafel A.29 dargestellten Stabtragwerkes infolge der ebenfalls dort eingetragenen Belastung ermitteln. Zunächst müssen wir ein Prinzip und damit einen Algorithmus zur Berechnung der unbekannten Kopplungskräfte wählen. Das statische System ist kinematisch bestimmt, unbeweglich, als Tragwerk also brauchbar; es ist statisch bestimmt, weshalb die Gleichgewichtsbedingungen zur Berechnung der unbekannten Kopplungskräfte genügen. Wir wählen als Prinzip das Gleichgewichtsprinzip, erhalten mit Hilfe

Tafel A.29. **Beispiel 1 für die Anwendung des Gleichgewichtsprinzips mit beliebigen Polen**

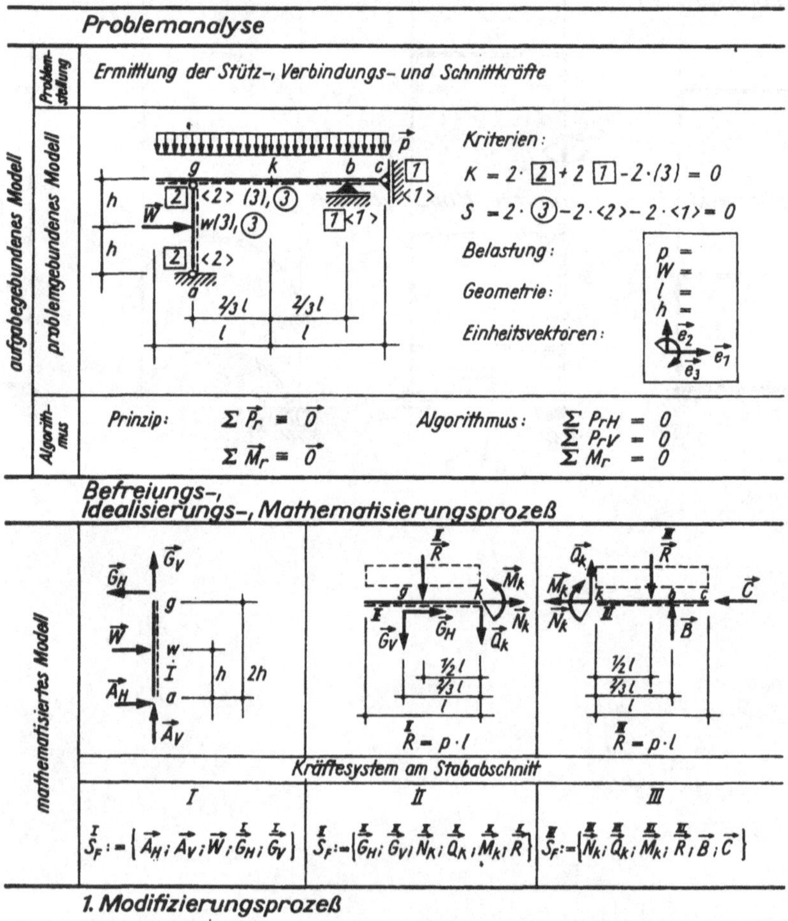

1. Modifizierungsprozeß *(Substitution)*

1. modifiziertes Modell

Polare Projektionen und polare Momente aller Kräfte am Stababschnitt		
I im Pol a	*II im Pol k*	*III im Pol k*
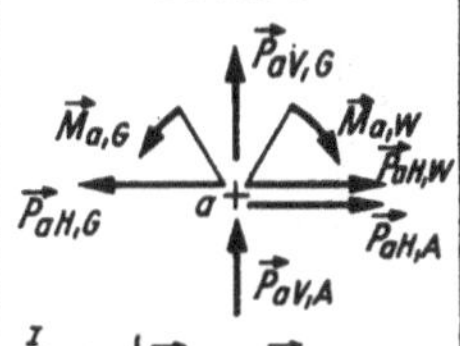		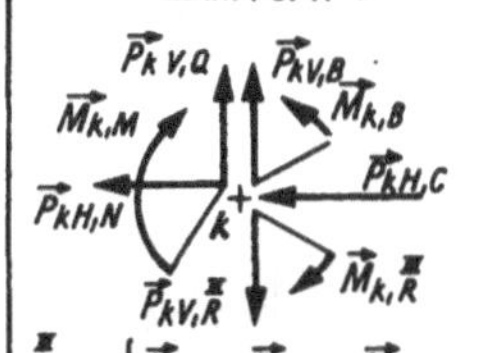
$\overset{I}{S}_F \Leftrightarrow \{\vec{P}_{aH,A}; \vec{P}_{aV,A}; \vec{P}_{aH,G}; \vec{P}_{aV,G}; \vec{M}_{a,G}; \vec{P}_{aH,W}; \vec{M}_{a,W}\}$	$\overset{II}{S}_F \Leftrightarrow \{\vec{P}_{kH,N}; \vec{P}_{kV,Q}; \vec{M}_{k,M}; \vec{P}_{kH,G}; \vec{P}_{kV,G}; \vec{M}_{k,G}; \vec{P}_{kV,\overset{II}{R}}; \vec{M}_{k,\overset{II}{R}}\}$	$\overset{III}{S}_F \Leftrightarrow \{\vec{P}_{kH,N}; \vec{P}_{kV,Q}; \vec{M}_{k,M}; \vec{P}_{kH,C}; \vec{P}_{kV,B}; \vec{M}_{k,B}; \vec{P}_{kV,\overset{III}{R}}; \vec{M}_{k,\overset{III}{R}}\}$
Polare Projektionen horizontal		
$\vec{P}_{aH,A} = +A_H \cdot \vec{e}_1$ $\vec{P}_{aH,W} = +W \cdot \vec{e}_1$ $\vec{P}_{aH,G} = -G_H \cdot \vec{e}_1$	$\vec{P}_{kH,N} = +N_k \cdot \vec{e}_1$ $\vec{P}_{kH,G} = +G_H \cdot \vec{e}_1$	$\vec{P}_{kH,N} = -N_k \cdot \vec{e}_1$ $\vec{P}_{kH,C} = -C \cdot \vec{e}_1$
Polare Projektionen vertikal		
$\vec{P}_{aV,A} = +A_V \cdot \vec{e}_2$ $\vec{P}_{aV,G} = +G_V \cdot \vec{e}_2$	$\vec{P}_{kV,Q} = -Q_k \cdot \vec{e}_2$ $\vec{P}_{kV,G} = -G_V \cdot \vec{e}_2$ $\vec{P}_{kV,\overset{II}{R}} = -\overset{II}{R} \cdot \vec{e}_2$	$\vec{P}_{kV,Q} = +Q_k \cdot \vec{e}_2$ $\vec{P}_{kV,B} = +B \cdot \vec{e}_2$ $\vec{P}_{kV,\overset{III}{R}} = -\overset{III}{R} \cdot \vec{e}_2$
Polare Momente		
$\vec{M}_{a,W} = +h \cdot W \cdot \vec{e}_3$ $\vec{M}_{a,G} = -2h \cdot G_H \cdot \vec{e}_3$	$\vec{M}_{k,M} = -M_k \cdot \vec{e}_3$ $\vec{M}_{k,G} = -\frac{2}{3} l \cdot G_V \cdot \vec{e}_3$ $\vec{M}_{k,\overset{II}{R}} = -\frac{1}{2} l \cdot \overset{II}{R} \cdot \vec{e}_3$	$\vec{M}_{k,M} = +M \cdot \vec{e}_3$ $\vec{M}_{k,B} = -\frac{2}{3} l \cdot B \cdot \vec{e}_3$ $\vec{M}_{k,\overset{III}{R}} = +\frac{1}{2} l \cdot \overset{III}{R} \cdot \vec{e}_3$

2. Modifizierungsprozeß

der Gleichgewichtsbedingungen ein System linearer Gleichungen, dessen Lösungsalgorithmus bekannt ist und das uns als Ergebnis die Koordinaten der unbekannten Kopplungskräfte liefert.

Mit diesen Überlegungen ist der Lösungsweg vollständig vorgezeichnet, das Problem also in eine Aufgabe überführt und damit die Problemanalyse abgeschlossen.

2. Modifizierungsprozeß (Superposition)

Dyname aller Kräfte des Stababschnittes

2. modifiziertes Modell	I im Pol a	II im Pol k	III im Pol k
	$\overset{I}{S}_F \Longleftrightarrow \begin{bmatrix} \overset{I}{\vec{P}}_{a,F} \\ \overset{I}{\vec{M}}_{a,F} \end{bmatrix}$	$\overset{II}{S}_F \Longleftrightarrow \begin{bmatrix} \overset{II}{\vec{P}}_{k,F} \\ \overset{II}{\vec{M}}_{k,F} \end{bmatrix}$	$\overset{III}{S}_F \Longleftrightarrow \begin{bmatrix} \overset{III}{\vec{P}}_{k,F} \\ \overset{III}{\vec{M}}_{k,F} \end{bmatrix}$
	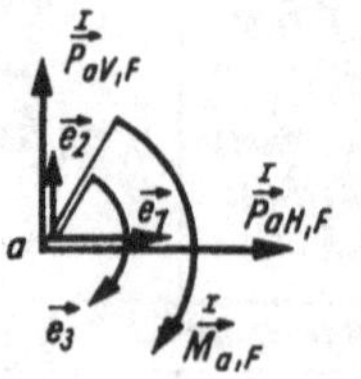	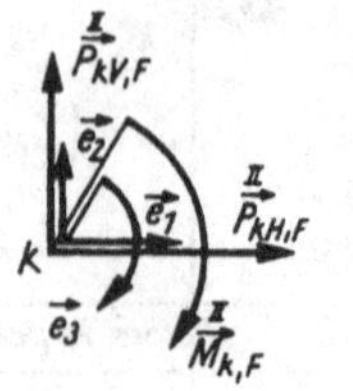	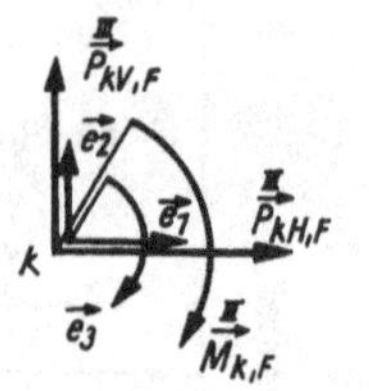
	$\overset{I}{S}_F \Longleftrightarrow \left\{ \overset{I}{\vec{P}}_{aH,F} ; \overset{I}{\vec{P}}_{aV,F} ; \overset{I}{\vec{M}}_{a,F} \right\}$	$\overset{II}{S}_F \Longleftrightarrow \left\{ \overset{II}{\vec{P}}_{kH,F} ; \overset{II}{\vec{P}}_{kV,F} ; \overset{II}{\vec{M}}_{k,F} \right\}$	$\overset{III}{S}_F \Longleftrightarrow \left\{ \overset{III}{\vec{P}}_{kH,F} ; \overset{III}{\vec{P}}_{kV,F} ; \overset{III}{\vec{M}}_{k,F} \right\}$
	$\overset{I}{\vec{P}}_{aH,F} = \vec{P}_{aH,A} + \vec{P}_{aH,W} + \vec{P}_{aH,G}$ $\overset{I}{\vec{P}}_{aV,F} = \vec{P}_{aV,A} + \vec{P}_{aV,G}$ $\overset{I}{\vec{M}}_{a,F} = \vec{M}_{a,W} + \vec{M}_{a,G}$	$\overset{II}{\vec{P}}_{kH,F} = \vec{P}_{kH,N} + \vec{P}_{kH,G}$ $\overset{II}{\vec{P}}_{kV,F} = \vec{P}_{kV,Q} + \vec{P}_{kV,G} + \vec{P}_{kV,\overset{II}{R}}$ $\overset{II}{\vec{M}}_{k,F} = \vec{M}_{k,M} + \vec{M}_{k,G} + \vec{M}_{k,\overset{II}{R}}$	$\overset{III}{\vec{P}}_{kH,F} = \vec{P}_{kH,N} + \vec{P}_{kH,C}$ $\overset{III}{\vec{P}}_{kV,F} = \vec{P}_{kV,Q} + \vec{P}_{kV,B} + \vec{P}_{kV,\overset{III}{R}}$ $\overset{III}{\vec{M}}_{k,F} = \vec{M}_{k,M} + \vec{M}_{k,B} + \vec{M}_{k,\overset{III}{R}}$

Verknüpfungsprozeß (Prinzipanwendung)

mathematisiertes Problem	$r = k$	$r = k$	$r = k$
ΣP_H	(1) $0 = +A_H + W - G_H$	(4) $0 = +N_k + G_H$	(7) $0 = -N_k - C$
ΣP_V	(2) $0 = +A_V + G_V$	(5) $0 = -Q_k - G_V - \overset{II}{R}$	(8) $0 = +Q_k + B - \overset{III}{R}$
ΣM_r	(3) $0 = +h \cdot W - 2h \cdot G_H$	(6) $0 = -M_k - \frac{2}{3} l \cdot G_V - \frac{1}{2} l \cdot \overset{II}{R}$	(9) $0 = +M_k - \frac{2}{3} l \cdot B + \frac{1}{2} l \cdot \overset{III}{R}$

Mathematischer Umformungsprozeß

Mathematischer Umformungsprozeß

Lösung – Umformung

$$(3) \Rightarrow \quad G_H = +\frac{W}{2}$$

$$(1) \Rightarrow \quad A_H = -\frac{W}{2}$$

$$(4) \Rightarrow \quad N_k = -G_H = -\frac{W}{2}$$

$$(7) \Rightarrow \quad C = -N_k = +\frac{W}{2}$$

$$(6)+(9) \Rightarrow \quad G_V = -B - \frac{3}{4} \cdot (\overset{III}{R} - \overset{II}{R}) = -B$$

$$(5)+(8) \Rightarrow \quad G_V = +B - \overset{III}{R} - \overset{II}{R} = +B - 2p \cdot l$$

$$G_V = -B = -p \cdot l$$

$$(2) \Rightarrow \quad A_V = -G_V = +p \cdot l$$

$$(5) \Rightarrow \quad Q_k = -G_V - \overset{II}{R} = +p \cdot l - p \cdot l = 0$$

$$(6) \Rightarrow \quad M_k = -\frac{2}{3} l \cdot G_V - \frac{1}{2} l \cdot \overset{II}{R} = +2 \cdot \frac{1}{3} \cdot p \cdot l - \frac{1}{2} \cdot p l = \frac{p l^2}{6}$$

Lösung – Ergebnis

$A_H = -\frac{W}{2}$ $A_V = +pl$	$G_H = +\frac{W}{2}$ $G = -pl$	$N_k = -\frac{W}{2}$ $Q_k = 0$ $M_k = +\frac{pl^2}{6}$	$B = +pl$	$C = +\frac{W}{2}$

Lösung

Da die Kräfte nicht am gleichen Punkt angreifen, gilt das Axiom von STEVIN nicht. Wir wählen deshalb nach dem Befreiungsprozeß für jeden Teil des statischen Systems einen Pol, ermitteln die vertikale und horizontale Komponente der polaren Projektion sowie das polare Moment aller am Systemteil angreifenden Kräfte in bezug auf diesen Pol, addieren die Projektionen und Momente und erhalten auf diese Weise für jeden Systemteil drei Gleichungen für die Ermittlung der unbekannten Kopplungskräfte. Die Lösung dieses Gleichungssystems liefert uns die gesuchten unbekannten Stütz-, Verbindungs- und Schnittkräfte (Tafel A.29).

Natürlich kann die Berechnung vereinfacht werden.

In Tafel A.30 ist gezeigt, daß durch einen geschickteren Befreiungsprozeß und eine geschicktere Wahl der Pole neun Gleichungen entstehen, deren Unbekannte schrittweise ermittelt werden können. Die Koeffizientenmatrix des Gleichungssystems hat dann die Form einer Dreiecksmatrix.

Tafel A.30. **Beispiel 2 für die Anwendung des Gleichgewichtsprinzips mit dem Ziel, die Unbekannten aus jeweils einer Gleichung mit einer Unbekannten zu berechnen**

Befreiungs-, Idealisierungs-, Mathematisierungsprozeß

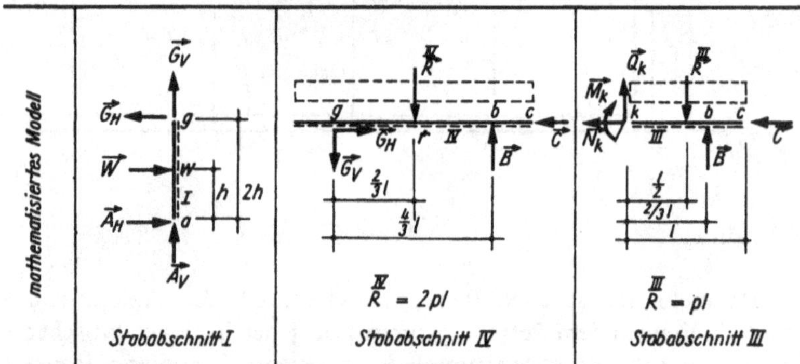

Verknüpfungsprozeß

mathematisiertes Problem	Pol a	Pol g	Pol k
ΣM_a	(1) $0 = +h \cdot W - 2h \cdot G_H$		
ΣP_{aH}	(2) $0 = +A_H + W - G_H$		
ΣP_{gH}		(3) $0 = G_H - C$	
ΣM_g		(4) $0 = -\frac{4}{3} l \cdot B + \frac{2}{3} l \cdot \overset{IV}{R}$	
ΣP_{gV}		(5) $0 = -G_V - \overset{IV}{R} + B$	
ΣP_{aV}	(6) $0 = +A_V + G_V$		
ΣP_{kH}			(7) $0 = -N_k - C$
ΣP_{kV}			(8) $0 = +Q_k + B - \overset{III}{R}$
ΣM_k			(9) $0 = +M_k - \frac{2}{3} l \cdot B + \frac{l}{2} \cdot \overset{III}{R}$

Mathematischer Umformungsprozeß

	Mathematischer Umformungsprozeß				
Lösung	(2) : $A_H = -\frac{W}{2}$ (6) : $A_V = +p \cdot l$	(1) : $G_H = +\frac{W}{2}$ (5) : $G_V = -p \cdot l$	(7) : $N_K = -\frac{W}{2}$ (8) : $Q_K = 0$ (9) : $M_K = +\frac{pl^2}{6}$	(4) : $B = +p \cdot l$	(3) : $C = +\frac{W}{2}$

<u>Kontrolle</u>: Beispiel für Stababschnitt IV

$$\Sigma M_r \overset{!}{=} 0 : 0 \overset{?}{=} -\frac{2}{3} l \cdot B - \frac{2}{3} l \cdot G_V \overset{?}{=} -\frac{2}{3} l (+pl) - \frac{2}{3} l \cdot (-pl) = 0$$

<u>Anmerkung</u>: Der Verknüpfungsprozeß führt zu folgendem Gleichungssystem:

$$\begin{pmatrix} +1 & 0 & 0 & 0 & 0 & 0 & 0 & 0 & 0 \\ -1 & +1 & 0 & 0 & 0 & 0 & 0 & 0 & 0 \\ -1 & 0 & +1 & 0 & 0 & 0 & 0 & 0 & 0 \\ 0 & 0 & 0 & +1 & 0 & 0 & 0 & 0 & 0 \\ 0 & 0 & 0 & -1 & +1 & 0 & 0 & 0 & 0 \\ 0 & 0 & 0 & 0 & +1 & +1 & 0 & 0 & 0 \\ 0 & 0 & +1 & 0 & 0 & 0 & +1 & 0 & 0 \\ 0 & 0 & 0 & +1 & 0 & 0 & 0 & +1 & 0 \\ 0 & 0 & 0 & -\frac{2}{3}l & 0 & 0 & 0 & 0 & +1 \end{pmatrix} \begin{pmatrix} G_H \\ A_H \\ C \\ B \\ G_V \\ A_V \\ N_K \\ Q_K \\ M_K \end{pmatrix} = \begin{pmatrix} +\frac{1}{2}h \cdot W \\ -W \\ 0 \\ +pl \\ -2pl \\ 0 \\ 0 \\ +pl \\ -\frac{1}{2}pl^2 \end{pmatrix}$$

Für die Anwendung in der Praxis wird diese Wahl der Pole immer dann entscheidend für die Lösungsgeschwindigkeit sein, wenn eine derartige Aufgabe auf konventionelle Weise gelöst werden soll.

Beispiele hierfür sollen einer späteren ausführlicheren Darlegung vorbehalten bleiben.

FSC
www.fsc.org
MIX
Papier | Fördert
gute Waldnutzung
FSC® C083411

Zeitfracht Medien GmbH
Ferdinand-Jühlke-Straße 7
99095 Erfurt, Deutschland
produktsicherheit@kolibri360.de